Bau und Berechnung von Erdwärmeanlagen

Frieder Häfner • Rolf-Michael Wagner
Linda Meusel

Bau und Berechnung von Erdwärmeanlagen

Einführung mit praktischen Beispielen

Frieder Häfner
GeoRes Consult Meusel & Partner
TU Bergakademie Freiberg
Freiberg
Deutschland

Linda Meusel
Ingenieurbüro für Bergbau, Erdgas, Erdwärme und Wasser
GeoRes Consult Meusel & Partner
Freiberg
Deutschland

Rolf-Michael Wagner
BLZ Geotechnik Service GmbH
Gommern
Deutschland

ISBN 978-3-662-48200-1
ISBN 978-3-662-48201-8 (eBook)
DOI 10.1007/978-3-662-48201-8

Die Deutsche Nationalbibliothek verzeichnet diese Publikation in der Deutschen Nationalbibliografie; detaillierte bibliografische Daten sind im Internet über http://dnb.d-nb.de abrufbar.

Springer Vieweg

Gedruckt auf säurefreiem und chlorfrei gebleichtem Papier

Springer Berlin Heidelberg ist Teil der Fachverlagsgruppe Springer Science+Business Media
(www.springer.com)

Vorwort

Die Wärme unserer Erde (geothermische Wärme) ist neben der Wärme der Sonne die älteste regenerative Energieart, die die Menschen schon seit frühester Zeit kennen und nutzen, um ihre Wohnstätten warm zu halten und sich in warmen Thermalquellen zu baden. Neu ist die breite Anwendung

- zur Gebäudeheizung in Verbindung mit Wärmepumpen,
- zur Kühlung (Klimatisierung) von Gebäuden,
- zur Beheizung von Flächen und Anlagen zur Eisfreihaltung, die sogenannte Oberflächenheizung (Bahnsteige, Fußwege, Weichen etc.) und
- zur Speicherung von Wärme und Kälte im Erdreich.

Das Buch beschränkt sich im Wesentlichen auf die sogenannte oberflächennahe Geothermie, die die Erdkruste bis in etwa 400 m Tiefe in Anspruch nimmt. Selbstverständlich gelten alle Berechnungsverfahren für beliebige Tiefen, nicht jedoch die technischen Anlagen. Die Beschränkung auf oberflächennahe Anlagen ergibt sich heute aus wirtschaftlichen Gesichtspunkten, denn eine 100 m tiefe Erdwärmebohrung ist schon für weniger als Zehntausend Euro zu haben, eine 1000 m tiefe Bohrung erfordert jedoch schon die Größenordnung von einer Million Euro.

In der heißen Diskussion um die Energiewende wird das Problem häufig auf die Elektroenergie beschränkt, obwohl etwa die Hälfte aller verbrauchten Energie auf Heizung und Kühlung von Gebäuden entfällt und die wird zum allergrößten Teil aus Erdgas, Erdöl, und Kohle gewonnen. Die Autoren haben die Überzeugung und Hoffnung, dass Erdwärmeanlagen zukünftig diesen Teil der fossilen Energiearten teilweise oder ganz ersetzen können.

Das vorliegende Buch richtet sich in erster Linie an die Beschäftigten der Branche – Ingenieure, Physiker, Kaufleute und viele andere – und an „grüne" Bauherren, die ihren Teil zur Energiewende im privaten Bereich und in Wirtschaft und Bauwesen beitragen wollen. Erdwärmeanlagen sind nicht billig zu haben, jedoch erwärmen sie unsere Wohnungen und Arbeitsräume und bringen langfristig wirtschaftliche Vorteile – und sie erwärmen auch **„grüne Herzen"**.

Freiberg, im Juni 2015

Frieder Häfner
Rolf-Michael Wagner
Linda Meusel

Inhaltsverzeichnis

Abkürzungsverzeichnis

Verwendete Symbole

A	Fläche, m^2
a	Temperaturleitfähigkeit, m^2/s
B	Breite, m
Co	Courantzahl
COP	Leistungszahl einer Wärmepumpe (**C**oefficient **O**f **P**ower)
c	Spezifische Wärmekapazität, J/(kg K)
D	Durchmesser, m
D*	Dispersionsmatrix, m^2/s
E	Preis, €
e	Exponentialfunktion
f	Mittlerer prozentualer Fehler, %
g	Erdbeschleunigung, $g = 9{,}81\ m/s^2$
h	Grundwasserspiegelhöhe, m
J	Gütefunktional, K^2
JAZ	**J**ahres**A**rbeits**Z**ahl einer Wärmepumpenanlage
K	Kapitalwert, €
k	Durchlässigkeit, Permeabilität, m^2
k_f	Durchlässigkeitsbeiwert, m/s (in der Hydrogeologie übliche Maßeinheit)
k_r	Relative Permeabilität
k_w	Wärmedurchgangszahl, W/K
L	Länge (Tiefe) einer Erdwärmesonde, m
M	Mächtigkeit, Schichtdicke, m
m	Masse, kg
m_{lg}	Logarithmische Steigung, $K/\log_{10}$ Zyklus
Nu	Nusseltzahl
n	Porosität des Erdreichs
P	Leistung, Wärmeleistung, W = J/s

Pe	Pecletzahl
Pr	Prandtlzahl
p, p_w, p_g	Druck, Druck in der Wasser-/Gasphase, Pa
p_c	Kapillardruck, Saugspannung, Pa
Q	Wärmestrom, W=J/s
Q_w	Geothermischer Wärmestrom je Meter Sondenlänge, W/m
q	Volumenstrom, m^3/s
R	Wärmewiderstand, (m K)/W
Re	Reynoldszahl
$R_{B, th}$	Thermischer Sondeneintrittswiderstand, (m K)/W
r	Radius, m
r_B, r_{Be}	Bohrlochradius, effektiver Bohrlochradius, m
S, S_w	Sättigung, Wassersättigung
T	Temperatur, °C oder K
t	Zeit, Sekunden oder wie jeweils angegeben
V	Volumen, m^3
v	Geschwindigkeit, m/s
W	Wärme, Wärmearbeit, J=W s
x, y	Koordinaten in der Ebene, m
z	Vertikale Koordinate, m (nach oben gerichtet)
α	Wärmeübergangszahl, $W/(m^2 K)$
η	Dynamische Viskosität, Pa s
λ	Wärmeleitfähigkeit, W/(m K)
ϖ	Geothermischer Gradient, K/m
ρ	Dichte, kg/m^3

Indizes

A, 0	Anfang, initial, Null
B	Bohrloch, Sonde
c	Kapillar
e	effektiv
g	Gas, Luft
w	Wasser,
fl	Fluid
V	Auf das Volumen bezogen (je m^3)

Umrechnungen

Durchlässigkeitsbeiwert: $1\text{m/s} \approx 1{,}3 \times 10^{-7}\,\text{m}^2 = 1{,}3 \times 10^5\,\text{Darcy}$
Permeabilität, Durchlässigkeit: $1\,\text{Darcy} = 10^{-12}\,\text{m}^2$,
Wärmearbeit: $1\,\text{kWh} = 3{,}6$ Mio. Joule, $1\,\text{MWh} = 3{,}6$ Mrd. Joule

Definitionsformeln

Courantzahl: $$Co = \frac{\Sigma_i Q_i \times \Delta t}{V \times (\rho c)_{total} \times \Delta T_{min/max}}:$$

Durchlässigkeitsbeiwert:

$$k_f = \frac{k\,\rho\,g}{\eta}\left(\rho = 1000\frac{kg}{m^3}, \eta = 1.31 \times 10^{-3}\ Pa\ s\ f\ddot{u}r\ Wasser\ bei\ 10^\circ C\right)$$

Jahresarbeitszahl:

$$JAZ = \frac{Summe\ der\ in\ einem\ Jahr\ gewonnenen\ Nutzarbeit\ (W\ddot{a}rme, K\ddot{a}lte)\ [kWh]}{Summe\ der\ in\ einem\ Jahr\ aufgewendeten\ Antriebsarbeit\ [kWh]}$$

Leistungszahl: $$COP = \frac{Nutzleistung\ W\ddot{a}rme\ [kW]}{Antriebsleistung\ [kW])}$$

Nusseltzahl: $$Nu = \frac{\alpha L}{\lambda_{fl}}$$

Pecletzahl: $$Pe = \frac{L_{charakteristisch} \times v \times (\rho c)_{fl}}{\lambda}$$

Prandtlzahl: $$Pr = \frac{\eta \times c_{fl}}{\lambda_{fl}}$$

Relative Permeabilität: $$k_{rw} = \frac{k_{wasser}}{k}, \quad k_{rg} = \frac{k_{gas}}{k}$$

Reynoldszahl: $$Re = \frac{vD\varrho}{\eta}.$$

Temperaturleitfähigkeit: $$a = \frac{\lambda}{\rho c}$$

Abkürzungen

BBergG	Bundesberggesetz
BNatSchG	Bundesnaturschutzgesetz
BImSchG	Bundesimmissionsschutzgesetz
BImSchV	Bundesimmissionsschutzverordnung
DIN	Deutsche Industrienorm
DVD	Direktverdampfersonde (Phasenwechselsonde)
DVGW	Deutscher Verein des Gas- und Wasserfachs
EWS	Erdwärmesonde
FCKW, FKW	Fluorkohlenwasserstoff
HFKW	Teilhalogenierte Fluorkohlenwasserstoffe
LAWA	Bund/Länder-Arbeitsgemeinschaft Wasser
LagerStG	Lagerstättengesetz
RAL-GZ	Gütezeichen Abwasser/Kanalbau des RAL Deutschen Institutes für Gütesicherung und Kennzeichnung e.V.
SGD	Staatlich anerkannter Geologischer Dienst
U2	Doppel-U-Rohrsonde
VAwS	Verordnung über Anlagen zum Umgang mit wassergefährdenden Stoffen
VwVwS	Verwaltungsvorschrift wassergefährdender Stoffe
WGK	Wassergefährdungsklasse
WHG	Wasserhaushaltgesetz
WP	Wärmepumpe

1 Der Wärmehaushalt der Erdkruste bei der Erdwärmegewinnung

Die Umwelt der Erdoberfläche erhält Wärme aus dem Erdinneren und durch Sonneneinstrahlung. Der Wärmehaushalt in unserem Lebensbereich befindet sich dabei in einem außerordentlich sensiblen Gleichgewicht zwischen dem Wärmestrom aus dem Inneren von ca. 60 mW/m^2 und der Sonneneinstrahlung in der Größenordnung von etwa 1 kW/m^2 = 1 Mio. mW/m^2. Die eingestrahlte Sonnenenergie wird zum allergrößten Teil reflektiert, wobei bereits geringste Änderungen in der Gaszusammensetzung der Atmosphäre sowohl die Einstrahlung als auch die Reflektion und im Ergebnis davon die Jahresmitteltemperatur auf der Erde wesentlich verändern können. Dies macht die Voraussage eines möglichen Klimawandels infolge Anstieg der Kohlenstoffdioxidkonzentration in der Erdatmosphäre so kompliziert, dass auch heute die Meinungen der Wissenschaft dazu sehr unterschiedlich sind. So hat Professor Lothar Eißmann von der Sächsischen Akademie der Wissenschaften schon in den 1990er Jahren gezeigt, dass sich die Jahresmitteltemperaturen im Raum Leipzig in den letzten zehntausenden Jahren mehrfach kurzzeitig, d. h. innerhalb von etwa 200 Jahren, um einige Grad erhöht bzw. verringert haben, ohne dass atmosphärische Veränderungen damit im Zusammenhang zu bringen sind und der Mensch noch keinerlei Einfluss auf das Geschehen hatte [1].

In großen Tiefen von 1000 m und mehr bestimmt der natürliche Erdwärmestrom infolge Zerfall von radioaktiven Elementen im Gestein gemeinsam mit der Wärmeleitfähigkeit des Gesteins die Gesteinstemperatur, die im Mittel um 3 K je 100 m Tiefe zunimmt (s. Abb. 1.1)

Im oberflächennahen Tiefenbereich bis ca. 100 m hat jedoch die von der Sonne eingestrahlte Energie einen erheblichen Einfluss, so dass es richtig ist zu sagen, dass die Wärme der oberflächennahen Erdschichten zum Teil gespeicherte (und jährlich erneuerbare) Sonnenenergie ist. In diesem Sinne ist Erdwärme eine teilweise erneuerbare Energie.

In Abb. 1.2 ist das Leistungsverhalten einer oberflächennahen Erdwärmesonde im Dauerbetrieb dargestellt.

F. Häfner et al., *Bau und Berechnung von Erdwärmeanlagen*,
DOI 10.1007/978-3-662-48201-8_1

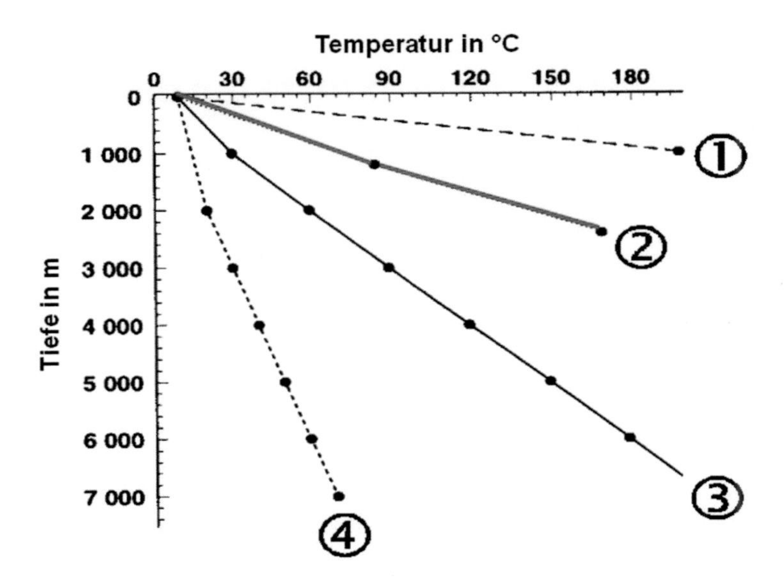

Abb. 1.1 Temperaturverlauf in der Erde (1-Lardarello/Italien, 2- Bruchsal/Oberrheintalgraben/Deutschland, 3-weltweiter Durchschnitt, 4-Südafrika)

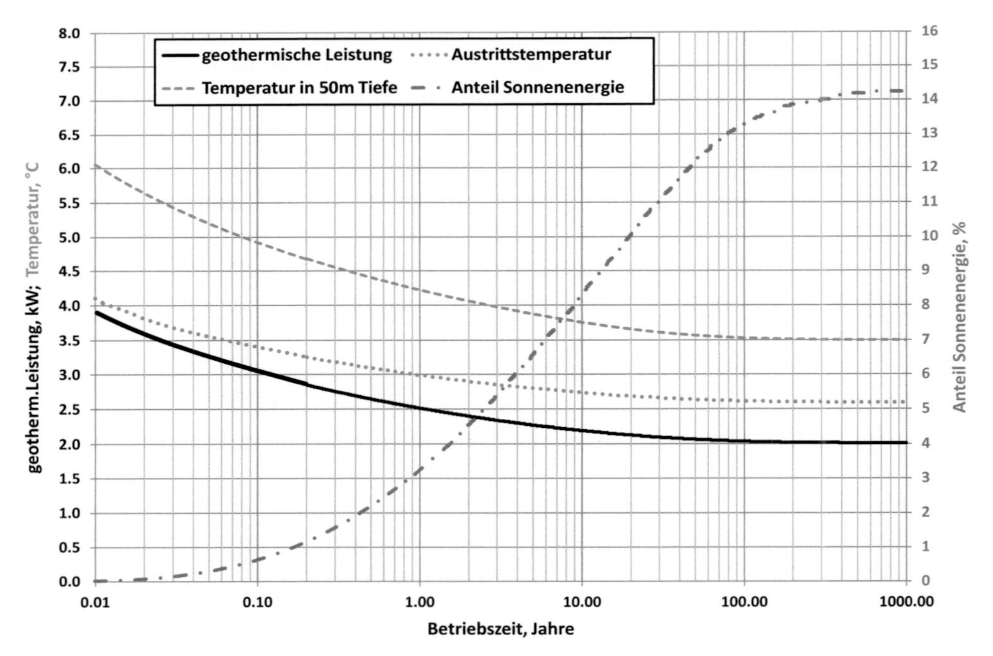

Abb. 1.2 Leistung und Temperaturen einer hypothetischen 100 m tiefen Sonde (das abgekühlte Wasser wird mit einer Temperatur von + 1 °C injiziert)

Nach etwa 100 Jahren würde sich ein stabiler (stationärer) Zustand einstellen. Der Anteil an Sonnenenergie, d. h. Energie, die über die Erdoberfläche eingetragen wird, nimmt zu bis zu einem Betrag von ca. 14 %.

In der Tiefe, die nicht mehr von der Sonnenenergie erreicht wird, dienen im Falle der Wärmeentnahme durch tiefe Geothermiebohrungen vor allem der Erdwärmestrom und der radioaktive Zerfall zur Regeneration des Temperaturfeldes. Da diese Regeneration jedoch gering ist, wird es zu einer gewissen Auskühlung kommen. Die Auskühlung ist in keiner Weise dramatisch, weil jeder Kubikmeter Gestein pro Grad Abkühlung eine Wärmemenge von ca. 2 Mio. Joule abgeben kann und zusätzlich der Erdwärmestrom aus der Tiefe existiert, wodurch eine Geothermiesonde über mehrere Jahrhunderte ohne Schaden betriebsfähig bleibt. Nach vergleichbaren Zeiträumen der Ruhe stellt sich wieder das natürliche Temperaturfeld, d. h. eine vernachlässigbare Temperaturabsenkung ein.

In Abb. 1.3 ist der zeitliche Verlauf der Temperaturabsenkung nach einem 1000 Jahre dauernden Betrieb von zwei hypothetischen Erdwärmesonden (EWS) dargestellt. In beiden Sonden wurde das abgekühlte Wasser mit einer Temperatur von 1 °C injiziert. In der Hälfte der Tiefe tritt dabei in etwa das Maximum der Temperaturabsenkung auf und dort ist auch die Zeitdauer der Regeneration am längsten.

Tabelle 1.1 enthält einige Vergleichsdaten, wobei aus den erneuerbaren Anteilen hervorgeht, dass je geringer die Sondentiefe, desto höher der erneuerbare Anteil ist und dass die Wärmeausbeute aus tiefen Sonden deutlich stärker als linear mit der Tiefe wächst.

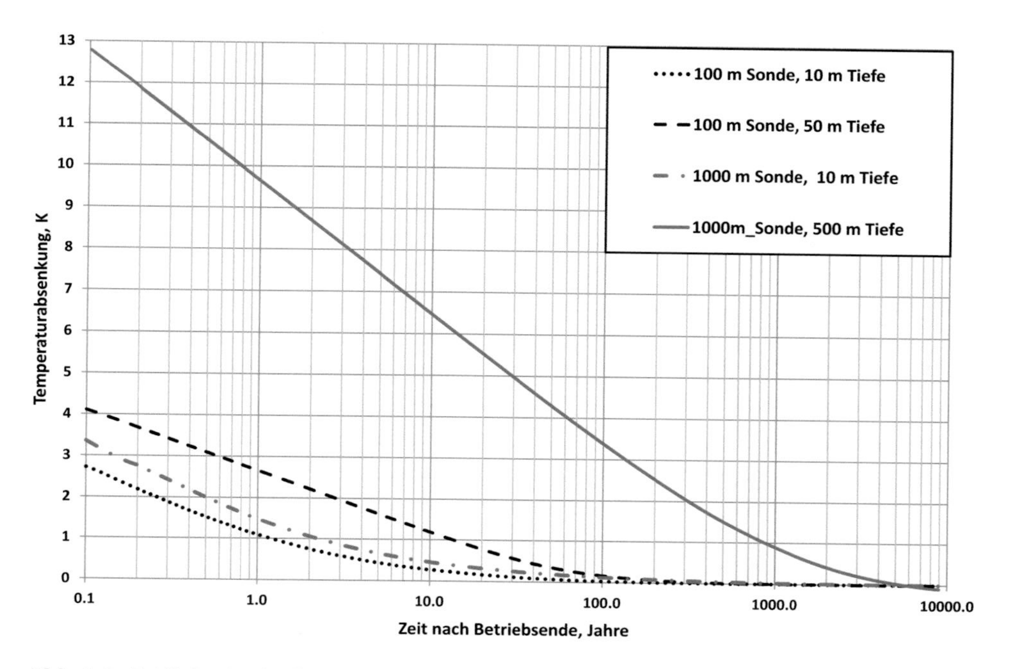

Abb. 1.3 Zeitlicher Verlauf der Regeneration des Temperaturfeldes nach 1000 Jahren Betrieb von zwei verschieden tiefen Erdwärmesonden

Tab. 1.1 Vergleich von einer 100 m tiefen EWS mit einer 1000 m tiefen EWS

	100 m Sonde	1000 m Sonde
Erdwärmeausbeute nach 1000 Jahren Betrieb	17,7 GWh	387,2 GWh
Erneuerbarer Anteil durch Sonneneinstrahlung	14,3 %	0,71 %
Radiale Reichweite der 1 K Temperaturabsenkung	32 m	505 m
Tiefenreichweite der 1 K Temperaturabsenkung	115 m	1110 m
Dauer der vollständigen Regeneration	200 Jahre	6000 Jahre
(1 GWh = 1 Mio. kWh)		

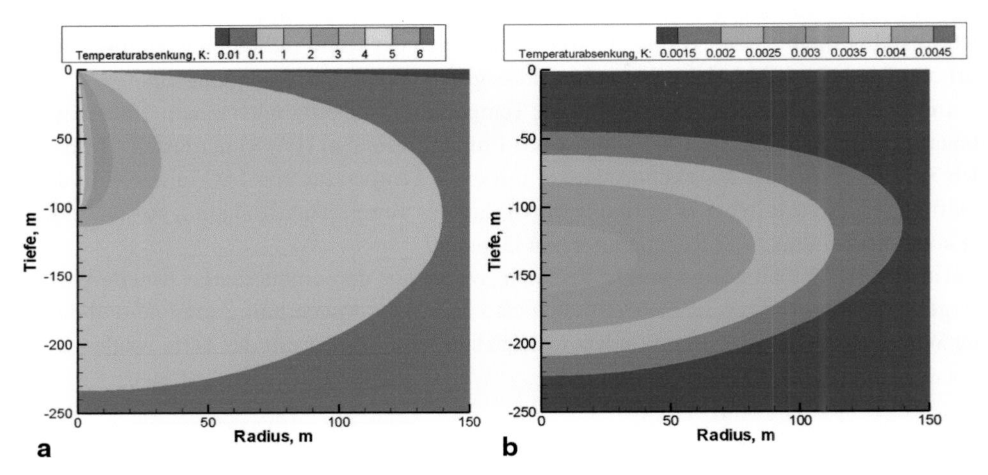

Abb. 1.4 Absenkung der Temperatur nach **a** 1000 Jahren Betrieb, **b** weiteren 1000 Jahren Regeneration einer 100 m Sonde

In Abb. 1.4 und 1.5 sind die Temperaturabsenkungsfelder nach verschiedenen Zeiträumen dargestellt.

Die Abb. 1.4 und Abb. 1.5 zeigen, dass die oberflächennahen Schichten bereits während des Betriebes der EWS nur gering abgekühlt werden infolge der Einspeisung von Sonnenenergie über die Erdoberfläche. Nach etwa dem gleichen Zeitraum Ruhephase ist das Erdreich bis in große Tiefen wieder bis auf wenige Zehntel Grad regeneriert.

Die Beispiele in den Bildern (Abb. 1.2 bis Abb. 1.5) sind hinsichtlich des tatsächlichen Verlaufes der Wärmegewinnung aus einer EWS theoretischer Natur. Eine Gebäudeheizung läuft nicht ganzjährig mit voller Leistung, sondern ruht in den Sommermonaten fast völlig und arbeitet im Winter auch nur etwa 16 h am Tag, so dass die Regeneration ständig eintritt. Damit werden die tatsächliche Temperaturabsenkung im Erdreich und die Regenerationszeiten immer deutlich geringer sein als in den Abbildungen dargestellt.

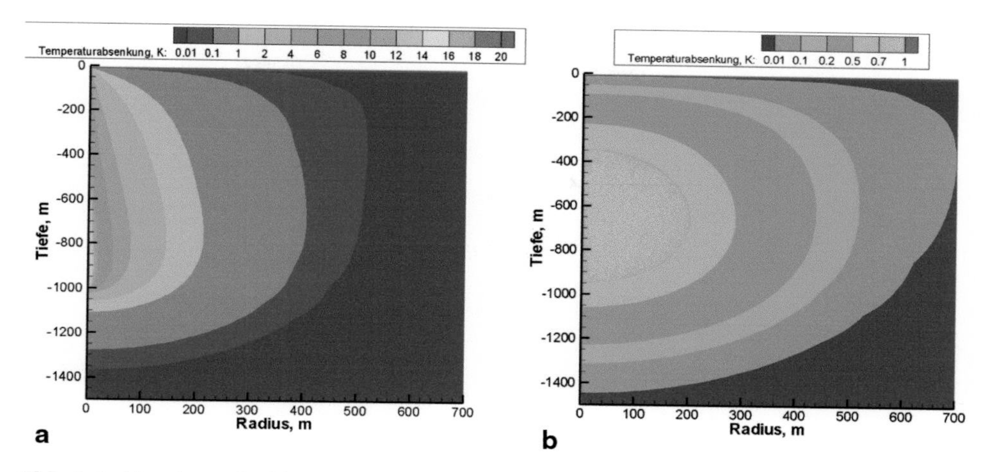

Abb. 1.5 Absenkung der Temperatur nach **a** 1000 Jahren Betrieb, **b** weiteren 1000 Jahren Regeneration einer 1000 m Sonde

Zusammenfassung zu Kap. 1

Als Fazit kann man feststellen, dass die Erdkruste mindestens für Jahrtausende eine nicht versiegende Wärmequelle darstellt, die durch die Energie der Sonne, durch den radioaktiven Zerfall im Gestein und durch die Zuströmung von Wärme aus dem Erdinneren de facto erneuerbar ist. Die menschlichen Generationen nach dieser Zeit werden darüber hinaus bessere und effizientere Möglichkeiten zur Wärmegewinnung entwickelt haben.

Literatur

1. Eißmann L (1992) Klimabefunde im Känozoikum aus mitteldeutscher Sicht. Plenarvortrag der Sächsischen Akademie der Wissenschaften am 9.10.1992, Leipzig, http://www.saw-leipzig.de/de/plenum/plenarvortraege_1990_1999/plenarvortraege-1992#section-3, Zugriff 10.6.2015.

Der Aufbau von Erdwärmeanlagen

2

Anlagen zur Gewinnung von Erdwärme sind in unterschiedlichster technischer Ausführung bekannt. Im Handbuch Energiemanagement [2] werden zahlreiche offene Systeme (Bohrungen zur Heißwasserförderung) und geschlossene Systeme (Erdwärmesonden, Wärmepfähle, Wärmekörbe, Erdkollektoren u. a.) erläutert. Dort können die Anlagentypen nachgelesen werden, die in diesem Buch nicht näher behandelt werden.

2.1 Drei Systeme zur Erdwärmegewinnung

Für die Gebäudeheizung und -klimatisierung am weitesten verbreitet sind drei prinzipielle Anlagentypen (s. Abb. 2.1).

Tiefbohrungen in die Erdkruste (EWS, Erdwärmesonden)
Sie besitzen den geringsten Platzbedarf und beeinflussen die Bauteile des Gebäudes nicht. Im Bohrloch wird eine Flüssigkeit oder ein Kältemittel zirkuliert, das die an der Bohrlochwand aufgenommene Wärme nach oben trägt. Der Wärmegewinn je Meter Bohrloch liegt je nach Installationsvariante deutlich über 30 W/m.

Erdwärmekollektorsysteme
Hierbei werden Rohrschlangen in 1–3 m Tiefe verlegt, durch die zunächst kaltes Wasser strömt und beim Durchlauf durch die Rohrschlange erwärmt wird. Diese Anlagen erfordern eine relativ große Fläche für die mehrere Hundert Meter lange Rohrschlange (der Rohrabstand sollte mindestens 1–2 m betragen), der Wärmegewinn je Meter Rohr ist im Winter infolge der niedrigen Erdreichtemperatur geringer als 10 W/m.

F. Häfner et al., *Bau und Berechnung von Erdwärmeanlagen*,
DOI 10.1007/978-3-662-48201-8_2

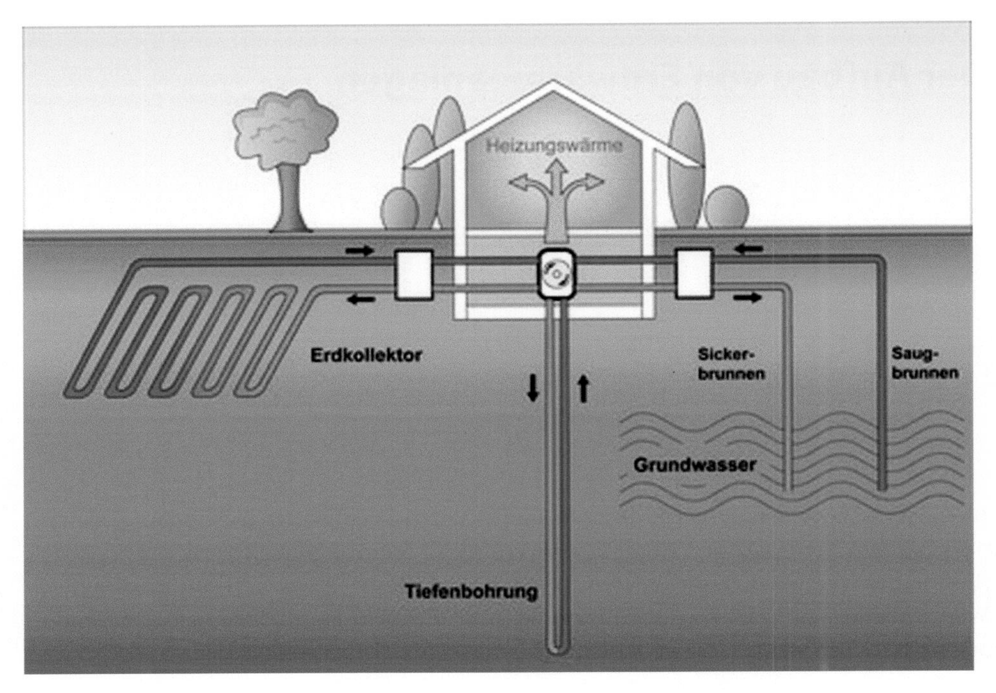

Abb. 2.1 Technische Varianten von Erdwärmeanlagen. (Quelle: www.erdwaerme-heizung.biz)

Brunnensysteme

Zwei Brunnen dienen der Entnahme bzw. Injektion von Grundwasser, das unterhalb 10 m stets Temperaturen im Bereich 8–12 °C aufweist. Der Vorteil dieses Typs liegt im hohen Wärmegewinn, da jeder Liter gefördertes Wasser bei Abkühlung um 1 Grad bereits 4184 J Wärme bereitstellt, so dass bei einer Zirkulationsrate von 1 l/s und 5 K Abkühlung bereits eine geothermische Leistung von mehr als 20 kW erreichbar ist. Wesentlicher Nachteil dieser Ausführung ist, dass oftmals keine oberflächennahen, grundwasserführenden Schichten am Ort vorhanden sind bzw. keine wasserwirtschaftliche Genehmigung erteilt wird und der Injektionsbrunnen durch Ablagerungen (Eisenoxidausfällungen bei Sauerstoffzutritt, Ockerbildung) verockert, d. h. wenig oder kein Wasser mehr aufnehmen kann.

Abbildung 2.1 zeigt diese technischen Anlagentypen. Die hier gezeigten Anlagen gewinnen die Erdwärme bei sehr geringen Temperaturen unterhalb der natürlichen geothermischen Temperatur, die bei den oberflächennahen Anlagen im Bereich von 8–12 °C liegt. Üblicherweise wird die Erdwärme bei Temperaturen von −3 °C bis +5 °C dem Erdreich entnommen, so dass sie durch eine Wärmepumpe auf die jeweilige Vorlauftemperatur der Gebäudeheizung (35 °C bis 70 °C) angehoben werden muss.

Das vorliegende Buch behandelt ausschließlich Anlagen, welche die Erdwärme aus Erdwärmesonden (EWS) bezieht, weil dieser Typ wegen seines geringen Platzbedarfes nahezu überall einsetzbar ist – sowohl im Zentrum von Städten als auch in Industriegebieten oder auf dem Land und bei ordnungsgemäßer Ausführung keine Verunreinigung des

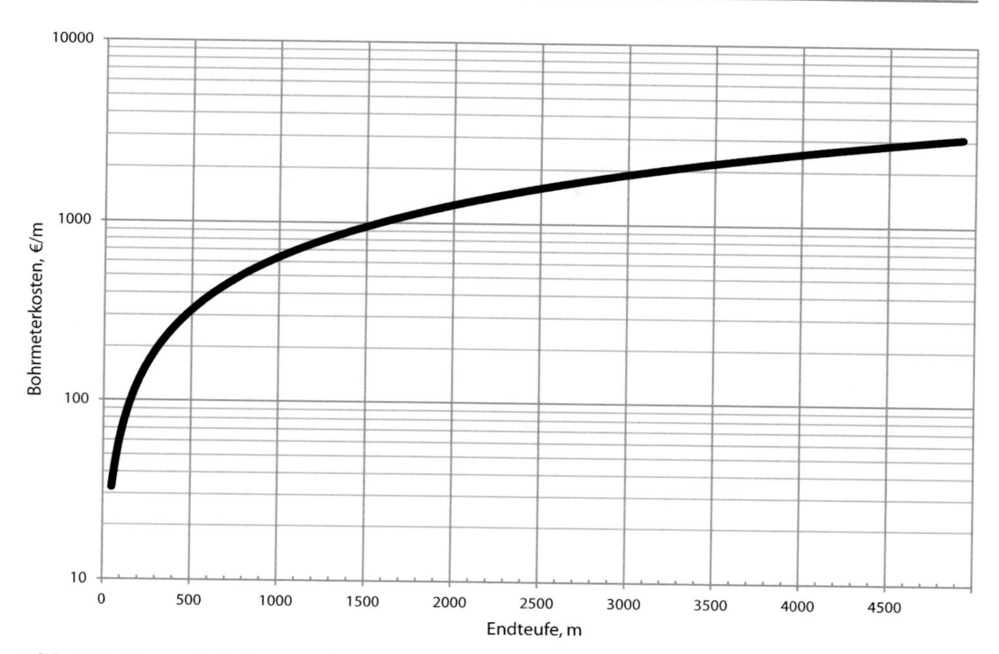

Abb. 2.2 Kosten je Bohrmeter bei verschiedenen Tiefen (Endteufe) der Bohrung

Grundwassers befürchten läßt. Für Einfamilienhäuser genügt zumeist ein einziges Bohrloch mit 60–120 m Tiefe, für große Gebäude werden Sondenfelder mit 100 EWS und mehr im Abstand von 2 m bis 10 m angelegt. Derartige Anlagen werden in der Heizperiode zur Wärmegewinnung genutzt, können aber auch in der Sommerperiode sehr rationell zur Gebäudekühlung (Klimatisierung) eingesetzt werden. Die Tiefe der Bohrungen hängt sehr stark vom Verwendungszweck und der gewünschten Gesamtwärmeleistung der Anlage ab.

Für Einfamilienhäuser mit und ohne Klimakältebedarf wird man EWS mit Tiefen kleiner als 100 m einsetzen. Sie erfordern keine bergrechtliche Genehmigung.

Bei größeren Gebäuden mit dem Schwerpunkt auf Beheizung können aber durchaus größere Tiefen bis 400 m rationell sein, insbesondere wenn die verfügbare Fläche (z. B. in Stadtzentren) klein ist. Eine sommerliche Klimakältegewinnung ist jedoch hierbei weniger sinnvoll, weil die natürlichen Temperaturen am EWS-Fuß dann schon über 20 °C liegen.

Tiefe Erdwärmesonden, d. h. Bohrungen von mehr als 400 m Tiefe, sind thermodynamisch sehr nützlich, scheiden aber aus wirtschaftlichen Gründen zumeist aus.

In Abb. 2.2 sind die aktuellen Kosten je Meter einer Tiefbohrung als grobe Anhaltswerte dargestellt. Die tatsächlichen Kosten hängen natürlich vom jeweiligen geologischen Bau, der Marktlage und einer Vielzahl individueller Gegebenheiten ab, aber die Relation, dass eine 100 m tiefe Bohrung deutlich weniger als Zehntausend € und eine 5000 m tiefe Bohrung weit mehr als 10 Mio. € kostet, wird wohl auch mittelfristig erhalten bleiben.

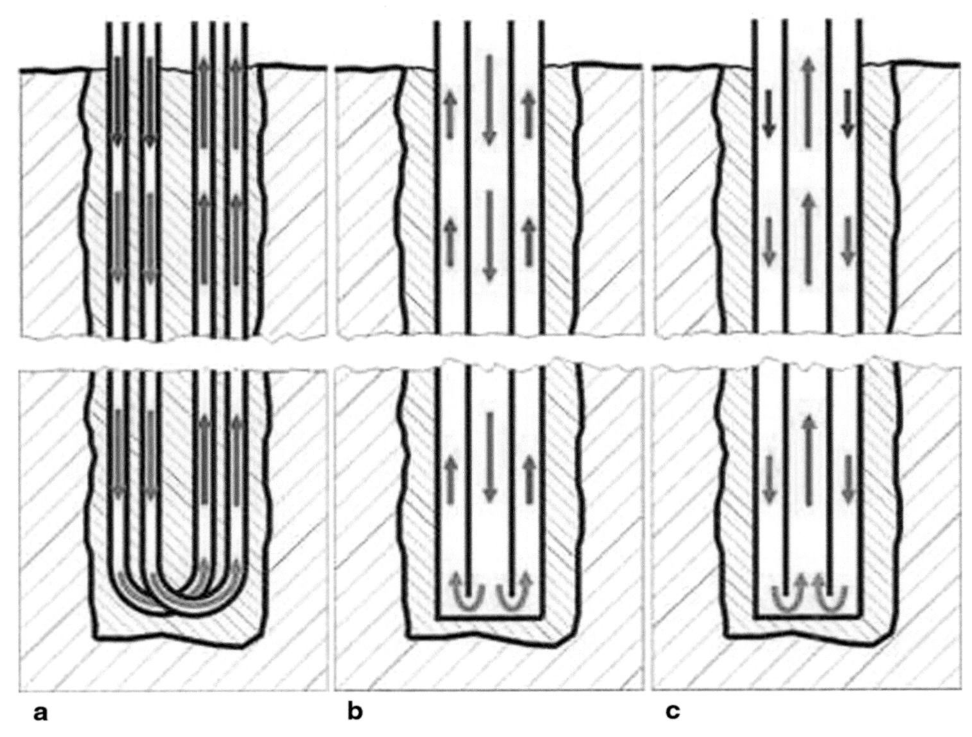

Abb. 2.3 Installationsvarianten für U-Rohr Erdwärmesonden, nach [2]. **a** Doppel-U-Rohr, **b**, **c** Koaxial–Sonden mit unterschiedlicher Zirkulationsrichtung

2.2 Oberflächennahe EWS-Systeme mit Wasserzirkulation

EWS-Systeme unterscheiden sich in der Art des zirkulierenden Wärmeträgermediums (Wasser, Kältemittel) und in der Art der technischen Installation (Komplettierung). Die weit verbreitete Technologie ist die Zirkulation von Wasser mit und ohne einen frostbeständigen Zusatz (Salzwasser, Ethanol, Glykol) in einem U-Rohr.

U-Rohr und Doppel-U-Rohrsonde

Die heute übliche Installation einer EWS, die mit Wasserzirkulation arbeitet, ist die U-Rohr- oder Doppel-U-Rohr-Komplettierung (s. Abb. 2.3a). Dazu wird in das mit Wasser oder Tonspülung gefüllte Bohrloch ein Polyethylen (PE)-Schlauch eingebaut, das Bohrloch wird anschließend mit einer Zement-Bentonit-Suspension verfüllt. Während der Verfüllung müssen die U-Rohrschenkel mit Wasser, das unter Druck steht, gefüllt sein, um den Schlauch offen zu halten. Man kann die beiden Schenkel des U-Rohres mit Abstandshaltern versehen, um den thermischen Widerstand zwischen den Schenkeln zu vergrößern. Trotzdem besteht in diesen Sonden ein teilweiser thermischer Kurzschluss zwischen auf-

und absteigendem Schenkel, der die Wärmeleistung am Sondenkopf verringert, weil die Entfernung der Schenkel voneinander relativ klein ist.

Koaxialsonden

Koaxialsonden (s. Abb. 2.3b und 2.3c) bestehen aus einem Aussenrohr, das verfüllt wird und einem nach unten offenen Innenrohr, das im wassergefüllten Bohrloch hängt [5]. Diese Komplettierung besitzt den Vorteil, dass das PE-Innenrohr dickwandig ausführbar ist und den thermischen Widerstand zum Ringraum zwischen Innen- und Aussenrohr vergrößert. Diese Installation ist ohne Zweifel die thermodynamisch günstigste Lösung, weil die wärmeaufnehmende bzw. –abgebende Bohrlochmantelfläche am größten ist. Zusätzlich kann die Zirkulationsrichtung sehr einfach geändert werden, für den Heizbetrieb nach Abb. 2.3c, für den Kühlbetrieb nach Abb. 2.3b.

Der wesentliche und kostenmäßig entscheidende Nachteil besteht darin, dass das Aussenrohr eine relativ hohe Festigkeit gegen Einbeulen besitzen muss. Die Verwendung eines dickwandigen PE-Rohres führt zu einem größeren Wärmewiderstand, so dass bei tiefen Sonden oftmals nur der Einsatz eines Stahlrohres möglich ist, dessen Meterpreis jedoch weit über dem eines Polyethylen (PE)- oder Polyamid (PA)-Rohres liegt.

Ringrohrsonden

Ringrohrsonden sind eine Neuentwicklung [7] und nutzen die Vorteile der Koaxial-Bauweise ohne deren Nachteile.

Aus Abb. 2.4 wird die Weiterentwicklung mit ihren Vorteilen deutlich:

- die Wärmeaufnahme in den PE-Ringrohren erfolgt am äußersten Rand des Bohrloches, wobei die Ringrohre mit Aussendurchmessern 12 mm bzw. 16 mm auch bei nur 2 mm Wanddicke einbeulfest sind und
- einen geringen Wärmedurchgangswiderstand besitzen. Das Innenrohr in Abb. 2.4 (3) kann thermisch sehr gut isoliert werden mit einem dickwandigen PE-Rohr und durch Verwendung eines Verfüllbaustoffes mit geringer Wärmeleitfähigkeit (preiswert, ca. 0,8 W/(m K) Leitfähigkeit).

Beim Einbau in das Bohrloch wird das gesamte Rohrbündel in einen schwach durchlässigen Gewebesack (Gaze-Sack) eingehüllt und gemeinsam mit diesem auf die gewünschte Tiefe gebracht. Der Gewebesack dient als Auffangbehälter für das Verfüllmaterial. Er wird so ausgelegt, dass er im gefüllten Zustand sicher die Bohrlochwand erreicht und somit unabhängig von den geologischen Bedingungen eine Abdichtung zwischen der Sondenbohrung und dem Gebirge gewährleistet.

In Abb. 2.4 (3) sind aus Übersichtlichkeitsgründen nur 6 Ringrohre dargestellt, tatsächlich enthält die technische Ausführung 12 Ringrohre. Auch hier ist es effizient und leicht möglich, die Zirkulationsrichtung im Kühlbetrieb umzukehren.

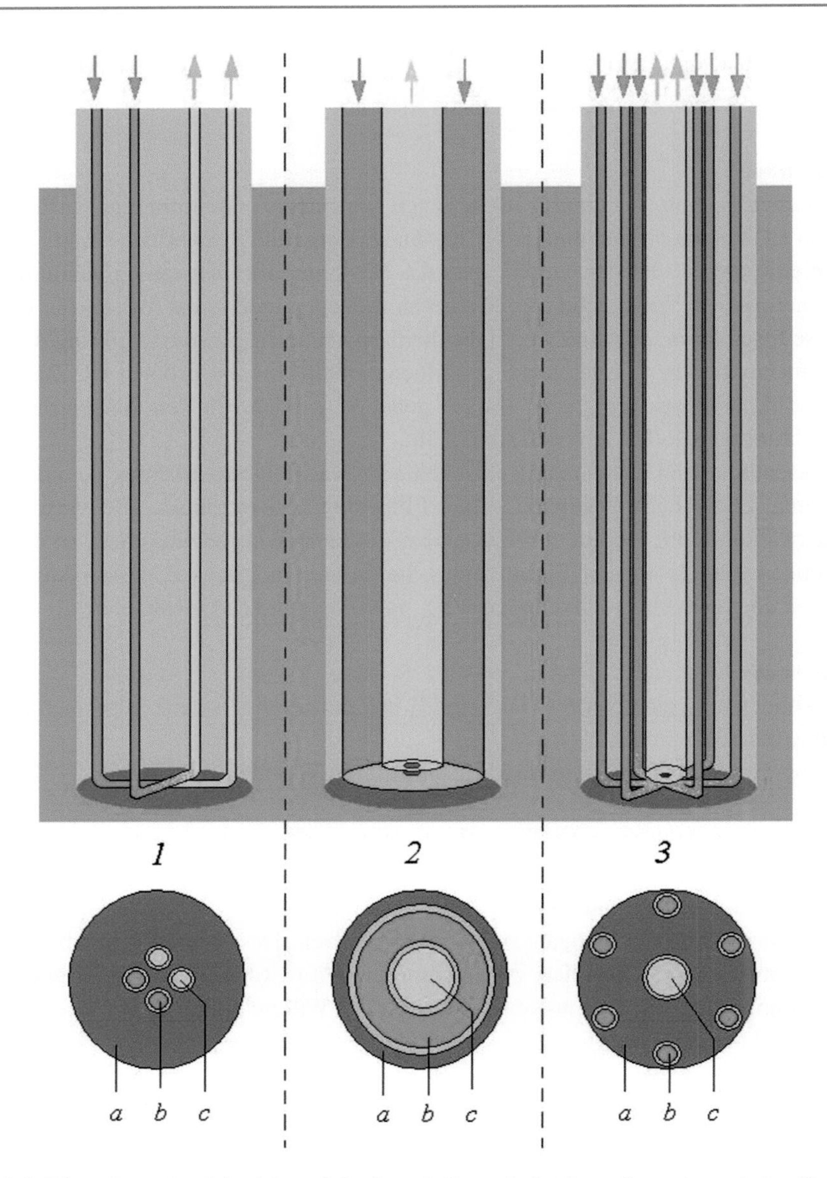

Abb. 2.4 Ringrohrsonde *3* in Längs-(*oben*) und Querschnittsdarstellung (*unten*) im Vergleich mit einer Doppel-U-Rohrsonde *1* und einer Koaxialsonde *2*. *a* Verfüllmaterial, *b* Kaltwasser, *c* Warmwasser

Tab. 2.1 Kältemittel für Direktverdampfersonden im Überblick

Kältemittel	Bezeichnung nach DIN 8960	Dampfdruck bei 0 °C, bar absolut	Verdampfungs-enthalpie bei 0 °C, kJ/kg	Wasser- Gefährdungsklasse
Propan, C_3H_8	R-290	4,71	373	nwg
Kohlenstoffdioxid, CO_2	R-744	34,86	231	nwg
Ammoniak, NH_3	R-717	4,29	1261	2
FCKW	R-404A	6,03	169	1
FCKW	R-407C	4,52	223	1
Wasser, H_2O	R-718	0,0061	2835	–

nwg nicht wassergefährdend, *FCKW* Fluorkohlenwasserstoffe

2.3 Oberflächennahe EWS-Systeme als Direktverdampfer (Phasenwechselsonden)

Als Direktverdampfersonden bezeichnet man EWS, in denen ein Kältemittel zirkuliert. Kältemittel sind Flüssiggase, die bei Wärmeaufnahme – im Gegensatz zu Wasser – bereits bei geringen Temperaturen verdampfen (Propan, Kohlenstoffdioxid, Ammoniak und zahlreiche andere anorganische und organische Stoffe, die in der Klimatechnik und in der DIN 8960 als Kältemittel bezeichnet werden). Der wesentliche Vorteil der Verwendung von Kältemitteln anstatt Wasser besteht darin, dass die Nutzwärme in Form der Verdampfungsenthalpie (Energie, die zur Verdampfung eines flüssigen Kältemittels erforderlich ist) bei nahezu konstanter Temperatur in der Sonde aufgenommen und transportiert werden kann – im Gegensatz zu wässrigen Flüssigkeiten, die bei Wärmeaufnahme ihre Temperatur erhöhen bzw. bei Wärmeentzug ihre Temperatur absenken. Aus Tab. 2.1 ist ersichtlich, dass Wasser infolge seines geringen Dampfdruckes bei üblichen EWS-Temperaturen als Kältemittel ausscheiden muss, obwohl es die höchste Verdampfungsenthalpie aufweist. Unter den anderen Kältemitteln wäre Ammoniak zwar wegen seiner zweithöchsten Verdampfungsenthalpie sehr günstig. Es muss aber im Regelfall ebenfalls ausscheiden, weil es der Wassergefährdungsklasse 2 angehört und deshalb oftmals behördlich nicht genehmigt wird.

So verbleiben als beste Kältemittel für den EWS-Einsatz Propan und Kohlenstoffdioxid, wobei der Nachteil von Kohlenstoffdioxid im relativ hohen Druckniveau von 20 bar abs bis 65 bar abs bei Temperaturen von −20 °C bis +25 °C besteht. Die gesamte Installation (Rohre, Wärmetauscher, Ventile etc.) muss auf dieses Druckniveau ausgelegt werden und ist damit deutlich aufwändiger als bei Propan.

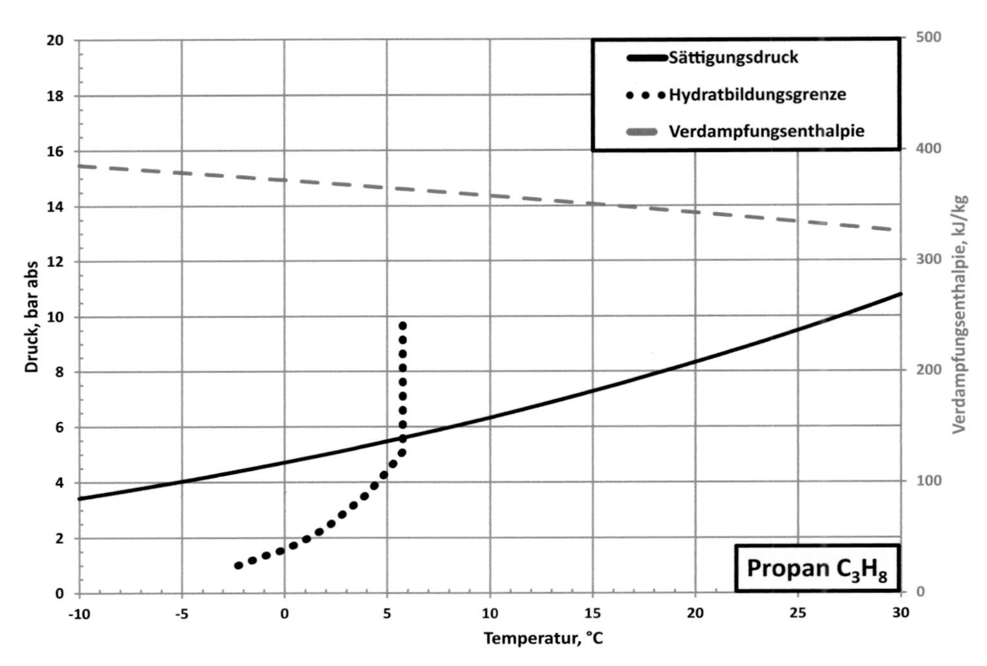

Abb. 2.5 Sättigungsdruck, Hydratbildungsgrenze und Verdampfungsenthalpie von Propan in Abhängigkeit von der Temperatur. Oberhalb der durchgezogenen Linie des Sättigungsdruckes ist keine Verdampfung möglich, oberhalb der gepunkteten Linie kann Hydratbildung eintreten. (Quelle: [1], [4], [6])

Propan und Kohlenstoffdioxid als Kältemittel in EWS

Zur Kennzeichnung des thermodynamischen Verhaltens der Gase dienen Abb. 2.5 und Abb. 2.6. Im typischen EWS-Temperaturbereich bis maximal +30 °C verdampft Propan im gesamten Temperaturintervall nur bei Drücken unterhalb 11 bar und scheidet damit von vornherein zur Verwendung in EWS tiefer als ca. 150 m aus. CO_2 verdampft in diesem Temperaturbereich bei Drücken unterhalb 71 bar, hat aber eine stark abfallende Verdampfungsenthalpie und ist deshalb auch nur bis EWS-Tiefen von maximal 300 m geeignet.

Propan, viele andere Kohlenwasserstoffgase und auch Kohlenstoffdioxid bilden bei geringen Temperaturen und hohen Drücken im Kontakt mit Wasser Eiskristalle, sogenannte Gashydrate. Die Hydratbildung führt zur Verstopfung aller Armaturen und legt den Betrieb einer Direktverdampfersonde lahm. Aus Abb. 2.5 und Abb. 2.6 ist zu erkennen, dass Direktverdampfer-EWS mit Propan und CO_2 im gesamten Arbeitsbereich durch Hydratbildung gefährdet sind, da sich für Propan erst oberhalb einer Temperatur von +6 °C und für CO_2 oberhalb +10 °C keine Hydrate mehr bilden. Deshalb muss bei Bau und Betrieb derartiger Sonden streng darauf geachtet werden, dass das Verdampferrohr vor dem Einfüllen des Kältemittels und später völlig wasserfrei ist und bleibt.

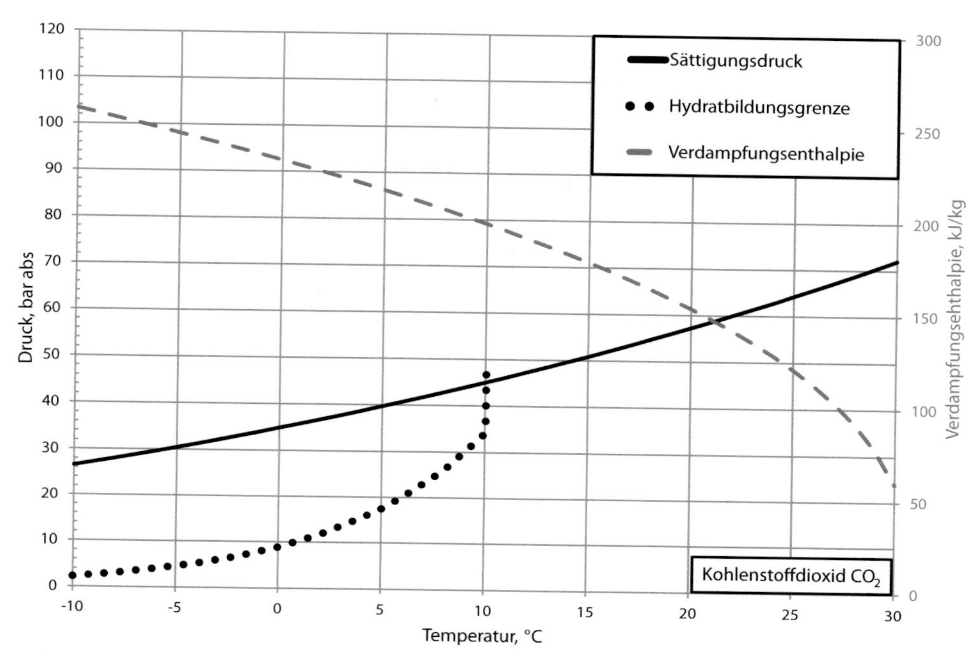

Abb. 2.6 Sättigungsdruck, Hydratbildungsgrenze und Verdampfungsenthalpie von Kohlenstoffdioxid in Abhängigkeit von der Temperatur. Oberhalb der durchgezogenen Linie des Sättigungsdruckes ist keine Verdampfung möglich, oberhalb der gepunkteten Linie kann Hydratbildung eintreten. (Quelle: [1], [4], [6])

Komplettierung von Direktverdampfersonden (Phasenwechselsonden)

Direktverdampfersonden (Phasenwechselsonden) können alleine für den Heizbetrieb relativ einfach installiert werden, für den Heiz- und Kühlbetrieb ist ein zusätzlicher Wasserkreislauf erforderlich. Abb. 2.7 zeigt den Aufbau einer Sonde im Heizbetrieb.

Die Sonde besitzt als Kernstück eine am Fuß verschweißte Verrohrung (zumeist als Stahlrohr oder Stahl-Wellrohr), die mit einer Zementsuspension mit hoher Wärmeleitfähigkeit (bis 2,4 W/(m K) Wärmeleitfähigkeit) hinterfüllt ist. Auf dem Sondenkopf sitzt ein Zweiphasenwärmetauscher, dessen Warmseite offen gegenüber der Verrohrung ist. In die Verrohrung wird nach dem Entleeren von Wasser und dem Ausblasen bzw. Ausfrieren des Restwassers Kältemittel (Propan bzw. CO_2, ca. 5–20 kg) eingefüllt. Die Rohrtour bildet mit der Warmseite des Wärmetauschers eine völlig abgeschlossene Einheit. Die Kaltseite des Wärmetauschers ist gleichzeitig der Ansaugraum des Verdichters der Wärmepumpe.

Im Ruhezustand verdampft das flüssig eingebrachte Kältemittel durch die aus dem Erdreich zuströmende Wärme und es stellt sich der Sättigungsdruck je nach dem Mittelwert der geothermischen Temperaturverteilung ein. In einer Propansonde mit einer mittleren geothermischen Temperatur von 12 °C stellt sich z. B. ein Druck von ca. 6,7 bar abs ein (s. Abb. 2.5). Sobald die Wärmepumpe in Betrieb geht, kühlt sich die Kaltseite des Kopfwärmetauschers ab (z. B. auf −2 °C) und das auf der Warmseite des Wärmetauschers befindliche Kältemittel

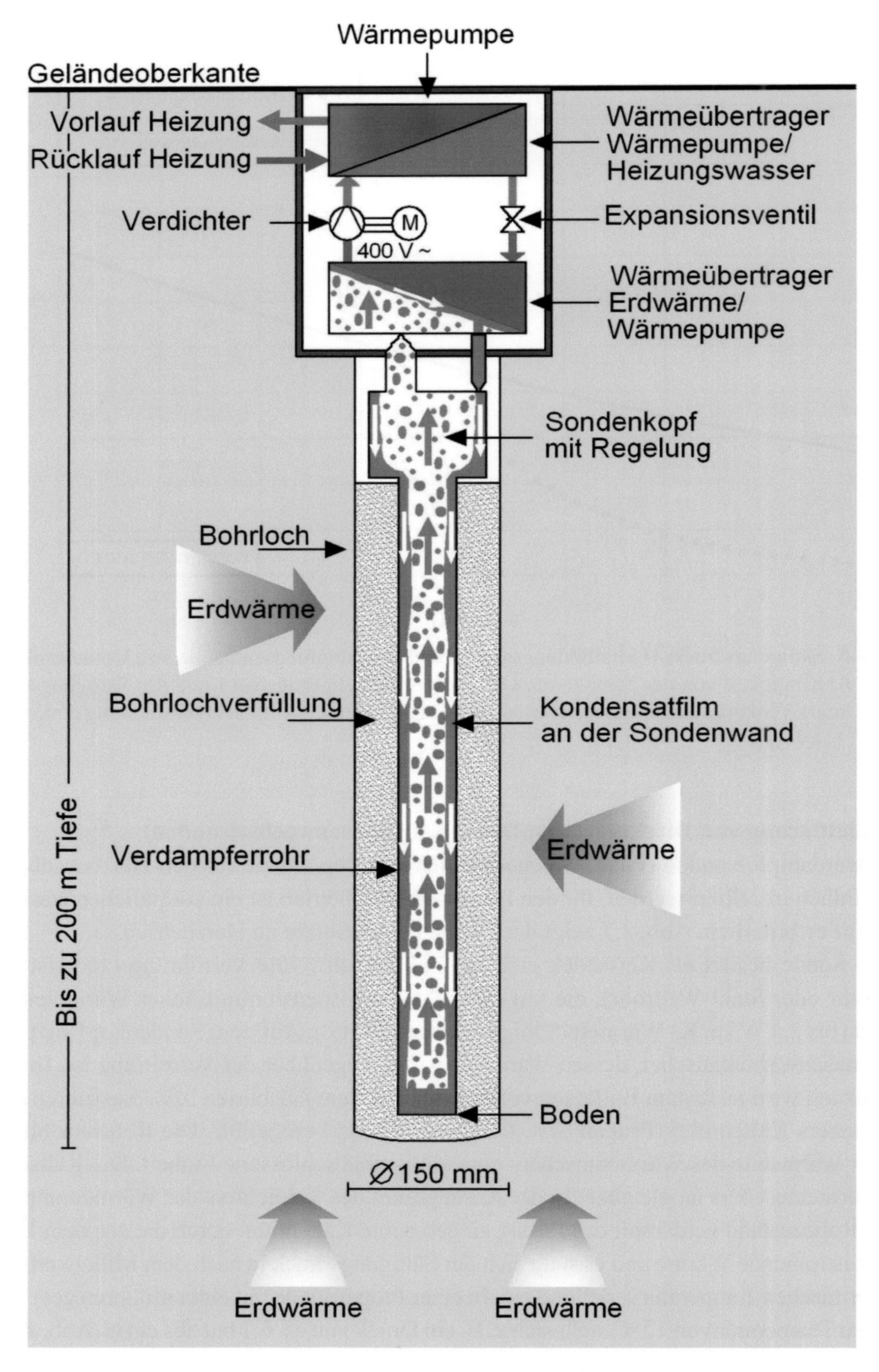

Abb. 2.7 Typischer Aufbau einer Direktverdampfersonde für den Heizbetrieb

(in der EWS) kondensiert unter Abgabe von Energie (der Kondensations- oder Verdampfungsenthalpie), es besitzt dann die jeweilige Kondensationstemperatur (z. B. 0 °C).

Das nun flüssige Kältemittel, dessen Dichte 20–30 mal (Propan) bzw. 100–200 mal (CO_2) größer ist als die Dichte des jeweiligen Dampfes, fällt abwärts, wobei es über einen Verteilerschirm an die Rohrinnenwand geleitet wird. Die Rohrinnenwand sollte möglichst rauh (angerostet) oder durch Innenwülste an den Verschraubungen unterbrochen sein, so dass sich die Fluidtröpfchen des absinkenden Flüssigfilmes stets im guten Kontakt mit der Rohrinnenwand befinden. Der kalte Film nimmt an der Rohrinnenwand Wärme aus dem Gestein auf und verdampft teilweise oder ganz, je nach Größe der Wärmezufuhr. Der entstehende Dampf kann infolge seiner geringen Dichte die Strömungsrichtung umkehren und im Zentrum des Rohres im Gegenstrom aufsteigen (s. Abb. 2.7 und Abb. 4.1).

Auf diese Weise entsteht eine Zirkulation ohne jeden äußeren Antrieb (weder Pumpe noch Verdichter), die Energie zur Zirkulation entstammt alleine der Erdwärme. Da der Druck im Sondenrohr mit der Tiefe nur geringfügig steigt, bleibt die Verdampfungstemperatur des flüssigen Kältemittelfilmes an der Rohrinnenwand auch nahezu konstant, so dass die – die Wärmezufuhr antreibende – Temperaturdifferenz zwischen Gestein und EWS über der Tiefe ebenfalls konstant bleibt (im Gegensatz zur Wasserzirkulation, bei der die Wassertemperatur ansteigt und die treibende Temperaturdifferenz kleiner wird).

Kühlbetrieb mit Direktverdampfersonden (Phasenwechselsonden)
Erdwärmesonden gewinnen im Heizbetrieb Erdwärme und speichern dabei automatisch Kälte im Gestein, denn sie kühlen das Gestein auf Temperaturen unterhalb +10 °C ab. Diese Kälteenergie, die ja nur das Gegenstück zur gewonnenen Wärmeenergie ist, entsteht kostenlos, jedoch muss ein gesonderter Wasserkreislauf installiert werden. In Abb. 2.8 ist neben der Verdampferrohrtour (Innenrohr) eine weitere äußere Verrohrung als Endrohrtour installiert, die im Bohrloch mit Zement bzw. Bentonitzement hinterfüllt ist. Im Ringraum zwischen Verdampfer- und Endrohrtour hängt ein nach unten offenes PE-Rohr mit relativ geringem Durchmesser. Ringraum und PE-Rohr dienen der Zirkulation von Wasser.

Im Heizbetrieb ist die Wasserzirkulation kurzgeschlossen, so dass das Wasser im Kreis zirkuliert und die Temperatur über der Tiefe vergleichmäßigt. Im Kühlbetrieb ruht die Wärmepumpe in der Regel, das zirkulierende Wasser wird aber jetzt an der Innenwand der Endrohrtour abgekühlt, d. h. es verliert Wärmeenergie (gewinnt Kälteenergie). Das abgekühlte Wasser wird der Klimaanlage des Gebäudes zugeführt, dort erwärmt und geht anschließend in den Kreislauf zurück.

Die Verquickung von Heizen und Kühlen ist eine sehr effiziente Möglichkeit zur Energieeinsparung. EWS dieser Bauart besitzen darüber hinaus den Vorteil, dass im Fall nicht ausreichender Kälteleistung im Sommer die Wärmepumpe in Betrieb gehen kann und im Inneren der Sonde zusätzlich Kälte erzeugt wird. Dann muss allerdings die von der Wärmepumpe erzeugte Wärme über einen Wärmetauscher als Abwärme an die Aussenluft abgegeben werden.

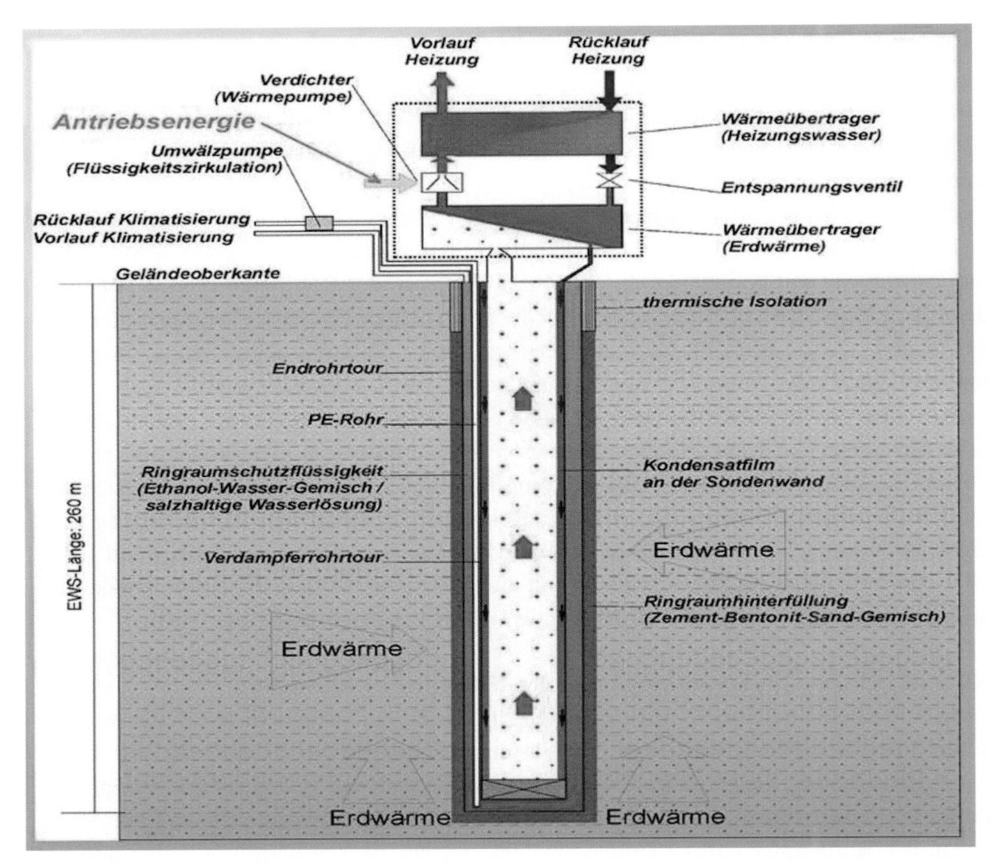

Abb. 2.8 Aufbau einer Direktverdampfersonde (Phasenwechselsonde) für den Heiz- und Kühlbetrieb

2.4 Tiefe Erdwärmesonden

Tiefe Erdwärmesonden bis zu einigen Tausend Metern Tiefe sind technisch machbar und werden ausnahmslos als Koaxialsonden installiert (s. Abb. 2.3c). Sie besitzen den Vorteil, hohe Nutztemperaturen (+70 °C und höher) erreichen zu können und damit keine Wärmepumpen einsetzen zu müssen. Sie sind allerdings wegen der hohen Bohrkosten (s. Abb. 2.2) nur dann wirtschaftlich sinnvoll, wenn die Tiefbohrung bereits für andere Zwecke hergestellt wurde, jedoch für diesen Zweck nicht nutzbar war (z. B. erfolglose Erkundungsbohrungen oder hydrothermale Erdwärmebohrungen ohne ausreichenden Heißwasserzufluss). Das Funktionsprinzip entspricht dem einer oberflächennahen Koaxialsonde. Das technisch sehr schwierig lösbare Problem liegt in der thermischen Isolation des Innenrohres vom Ringraum zwischen Innen- und Außenrohr, d. h. der Isolation des aufsteigenden Wassers vom absteigenden Wasser. Der Verlust an hochtemperierter Wärme aus dem Innenrohr an das niedertemperierte Wasser des Ringraumes ist über die große Länge der Sonde sehr hoch und kann auch durch Kunststoffrohre (z. B. Polyamid (PA)) mit einer Wärmeleitfähigkeit von 0,25 W/(m K) nicht ausreichend verhindert werden. Hinzu kommt, dass auch neuentwickelte Kunststoffrohre keine ausreichende Festigkeit besitzen, um sie in Tiefen größer als 2000 m einsetzen zu können. Die Erdwärmesonde SuperC der Rheinisch-Westfälischen Technischen Hochschule Aachen hat das im Jahr 2012 hinreichend bewiesen[1]. Eine bessere Möglichkeit wäre der Einbau eines doppelwandigen Innenrohres bzw. zweier koaxialer Innenrohre mit einem Vakuum im Ringraum, die aber bisher aus Kostengründen noch nicht realisiert wurde.

Zusammenfassung zu Kap. 2

Erdwärme kann durch

- Erdkollektoren (Rohrleitungen in geringer Tiefe verlegt),
- Erdwärmebohrungen bis maximal 400 m Tiefe (oberflächennahe Erdwärmesonden) und
- Tiefe Erdwärmesonden bis in Tiefen größer als 3000 m

gewonnen werden. Erdkollektoren weisen in der Winterperiode eine relativ geringe Leistung auf, da die Winterkälte bis zu einigen Metern in das Erdreich eindringt.

Oberflächennahe EWS sind weit verbreitet für die Gebäudeheizung, in denen zumeist Wasser bzw. eine frostsichere wässrige Lösung zirkuliert. Die übliche Doppel-U-Rohr-Komplettierung weist gegenüber der Koaxial- bzw. der neuen Ringrohr-Komplettierung eine um ca. 20–30 % geringere Leistungsfähigkeit auf. Direktverdampfersonden nutzen die Verdampfung und Kondensation eines Kältemittels (Propan oder Kohlenstoffdioxid) im Bohrloch aus, sie erfordern keine Zirkulationspumpe.

Tiefe Erdwärmesonden sind wirtschaftlich sehr aufwändig und werden i. d. R. nur dann für die Gebäudeheizung eingesetzt, wenn das Bohrloch bereits vorhanden ist und eine anderweitige Nutzung nicht möglich war.

[1] Im Jahr 2002 bereitete die Rheinisch-Westfälische Technische Hochschule (RWTH) in Aachen ein Erdwärmeprojekt zur Beheizung des neuen Studentenhauses SuperC mit Fördermitteln der EU und des Landes Nordrhein-Westfalen vor, in dem eine ca. 2500 m tiefe Bohrung bis zu 600 kW Wärme bei Temperaturen von 60 °C nach dem Wasserzirkulationsverfahren liefern sollte. Der Erstautor hatte bereits damals in der Planungsphase im persönlichen Emailverkehr mit dem Planer und später in einem Artikel der VDI Nachrichten (18.11.2005) darauf aufmerksam gemacht, dass die erreichbare Leistung selbst im täglichen Intervallbetrieb maximal bei 160 kW liegen kann (berechnet mit einem Vorläufer der Software dieses Buches). Trotz Neuentwicklung eines Glasfaserkunststoffrohres war der Einbau des Innenrohres im Jahr 2011 nur bis 1965 m möglich. Betriebsversuche erbrachten eine Leistung von ca. 60 kW bei 31 °C, so dass das Vorhaben erfolglos aufgegeben werden musste [3]. Als „Geschmäckle" sei hinzugefügt, dass die EU das 5 Mio. Euro teure Vorhaben noch 2014 mit dem „Best LIFE-Environment Project AWARD" ausgezeichnet hat.

Literatur

1. CoolPack (2014) Simulation tool CoolPack, version 1.50. http://en.ipu.dk/Indhold/refrigeration-and-energy-technology/coolpack.aspx, Zugriff 9.9.2014.
2. Häfner F, Wagner S (2007) Erdwärme. In: Beck HP, Brandt E, Salander C (Hrsg) Handbuch Energiemanagement. VWEW Energieverlag, Frankfurt/M.
3. http://www.aachener-nachrichten.de/lokales/region/erdwaerme-fuer-das-superc-der-leuchtturm-der-forschung-1.387215, Zugriff: 2.2.2015
4. Jakobsen A, Rasmussen BD, Andersen SE (1999) CoolPack – Simulation tools for refrigeration systems. Scanref (28),4, S 7–10, Stockholm.
5. Sass I (2010) Erdwärmesonden für das surPLUShome. Wissenschaftsmagazin der TU Darmstadt, 3:70–73, Darmstadt
6. Voigt HD (2011) Lagerstättentechnik. Springer, Heidelberg (148 S)
7. Wagner RM (2011) Verfahren und Anordnung zum Einbau von Rohren in einem Bohrloch. Deutschland Patent DE 102011 102 485.2.

Wärmepumpen

3

Oberflächennahe Erdwärmesysteme erfordern immer den Einsatz einer Wärmepumpe, die die gewonnene Erdwärme vom relativ geringen Temperaturniveau des Erdreiches auf das von der Heizungstechnik des jeweiligen Gebäudes geforderte Temperaturniveau anhebt.

3.1 Arbeitsprinzip der Wärmepumpe

Eine Wärmepumpe arbeitet wie ein umgekehrter Kühlschrank. Der Kühlschrank entnimmt seinem Inneren (*kalte Seite*) Wärme auf niedrigem Temperaturniveau (z. B. +5 °C) und verwandelt sie in Wärme auf höherem Niveau (z. B. +35 °C auf der *warmen Seite*), die durch das außen angebrachte Wärmetauscher-Gitter an die Küchenluft abgegeben wird. Als Nutzenergie gilt die Kälte im Kühlschrank.

Die Wärmepumpe (s. Abb. 3.1) hingegen entnimmt auf der kalten Seite die Erdwärme und gibt auf der warmen Seite Nutzenergie zum Heizen ab. Hauptbestandteil der Wärmepumpe ist ein Verdichter (Kompressor), der auf der kalten Seite (Ansaugseite, Verdampfer, Wärmequelle) ein Kältemittel nach Tab. 2.1 bei niedriger Temperatur und niedrigem Druck im gasförmigen Zustand (Dampf) ansaugt und auf einen wesentlich höheren Druck verdichtet. Durch diese nahezu adiabate Verdichtung steigt die Dampftemperatur stark an. Im druckseitigen Wärmetauscher (Kondensator, Wärmeverteilung) sinkt infolge des Wärmebedarfes der Heizung zunächst die Temperatur auf die Kondensationstemperatur ab, der Dampf beginnt zu kondensieren und gibt dabei die Kondensationswärme (betragsmäßig gleich der Verdampfungswärme) wieder ab (s. Abb. 3.2).

Wärmepumpen können die Niedrigtemperaturenergie sowohl aus dem Erdreich (erdwärmebasierte Wärmepumpen mit EWS oder Erdkollektoren) als auch aus der Umgebungsluft (Luft-Wärmepumpen) oder Teilen eines Bauwerkes (Wärmepfähle, Entnahme aus vorhandenen Gründungspfählen) entnehmen.

F. Häfner et al., *Bau und Berechnung von Erdwärmeanlagen*,
DOI 10.1007/978-3-662-48201-8_3

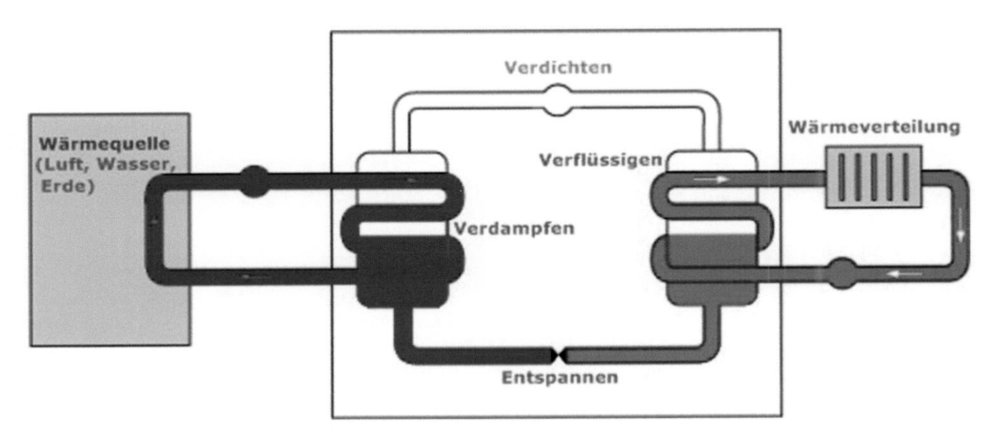

Abb. 3.1 Schema einer Wärmepumpe. (Quelle: www.oekologisch-bauen.de)

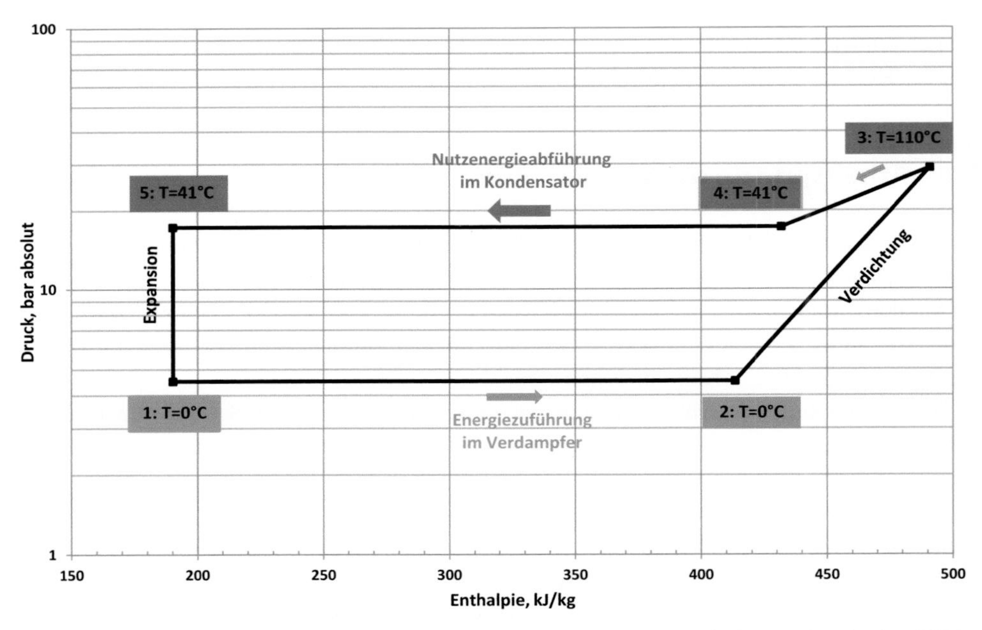

Abb. 3.2 Typisches Druck-Enthalpie-Diagramm einer Wärmepumpe mit dem Kältemittel R407C. (1: Verdampfungsbeginn, 2: Verdampfungsende; 3: Zustand nach Verdichtung, 4: Beginn der Kondensation, 5: Ende der Kondensation; 1: Druckabfall im Expansionsventil)

3.2 Leistungszahl und Jahresarbeitszahl von Wärmepumpen

Die Effektivität von Wärmepumpen kann durch zwei Zahlen charakterisiert werden. Die Leistungszahl oder COP (**C**oefficient **o**f **P**erformance) ist definiert durch

$$COP = \frac{Nutzleistung\ Wärme\,[kW]}{Antriebsleistung\,[kW])} \tag{3.1}$$

Die Antriebsleistung ist üblicherweise die Leistungsaufnahme des Elektromotors oder die mechanische Leistung eines anderen Motors (Gas-, Dieselmotor). Die Nutzleistung umfasst die Leistung, die im Kondensator abgenommen werden kann. Sie ist die Summe von der im Verdampfer zugeführten Erdwärmeleistung und der Motorleistung, abzüglich der geringen Leistungsverluste durch Reibung und Wärmetransport. Die Leistungszahl wird in der Regel in einem Versuchsstand ermittelt.

Für eine Reihe von Wärmepumpen unterschiedlicher Herstellerfirmen, die mit verschiedenen Kältemitteln arbeiten, wurde die Leistungszahl über der Temperaturspreizung dargestellt (s. Abb. 3.3). Bei der Vielzahl von Wärmepumpenherstellern und den unterschiedlichen Einsatzbedingungen kann Abb. 3.3 nur Mittelwerte liefern. Wesentlich erscheint jedoch, dass es eine lineare Abhängigkeit ist, die nur bei kleinen Spreizungen Unsicherheiten birgt. In den späteren Berechnungen wird diese Abhängigkeit genutzt, um die Verbindung der Erdwärmeleistung mit der Gesamtleistung einer Anlage zu berechnen.

Die Jahresarbeitszahl JAZ ist eine Größe, die die tatsächliche Effizienz einer Wärmepumpenanlage im jährlichen Betrieb charakterisiert:

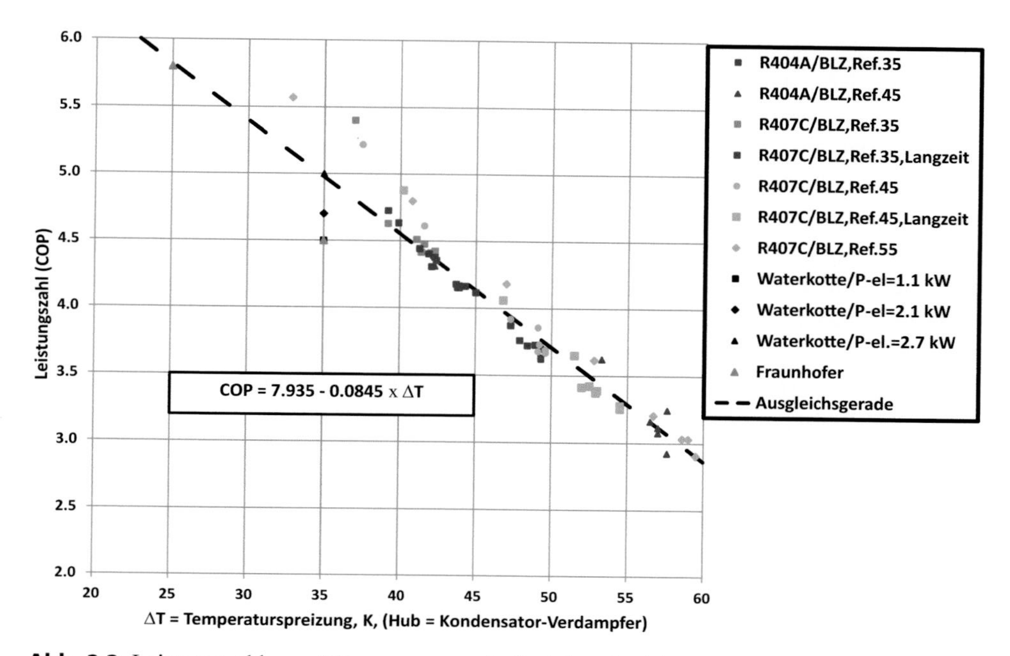

Abb. 3.3 Leistungszahl von Wärmepumpen als Funktion der Temperaturspreizung (Daten nach [1–3], hier wurden nur Daten genutzt, die mit EWS betrieben werden, d. h. erdreichbasierte Wärmepumpen)

$$JAZ = \frac{Summe\ der\ in\ einem\ Jahr\ gewonnenen\ Nutzarbeit\ (Wärme, Kälte)\ [kWh]}{Summe\ der\ in\ einem\ Jahr\ aufgewendeten\ Antriebsarbeit\ [kWh]} \quad (3.2)$$

Im Falle der winterlichen Wärmegewinnung und der Nutzung der gleichen Anlage zur sommerlichen Klimatisierung kann man auch die Kältearbeit in die Betrachtung als Nutzenergie einbeziehen. In der Regel ist die Jahresarbeitszahl im reinen Wärmebetrieb infolge von Energieverlusten etwas geringer als die durchschnittliche Leistungszahl COP.

Die energetische Effizienzbewertung von elektrisch angetriebenen Wärmepumpen muss berücksichtigen, dass der Strom i.d.R. aus Primärenergierohstoffen (Kohle, Gas, Öl) gewonnen wird, wobei der durchschnittliche Wirkungsgrad nur 40 % beträgt. Unter der weiteren Berücksichtigung von Übertragungsverlusten kann sich der Gesamtwirkungsgrad auf ca. 33 % verringern. Diese Überlegung führt dazu, dass Anlagen erst ab einer JAZ von 3 energetisch effizient sind, andernfalls wäre es sinnvoller, die Primärenergie (z. B. Gas) direkt zur Heizung zu benutzen.

Diese Situation hat dazu geführt, auch Wärmepumpen mit Gas- oder Dieselmotorantrieb (sogenannte Gaswärmepumpen) zu entwickeln, deren Motorabwärme dann mit in den Nutzkreislauf eingebunden wird. Die Fortsetzung dieses Prinzips findet man in den Blockheizkraftwerken (BHKW), die aus Primärenergie (zumeist Gas) Strom erzeugen und deren Abwärme zur Heizung genutzt wird. Auf diese Weise können Wärmepumpen (technisch einfach) elektrisch angetrieben werden, ohne dass die Abwärme der Stromerzeugung nutzlos bleibt.

Das Ziel der technischen Entwicklung von erdwärmebasierten Heizungsanlagen besteht derzeit darin, Anlagen mit Jahresarbeitszahlen von 4 und höher bereitzustellen. Auf diese Weise können aus jeder Kilowattstunde Antriebsenergie 4 kWh Wärme oder mehr erzeugt werden, was sich heute und zukünftig in einem energetisch sinnvollen und wirtschaftlich vorteilhaften Betrieb auszahlen wird.

Da im Zeitalter des Klimawandels die Gebäudeklimatisierung an Bedeutung gewinnt, sind Wärmepumpen-Anlagen, die ihre Energie aus einem Speicher (Erdreich, große Wasserbehälter, Gründungsbauteile wie Betonpfähle) beziehen, ganz besonders vorteilhaft. In der Heizperiode wird automatisch im Speicher Kälteenergie („Abfallenergie") erzeugt, die man in der Sommerperiode nahezu kostenlos als Kälteenergie bereitstellen kann. Erdwärmesonden sind hierfür gut geeignet, da sie weder zusätzlichen baulichen Aufwand noch zusätzlichen Platz erfordern. In diesem Sinn weisen erdwärmebasierte Wärmepumpensysteme gegenüber Luft-Wärmepumpen deutliche energetische Vorteile auf, ihre Jahresarbeitszahlen unter Einschluß der Klimakälte können auf Werte über 6 steigen im Vergleich zu Werten um 3 für Luftwärmepumpen, deren im Winter anfallende „Abfallkälte" nicht gespeichert werden kann.

Zusammenfassung zu Kap. 3

In Zeiten der Energiewende, der Hinwendung zu regenerativ erzeugtem Strom und der wachsenden stofflichen anstatt energetischen Nutzung von fossilen Energierohstoffen werden Wärmepumpen zu Hauptbauteilen von Heizungs- und Klimatisierungsanlagen.

Ihr Gebrauch ist heute so einfach wie ein Kühlschrank, wobei die Speisung der Wärmepumpen aus Erdwärmesonden eine vorteilhafte Kombination darstellt, welche auch die Gebäudekühlung im Sommer erlaubt. Leistungszahlen COP bzw. Jahresarbeitszahlen JAZ von 4 und höher sind erreichbar.

Literatur

1. BLZ (2009) Leistungsüberprüfung von Erdwärmesonden. Interne Untersuchungsergebnisse im Erdwärmeversuchsfeld der BLZ Geotechnik GmbH, Gommern.
2. Marek M, Günther D, Kramer D, Oltersdorf T, Wappler J (2011) Wärmepumpen Effizienz- messtechnische Untersuchung von Wärmepumpenanlagen zur Analyse und Bewertung der Effizienz im realen Betrieb. Forschungsbericht des Fraunhofer Instituts für Solare Energiesysteme ISE, http://wp-effizienz.ise.fraunhofer.de/german/index/, Zugriff: 16.1.2015.
3. Waterkotte-Werksangaben für Wärmepumpen, http://www.waterkotte.de/waermepumpen/erdwaermepumpen.html, Zugriff: 23.5.2005.

Berechnung von Erdwärmeanlagen

4

Es ist bekannt, dass jedes Fachgebiet – hier die Gebäudetechnik und die Erdwärmetechnik (Geothermie) – seine eigenen Schwerpunkte setzt, da tiefreichende Kompetenzen auf beiden Gebieten gleichzeitig in aller Regel weder an Hochschulen gelehrt noch in der Praxis gewonnen werden können. Abhilfe schafft nur eine enge fachliche Zusammenarbeit der Experten, wobei jede Seite ein gutes Verständnis für die Probleme des anderen haben sollte. In beiden Fachgebieten existieren einfache Berechnungsverfahren und moderne Simulationsverfahren, die aber selten verkoppelt sind. Eine typische Folge dieser Situation ist, dass z. B. in der Gebäudetechnik die Erdwärmegewinnung bei festgelegter (und zumeist) konstanter Temperatur und Leistung erfolgen soll und in der Erdwärmetechnik der Wärme- und Temperaturbedarf eines Gebäudes sehr einfach und abstrakt angesetzt wird.

In Kap. 4 wird versucht, von der internen Kenntnis der Wärmetransportvorgänge im Erdreich und Erdwärmesonden ausgehend, den Anforderungen der Gebäudetechnik weiter als bisher üblich entgegen zu kommen. Das äußert sich im zeitlich sehr differenzierten Verlauf der Wärme-/Kälteleistungen und der erforderlichen Temperaturen je Tag und Jahreszeit, in der Einbindung des Betriebsverhaltens von Wärmepumpen und in der Berücksichtigung von Leistungs- und Temperaturverlusten in den Apparaten der Gebäudetechnik (Wärmetauscher, Leitungen).

4.1 Thermo- und fluiddynamische Grundlagen des Wärmetransportes im Erdreich und in Erdwärmesonden

Der Wärmetransport und der Wärmeübergang im Erdreich finden in zwei grundsätzlich verschiedenen Teilsystemen statt, deren zeitliches Verhalten (Zeitkonstanten) sich um Größenordnungen unterscheiden:

F. Häfner et al., *Bau und Berechnung von Erdwärmeanlagen*,
DOI 10.1007/978-3-662-48201-8_4

- im Erdreich (Gestein, Gebirge) und
- in den verschiedenen Fließräumen der Wärmesonde; für Wasserzirkulationssonden nach Abb. 2.3 und 2.4 bzw. für Direktverdampfersonden nach Abb. 2.7 und 2.8.

Im Erdreich werden folgende Prozesse berücksichtigt:

- Wärmeleitung,
- Phasenübergang flüssig-fest im Porenfluid (Wasser, Salzwasser) einschließlich Erstarrungsenthalpie und der Veränderung von Wärmeleitfähigkeit und spezifischer Wärmekapazität beim Phasenübergang,
- ein möglicher konvektiver Wärmetransport im Erdreich durch fließendes Grundwasser und der oberflächliche konvektive Wärmeeintrag durch den Niederschlag.

In der EWS werden folgende Prozesse berücksichtigt:

- Wärmeleitung,
- Konvektiver Wärmetransport und Wärmeübergang auf die Fließräume (Rohre),
- Phasenübergang flüssig-dampfförmig einschließlich der Verdampfungsenthalpie und der Änderungen der thermodynamischen Eigenschaften bei Direktverdampfersonden.

4.1.1 Das physikalisch-mathematische Modell des Wärmetransportes im Erdreich

Grundlage der Simulation im Erdreich ist die bekannte Fourier'sche Wärmetransportgleichung ([10], S. 24)

$$div\{[\lambda + (\rho c)_{fluid} D^*]\, \boldsymbol{grad}\ T - [(\rho c)_{fluid}\, \boldsymbol{v}]T\} = (\rho c)_{total} \frac{\partial T}{\partial t} - Q_V \tag{4.1}$$

Der Geschwindigkeitsvektor $\boldsymbol{v}$ hat in den Rohren der EWS eine einzige Komponente in z-Richtung und ergibt sich aus der Zirkulationsrate und der Querschnittsfläche des Rohres.

Im Erdreich gilt er für das bewegliche Porenfluid (bewegliches Grundwasser) und berechnet sich nach dem Darcy-Gesetz aus

$$\boldsymbol{v} = -\frac{k}{\eta}(\boldsymbol{grad}\ p + \rho_{fluid}\, g\ \boldsymbol{grad}\ z) \text{ oder } \boldsymbol{v} = -k_f\ \boldsymbol{grad}\ h \tag{4.2}$$

Die Grundwasserströmung soll bei den Lösungen für die einzelne EWS vernachlässigt werden, deshalb entfällt hier der Wärmetransport infolge Dispersion[1] (s. auch Abschn. 4.4.3)

[1] Unter Dispersion im porösen Medium wird hier sowohl der Wärmetransport in Richtung des Geschwindigkeitsvektors (longitudinal) als auch senkrecht dazu (transversal) verstanden, der durch die

Der Wärmespeicherterm wird als „konzentrierte Wärmekapazität“ beschrieben, d. h. als gewogenes Mittel des Speichervermögens von Gestein und Porenfüllung

$$(\rho\, c)_{total} = n \times (\rho\, c)_{fluid} + (1-n) \times (\rho\, c)_{Gestein} \tag{4.3}$$

Bei Erreichen der Gefriertemperatur der Porenfüllung besteht ein Enthalpiesprung (für Wasser 333 kJ/kg Erstarrungswärme), den man aus der Natur kennt (s. auch Abb. 4.8). Eine Pfütze beginnt bei 0 °C langsam zu gefrieren; das Wasser ist aber erst vollständig erstarrt, wenn dem Wasser die o. g. Wärmemenge entzogen ist. Die Erstarrungswärme führt zu einer wesentlichen zeitlichen Verzögerung der Temperaturausbreitung in beiden Richtungen (Gefrieren, Auftauen).

Die Wärmeleitfähigkeit von Wasser steigt beim Gefrieren sprunghaft an (Wasser: 0,57 W/(m K), Wassereis: 2,2 W/(m K). Dadurch erhöht sich die Wärmeleitfähigkeit des Erdreiches um ca. 10 bis 30 %, je nach Größe der wassergefüllten Porosität. Ebenso verändern sich Dichte/spezifische Wärmekapazität (Wasser: 1000 kg/m^3 bzw. 4,2 kJ/(kg K), Wassereis: 920 kg/m^3 bzw. 1,93 kJ/(kg K)).

Die initiale Temperatur der Erdoberfläche (bei ca. 10 m Tiefe unterhalb Gelände) liegt im Jahresmittel bei etwa 10 °C, die Temperatur steigt je Meter Tiefe in Deutschland um ca. 0,03 K (s. Abb. 1.1).

4.1.2 Das physikalisch-mathematische Modell des Wärmetransportes in Erdwärmesonden

Grundlage der Simulation in den Fließräumen der Sonde ist ebenfalls grundsätzlich die Wärmetransportgleichung Gl. 4.1. Auf der rechten Seite der Gleichung muss jedoch die totale Wärmekapazität (ρc) durch die Wärmekapazität des Fluids ersetzt werden. Der Geschwindigkeitsvektor $\boldsymbol{v} = (v_r, v_z)^T$ besteht aus den Komponenten in radialer und vertikaler Richtung (r−z), i. d. R. wird aber in den Sonden nur die Geschwindigkeit in vertikaler Richtung (Rohr-Richtung) berücksichtigt. Die mathematische Lösung des Gesamtsystems Erdreich-Sonde ist analytisch-formelmäßig nur für relativ einfache Modelle mit homogenen Anfangs- und Randbedingungen möglich, deshalb erfolgt sie zumeist numerisch. Aus diesem Grund werden die Anfangs- und Randbedingungen, die jede konkrete Aufgabe charakterisieren, bei der jeweiligen Lösungsmethode behandelt.

Wasserzirkulationssonden

Die mathematische Formulierung des Wärmetransportes in dieser Art von Sonden (U-Rohr-, Doppel-U-Rohr-, Ringrohr- und Koaxialsonden) ist mit der partiellen Differenzialgleichung Gl. 4.1 nahezu hinreichend beschrieben. Es ist jedoch zu berücksichtigen,

chaotische Struktur der Porenkanäle entsteht. Wenn das Porenfluid unbeweglich ist, entfällt auch der dispersive Transport.

dass der horizontale Wärmeübergang von der strömenden Flüssigkeit eines Rohres auf die Rohrwandung, die Hinterfüllung bzw. das Gestein neben dem Wärmewiderstand $\Delta s/\lambda$ des Materials (wobei Δs eine Entfernungsangabe ist) noch ein Wärmeübergangswiderstand auftritt, der den Temperaturabfall von der Innenwandung des Rohres auf die strömende Flüssigkeit beschreibt. Diesen Effekt charakterisiert die sehr komplexe Wärmeübergangszahl, die von den jeweiligen thermodynamischen Kennzahlen Reynoldszahl *Re*, Nusseltzahl *Nu* bzw. Prandtlzahl *Pr* abhängt, also vor allem vom Rohrdurchmesser und der Fließgeschwindigkeit. Dieser Effekt kann jedoch nur in numerischen Lösungen berücksichtigt werden.

Direktverdampfersonden (DVD-Sonden)

Die Berechnung der Verdampfungs- und Kondensationsprozesse im Verdampferrohr einer DVD-Sonde (Filmströmung) in ihrer ganzen verfahrenstechnischen Komplexität ist hier nicht erforderlich, weil immer der geothermisch mögliche Wärmestrom aus bzw. in das Gestein die bestimmende Größe für die Verdampfung eines Flüssigkeitsfilmes an der Rohrwandung ist. Im Rahmen der numerischen Simulation des Verfahrens wurde deshalb eine Idee von Hamann [13] aufgegriffen, die den Prozess im Inneren des Verdampferrohres vereinfacht darstellt. In Abb. 4.1 ist der Innenraum des Verdampferrohres schematisch in drei koaxiale Räume (Fließräume) geteilt:

- den Kältemittel-Film mit abwärts gerichteter Flüssigkeits-Filmströmung,
- den sogenannten Kaltdampfraum, mit abwärtsgerichteter Strömung des Kältemittel-Dampfes bei der jeweiligen Verdampfungstemperatur und
- den sogenannten Heißdampfraum, mit aufwärts gerichteter Strömung eines möglicherweise überhitzten Kältemittel-Dampfes („überhitzt" soll hier lediglich andeuten, dass die Dampftemperatur höher ist als die Verdampfungstemperatur).

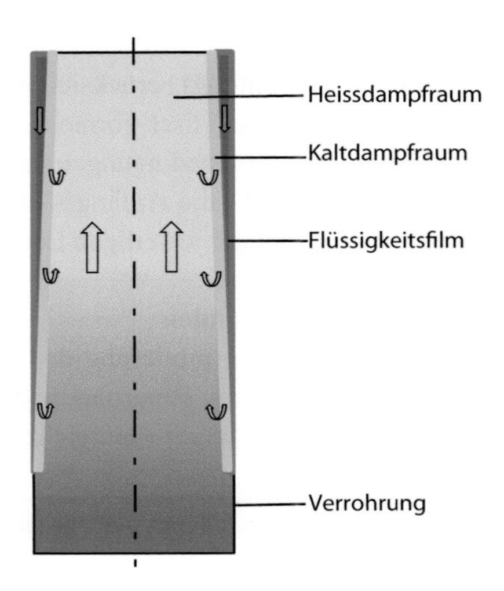

Abb. 4.1 Schema zur Vereinfachung der Verdampfungs- und Kondensationsvorgänge im Verdampferrohr einer DVD-Sonde

Diese Fließräume sind untereinander nicht durch Rohrwandungen abgeschlossen und ermöglichen deshalb den Übertritt von Kaltdampf in den Heißdampfraum. Dieser Übergang wird durch einen Massenübergangskoeffizienten β beschrieben, der den Anteil des in den Heißdampfraum eintretenden Kaltdampf-Massenstromes in der jeweiligen Tiefe angibt. Wie Vergleichsrechnungen mit gemessenen Vorgängen im Versuchsfeld der BLZ Geotechnik Gommern gezeigt haben, ist dieser Koeffizient dann sehr gering sensitiv bezüglich der Wärmeleistung und der Temperatur am Kopf der Sonde, wenn die gesamte Sondenlänge vom Flüssigkeitsfilm benetzt ist. Als Mittelwertbereich hat sich $\beta = 0{,}9\ldots0{,}99$ ergeben. Zur Berechnung der Vertikalgeschwindigkeiten in den Fließräumen werden folgende praktikable Voraussetzungen getroffen:

- Die vertikal nach unten gerichtete Geschwindigkeit des Flüssig-Kältemittel-Filmes ergibt sich alleine aus dem Massenstrom und dem bis zu der betrachteten Tiefe bereits verdampften Massenstrom. Die verdampfende Masse hängt dabei vom Wärmestromangebot des Erdreiches ab. Daraus lässt sich dann die Filmdicke ableiten.
- Die vertikal nach unten gerichtete Geschwindigkeit des Kaltdampfes und die vertikal nach oben gerichtete Geschwindigkeit des Heißdampfes hängen u. a. von den Massenströmen und den jeweils eingenommenen Querschnittsflächen ab. Sinnvolle Voraussetzungen sind:
  - die Drücke in beiden Räumen sind in jeder Tiefe gleich und
  - die Beträge der Geschwindigkeiten sind in beiden Räumen gleich.

Diese sehr vereinfachte Beschreibung der Filmverdampfung und der strömungsmechanisch außerordentlich schwierigen Problematik der Druckverluste und der Vermischung zweier nicht-isothermer Gase im freien Raum bei Gegenstrom erscheint praktikabel, weil der den Prozess steuernde Einfluss die Größe des Wärmestromes aus dem Erdreich ist. Aus diesem Grunde ist die Leistung der Sonde und die Temperatur des austretenden Heißdampfes ganz entscheidend vom Wärmeangebot und der Länge des Kältemittel-Filmes (Verdampferlänge) abhängig, weniger jedoch vom Übergangskoeffizienten β.

Die Ausbildung des an der Rohrwandung herabsinkenden flüssigen Kältemittelfilmes ist nicht immer vollständig gewährleistet, so z. B. bei geneigten Bohrungsabschnitten oder schlechter Benetzung der Rohrwandung. In diesen Fällen bildet sich im Bohrlochunterteil ein mehr oder weniger langer Flüssigkeitssumpf, in dem es u. U. zum konvektiven Sieden kommt. Dieser Prozess wird ebenfalls unter Beachtung der druckabhängigen Verdampfungstemperatur nachgebildet [19]. Die hier beschriebenen Vorgänge in einer DVD-Sonde sind trotz aller Vereinfachungen nicht in mathematisch-analytischen Lösungen (Formeln) zu erfassen, sondern nur durch numerische Simulation.

4.2 Mathematisch-analytische Lösungen für die Einzelsonde

Oftmals ist es wünschenswert, die von den thermodynamischen Eigenschaften des Erdreiches am jeweiligen Standort abhängigen maximalen Werte für die Wärmeleistung und die Temperaturen einer Erdwärmesonde in einem frühen Stadium der Planung zu berechnen. Für einzelne Erdwärmesonden sind praktikable mathematische Lösungen der Differenzialgleichung Gl. 4.1 möglich, jedoch nur, wenn alle nichtlinearen Effekte, wie Gefrieren des Porenwassers bzw. Verdampfungsprozesse (DVD-Sonden) und die Wärmeströmung im Erdreich in vertikaler Richtung vernachlässigt werden und die radiale Ausdehnung des betrachteten Gebietes sehr groß (unendlich) ist.

4.2.1 Zeitlich konstante Temperatur im Inneren der Erdwärmesonde

Setzt man voraus, dass die anfängliche geothermische Temperatur im Erdreich (T_E) und die Temperatur an der Bohrlochwand über die gesamte Sondenlänge konstant ist (T_B), dann wird der Erdwärmestrom als Funktion der Zeit nach Gl. 4.4 berechnet (nach Cekaljuk [2])

$$Q(t) = \frac{2\pi\lambda L(T_E - T_B)}{\ln\left[1 + \sqrt{\frac{\pi a t}{r_B^2}}\right]} \tag{4.4}$$

Gleichung 4.4 ist eine Näherungslösung, die einen Fehler kleiner als 1,5 % hat [25]. Sie ist mit der Software EWSanalytic einfach zu berechnen.

Wenn die geothermische Temperatur linear mit der Tiefe steigt und die Temperatur in der Sonde sich ebenfalls linear mit der Tiefe ändert, dann gilt Gl. 4.4 mit gleicher Genauigkeit auch, wenn anstelle von T_E und T_B ihre arithmetischen Mittelwerte nach Gl. 4.5 angesetzt werden

$$T_E = T_o - \frac{\omega L}{2}, \quad T_B = T_{B0} + \frac{T_{BL} - T_{B0}}{2} \tag{4.5}$$

und der Index „0" für $z = 0$ (Geländeoberkante) und der Index „L" für die Endteufe $z = -L$ stehen.

Wenn die Verfüllmasse (Zement, Bentonitzement) des Bohrloches eine deutlich andere Wärmeleitfähigkeit als das Erdreich (λ) besitzt und die Schichtdicke des verfüllten Ringraumes nicht vernachlässigbar klein im Vergleich zum Bohrlochdurchmesser ist, kann der Bohrlochradius r_B in Gl. 4.4 durch den effektiven Bohrlochradius r_{Be} ersetzt werden mit Gl. 4.6

$$r_{Be} = r_B \times [\frac{r_B}{r_{Vi}}]^{-\frac{\lambda}{\lambda_V}} \tag{4.6}$$

wobei r_{Vi} der Innenradius der Verfüllung und λ_V die Wärmeleitfähigkeit der Verfüllung sind.

Der stationäre Einzugsradius einer EWS, d. h. der Radius, innerhalb dessen Wärme der Sonde zuströmt, kann abgeschätzt werden aus

$$r_E = \sqrt{2,25\ at} \tag{4.7}$$

wobei die Temperaturleitzahl a in m^2/s, die Zeit in Sekunden und der Radius in Meter gelten.

4.2.2 Speicherung von Wärme mit konstantem Wärmestrom

Die Einspeicherung von Wärme in das Erdreich soll mit einem konstantem Wärmestrom Q erfolgen. Im einfachsten Fall wird vorausgesetzt, dass über der gesamten Tiefe der EWS die anfängliche geothermische Temperatur konstant ist (T_E). Die Wärme, die der EWS zugeführt wird, tritt gleichmäßig verteilt in das Erdreich ein. Die Temperaturverteilung im Erdreich berechnet sich dann nach der sogenannten Linienquellenlösung ([10], S. 162) zu

$$T(r,t) = T_E + \frac{Q}{4\pi\lambda L} \times Ei\left(-\frac{r^2}{4at}\right) \tag{4.8}$$

Dabei ist $Ei(-r^2/[4at])$ die Exponentialintegralfunktion ([10], S. 583). Diese Funktion kann für $at/r^2 \geq 3,8$ mit weniger als 3 % Fehler berechnet werden aus

$$-Ei(-\frac{r^2}{4at}) = ln\frac{2,2458\ at}{r^2} \tag{4.9}$$

Wenn in Gl. 4.8 der Radius gleich dem Bohrlochradius ist, kann noch die Temperaturdifferenz infolge eines thermischen Sondeneintrittswiderstandes (Bohrlochwiderstand) $\Delta T_{BLW} = QR_{th}/L$ addiert werden

Die Lösung Gl. 4.8 ist in der Software EWSanalytic zu finden.

4.2.3 Speicherung von Wärme durch Wasserinjektion in eine Schicht

Wenn die zu speichernde Wärme als heißes Wasser in das poröse Erdreich injiziert wird, muss die Wasserströmung unbedingt erfasst werden. In Abb. 4.2 ist der grundsätzliche Bau und die Wasserinjektion dargestellt, wobei ober- und unterhalb der Injektionsschicht

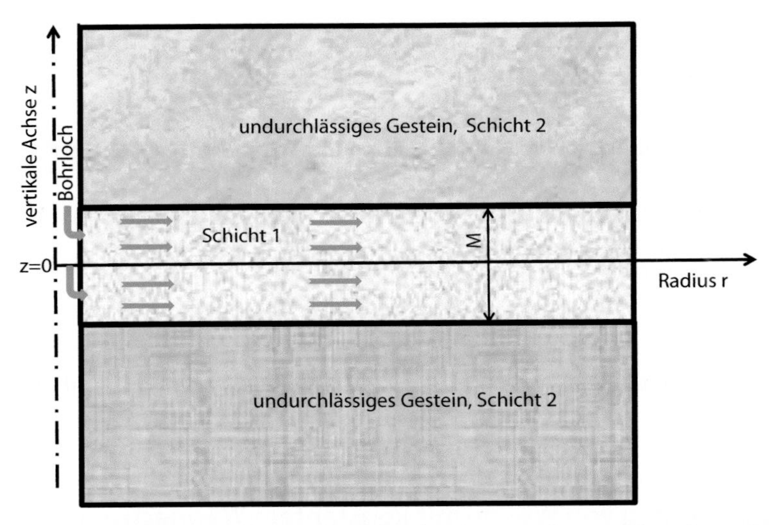

Abb. 4.2 Speichersonde mit Heißwasserinjektion in eine grundwasserführende poröse Schicht (Lauwerier-Problem)

undurchlässige Schichten, z. B. Tongesteine, liegen. Diese Aufgabe wurde erstmals von Lauwerier [17] 1955 gelöst und in ([10], S. 170, 474 ff.) weiterentwickelt.

In der Injektionsschicht soll nur der konvektive Wärmetransport erfasst werden, im darüber- und darunterliegenden Gestein jedoch nur Wärmeleitung. Dafür lautet die Lösung:

$$T(r,t) - T_E = (T_{inj} - T_E) \times \boldsymbol{erfc} \frac{\frac{\pi r^2}{M^2}}{\sqrt{\frac{v}{M^2}(vat - \pi\gamma r^2)}} \tag{4.10}$$

für $|z| \leq M/2$ (wasserführende Schicht) und $vat > \pi\gamma r^2$; bei $vat \leq \pi\gamma r^2$ ist $T(r, t) \equiv T_E$.

Für die undurchlässigen Schichten für $|z| > M/2$ und $vat > \pi\gamma r^2$ gilt:

$$T(r,t) - T_E = (T_{inj} - T_E) \times \boldsymbol{erfc} \frac{\frac{2\pi r^2}{M^2} + (|z| - M/2)\frac{v}{M}}{2\sqrt{\frac{v}{M^2}(vat - \pi\gamma r^2)}} \tag{4.11}$$

In Gl. 4.10 und 4.11 bedeuten:

$$\textit{Temperaturleitzahl der Schichten } 2: a = \frac{\lambda_2}{(\rho c)_{total,2}}$$

$$\textit{Wärmestrom } Q = q_{fl} \times (\rho c)_{fluid} \times (T_{inj} - T_E)$$

$$\gamma = \frac{(\rho c)_{total,1}}{(\rho c)_{total,2}}, \quad v = \frac{Q}{(T_{inj} - T_E)\lambda_2 M}$$

Die Lösungen nach Gl. 4.10 und 4.11 sind in der Software EWSanalytic zu finden.

4.2.4 Erdwärmesonde mit Wasserzirkulation als U-Rohr oder Koaxialsonde

Eine überschaubare analytische Lösung für eine Zirkulationssonde in U-Rohr- bzw. Koaxialbauweise erhält man, wenn die zeitabhängige Wärmeleitung im Erdreich nach Gl. 4.4 und 4.5 (radiale Wärmeleitung) als Quelle in das Modell des stationären (zeitunabhängigen) konvektiven Wärmetransportes in den Rohren der EWS eingefügt wird. Diese Kopplung ist physikalisch sinnvoll, da sich die Temperaturverteilung in der EWS je nach Zirkulationsrate sehr schnell (im Minutenmaßstab) stabilisiert, wohingegen der Wärmetransport im Erdreich sehr langsam im Maßstab von Stunden und Tagen vonstatten geht.

Dafür lautet die mathematische Aufgabenstellung nach Abb. 4.3 für die Koaxialsonde:

$$\begin{aligned} & w\frac{dT_1}{dz} + k_w(T_1 - T_2) = 0, z \leq 0 \\ & w\frac{dT_2}{dz} + k_w(T_1 - T_2) + Q_w(t) \times (T_0 - \omega z - T_2) = 0 \end{aligned} \tag{4.12}$$

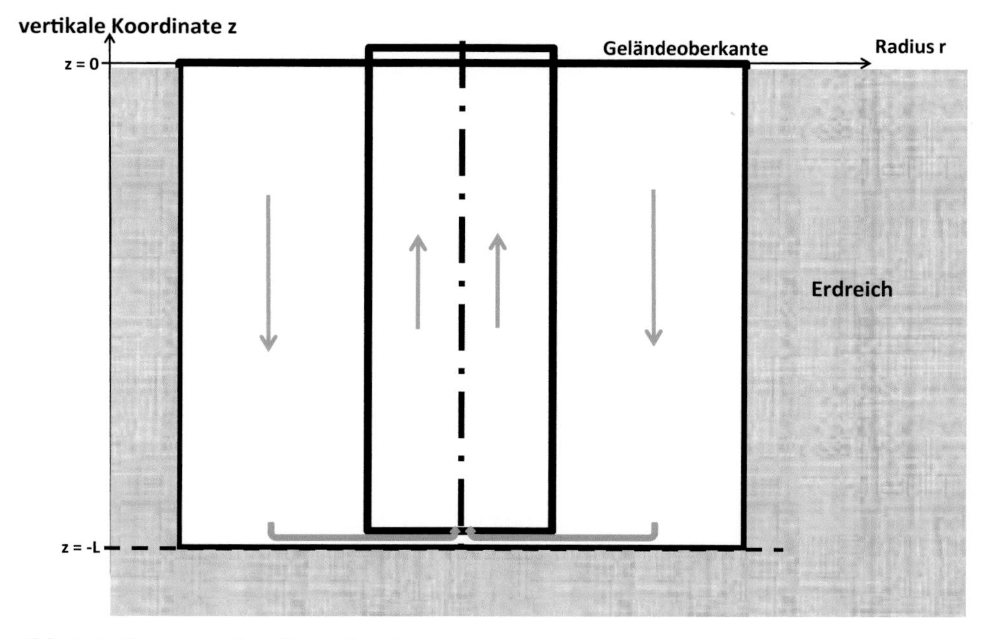

Abb. 4.3 Geometrie einer Koaxialsonde

und für die U-Rohrsonde:

$$\begin{aligned} w\frac{dT_1}{dz}+k_w(T_1-T_2)-\frac{Q_w(t)}{2}\times(T_0-\omega z-\frac{T_1+T_2}{2})=0 \\ w\frac{dT_2}{dz}+k_w(T_1-T_2)+\frac{Q_w(t)}{2}\times(T_0-\omega z-\frac{T_1+T_2}{2})=0 \end{aligned} \tag{4.13}$$

Dabei bedeuten: $T_1(z)$ Temperatur im Aufstiegsrohr und $T_2(z)$ – Temperatur im Abstiegsrohr der EWS. Die Lösung berechnet sich für das Rohr mit aufsteigender Strömung nach

$$T_1(z,t)=B_1e^{a_1z}+B_2e^{a_2z}+T_0-\omega\times(z-b_u\frac{w}{k_w}) \tag{4.14}$$

und für das Rohr mit absteigender Strömung

$$T_2(z,t)=B_1D_1e^{a_1z}+B_2D_2e^{a_2z}+T_0-\omega\times(z-b_k) \tag{4.15}$$

Die Wärmeleistung der Sonde berechnet sich dann aus

$$Q(t)=w\times[T_1(z=0,t)-T_B] \tag{4.16}$$

Dabei berechnen sich die einzelnen Koeffizienten nach Tab. 4.1.

Die Konstanten B_1 und B_2 berechnen sich aus den Randbedingungen:
für $z=0$ (Erdoberfläche) gilt $T_2=T_B$ (Injektionstemperatur)
für $z=-L$ (Bohrlochsohle) gilt $T_2=T_1$
zu

$$B_1=\frac{E_2-G_2\dfrac{D_2}{F_2}}{D_1-F_1\dfrac{D_2}{F_2}},\quad B_2=\frac{E_2-B_1D_1}{D_2}.$$

Weitere Symbole in den Gl. 4.14 bis 4.16 sind:

- $Q_w=Q_w(t)$ ist der Wärmestrom je Meter Sondenlänge und je Grad Temperaturdifferenz nach Gl. 4.4, der sich – ergänzt um den Wärmeübergangswiderstand auf die Flüssigkeit – ergibt zu

$$\frac{1}{Q_w(t)}=\frac{\ln\left[1+\sqrt{\dfrac{\pi \mathrm{at}}{\mathrm{r}_{\mathrm{Be}}^2}}\right]}{2\pi\lambda}+\frac{1}{\pi D_{innen}\alpha_{innen}}$$

Tab. 4.1 Bedeutung der Koeffizienten in Gl. 4.14 bis 4.16

Symbol	Koaxialsonde	U-Rohrsonde
w	$q_{fluid} \times (\varrho c)_{fluid}$	$q_{fluid} \times (\varrho c)_{fluid}$
Wurzeln $a_{1/2}$	$\frac{Q_w}{2w} \pm \sqrt{\left(\frac{Q_w}{2w}\right)^2 + \frac{Q_w k_w}{w^2}}$	$\pm\frac{1}{w}\sqrt{Q_w k_w}$
$D_{1/2}$	$1+\frac{w}{k_w}a_{1/2}$	$\frac{k_w + \frac{Q_w}{4} + a_{1/2}w}{k_w - \frac{Q_w}{4}}$
$F_{1/2}$	$a_{1/2}e^{-a_{1/2}L}$	$\frac{L}{w}\left(\frac{Q_w}{2} + a_{1/2}w\right)e^{-a_{1/2}L.}$
E_2	$T_B - T_0$	$T_B - T_0 + \omega \times \mathrm{w}\left[\frac{1}{k_w - \frac{Q_w}{4}} - \frac{k + \frac{Q_w}{4}}{\left(k_w - \frac{Q_w}{4}\right) \times 2k_w}\right]$
G_2	ω	$\omega L \times \left(1 - \frac{Q_w}{4k_w}\right)$
b_u	1	$\frac{1}{2}$
b_k	0	$z + \frac{k_w + \frac{Q_w}{4}}{k_w - \frac{Q_w}{4}} \times [\frac{w}{2k_w} - z] - \frac{w}{k_w - \frac{Q_w}{4}} \times [1 - \frac{Q_w z}{2w}]$

wobei D_{innen} hier den Innendurchmesser der zementierten Verrohrung (Koaxial) bzw. den Innendurchmesser des U-Rohres bedeutet.

- Die Größe k_w ist der Wärmedurchgangskoeffizient zwischen Innen- und Außenrohr (Koaxial) bzw. zwischen den U-Rohrschenkeln, sie ist der Kehrwert des Wärmewiderstandes R. Für die Koaxialbauweise ist der Wärmewiderstand:

$$\mathrm{R} = \frac{ln\frac{D_{aussen}}{D_{innen}}}{2\pi\lambda_{Rohrmaterial}} + \frac{1}{\pi D_{innen}\alpha_{innen}} + \frac{1}{\pi D_{aussen}\alpha_{aussen}}, \quad k_w = \frac{1}{R}. \tag{4.17}$$

- Für die U-Rohr-Bauweise ist keine einfache analytische Berechnung des Wärmewiderstandes möglich, da beide Schenkel des U-Rohres exzentrisch liegen und sich gegenseitig beeinflussen. Jedoch kann als einfache Näherung die stationäre radialsymmetrische Lösung genutzt werden

$$R = \mathrm{KOR} \times \left[\frac{ln \frac{D_{aussen}}{D_{innen}}}{2\pi\lambda_{Rohrmaterial}} + \frac{1}{\pi D_{innen} \alpha_{innen}} \right], \quad k_w = \frac{1}{R}. \tag{4.18}$$

- Dabei wird vorgesetzt, dass der wesentliche Teil des Wärmewiderstandes durch das geringleitfähige Rohrmaterial (PE) hervorgerufen wird. Der Korrekturfaktor KOR wurde aus den vielfältigen numerischen Ergebnissen von Glück ([7], S 22 ff.) überschlägig zu 0,836 bestimmt.

Auch sei bemerkt, dass Gl. 4.13 für den U-Rohr-Typ nur eine Näherung darstellt. Die Lösung für die Leistung der Sonde, Gl. 4.16, ist dabei relativ genau, da sie ein integrales Ergebnis ist. Die Temperaturverteilung über der Tiefe nach Gl. 4.14 und 4.15 weist jedoch einen maximalen Fehler von bis zu 15 % auf.

Die Wärmeübergangszahlen α werden nach ([24], S. Ga1 ff.) berechnet. Die gesamte Lösung, einschließlich der Wärmeübergangszahlenberechnung, ist in der Software EWSanalytic zu finden.

In Abb. 4.4 ist der Vergleich von Leistung und Temperaturen einer Koaxial-EWS mit einer U-Rohr-EWS für eine typische Situation dargestellt.

Die zugrundeliegenden Daten der mit Wasser betriebenen EWS in Abb. 4.4 sind: Zirkulationsrate $q_{fl} = 1$ l/s, Tiefe = 100 m, Bohrlochdurchmesser = 160 mm, Erdreich-Wärmeleitfähigkeit = 2,1 W/(m K), Erdreichdichte = 2600 kg/m³, spez. Wärmekapazität Erdreich = 850 J/(kg K), Verfüllung mit Zement (2,1 W/(m K) Wärmeleitfähigkeit), Abmessungen

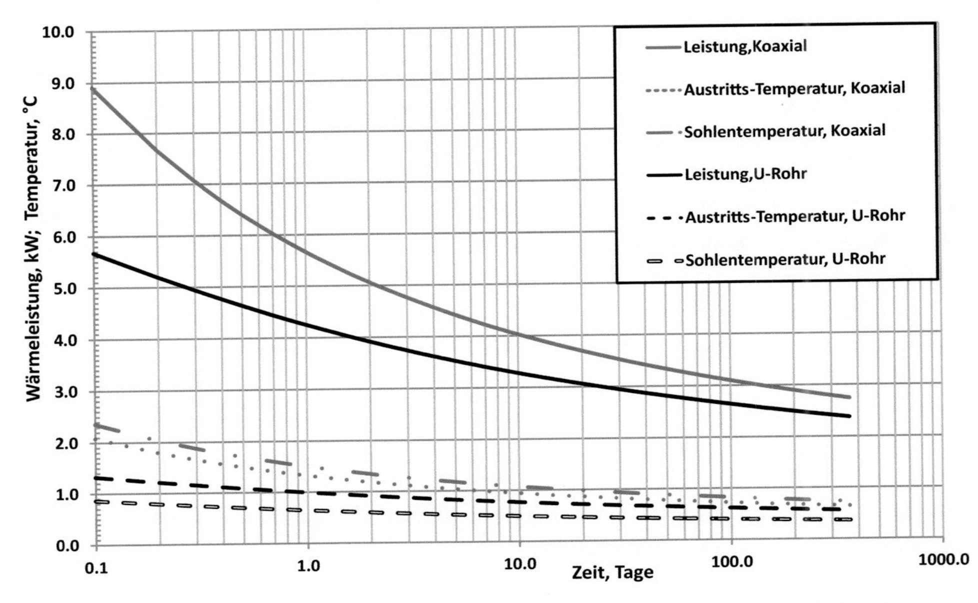

Abb. 4.4 Vergleich einer Koaxial-EWS mit einer U-Rohr-EWS anhand der analytischen Lösungen

der Rohre, U-Rohr: Aussendurchmesser =32 mm Wanddicke =2,6 mm (PE), Koaxial: zementiertes Rohr Aussendurchmesser 100 mm, Wanddicke =3,5 mm (Stahl), Innenrohr Aussendurchmesser =42 mm, Wanddicke =3,6 mm (PE), geothermische Erdreichtemperatur bei $z=0$ ist $T_0=10\,°C$, geothermischer Gradient $\varpi=0{,}03$ K/m, Injektionstemperatur des Wassers =0 °C.

Die Abb. 4.4 zeigt, dass die Koaxialsonde aus thermodynamischer Sicht zu einer 15–55 % höheren Leistung gegenüber den üblichen U-Rohrsonden führt. Dieser Vorteil macht sich besonders bei kurzzeitiger Belastung bzw. im diskontinuierlichen Heizbetrieb bemerkbar.

4.2.5 Thermal Response Test

Unter einem Thermal Response Test [6] versteht man den versuchsweisen Betrieb einer EWS zur Wärmegewinnung/Wärmeeinspeicherung mit dem Ziel, die Wärmeleitfähigkeit des Erdreichs und andere Größen wie z. B. den thermischen Sondeneintrittswiderstand zu ermitteln. Das Prinzip entspricht den aus der Hydrogeologie bekannten Pumpversuchen an Brunnen oder dem Well-Testing an Erdöl- und Erdgassonden. Mathematisch verlangt diese Analyse die Lösung der inversen Aufgabe (Umkehrproblem). Bei inversen Aufgaben soll nicht die Wärmetransportgleichung, Gl. 4.1, nach der unbekannten Temperatur gelöst werden, sondern mit bekannten Temperaturen und Wärmeströmen sollen die Parameter des Erdreichs bzw. der Sonde (Wärmeleitfähigkeit, Temperaturleitfähigkeit, Sondeneintrittswiderstand) ermittelt werden.

Die Methodik hat in der Geoströmungstechnik eine lange Tradition [5], [8], [18]. Sie folgt der Idee, einen relativ einfach überschaubaren Strömungsvorgang in einem Bohrloch praktisch zu erzeugen und die „gemessene Antwort" des Erdreiches (Wärmeleistung und/oder Temperaturen) mit Hilfe einer analytischen Lösung zu analysieren, um daraus die Parameter ermitteln zu können. Die übliche und weit verbreitete Auswertungsmethode nutzt die Linienquellenlösung, Gl. 4.8. In [6] und [9] sind noch andere mathematisch-analytische Auswertungsmethoden angegeben, die jedoch alle voraussetzen, dass der injizierte oder produzierte Wärmestrom der EWS oder die Temperatur (Randbedingungen) in der Sonde zeitlich konstant sind. Das erfordert immer einen Versuch mit speziell dafür vorgesehenem Gerät. Beim Pumpversuch ist z. B. die Erfüllung der zeitlich konstanten Randbedingungen technisch einfach zu erreichen, indem z. B. Wasser mit konstanter Rate gefördert und der Druckverlauf dabei am Bohrlochkopf gemessen wird.

Das ist bei einem Thermal Response Test etwas schwieriger, weil z. B. eine zeitlich konstante Wärmeleistung aus einer EWS nicht einfach zu gewinnen ist. Dazu wäre die Temperaturdifferenz zwischen ein- und ausströmendem Wasser zeitlich konstant zu halten. Das wäre nur durch Steuerung der Wasserzirkulation oder durch Steuerung der Einströmungstemperatur zu erreichen. Deshalb wählt man zumeist den umgekehrten Fall, indem eine zeitlich konstante Wärmeleistung in die EWS durch Warmwasserzirkulation eingebracht wird. Dem aus der EWS austretenden Wasser wird dabei eine elektrisch erzeugte, konstante Wärmeleistung über Heizstäbe zugeführt und es wird sofort wieder injiziert. Eine gewisse, wenn auch kleine Unsicherheit ist dabei jedoch, dass Wärmegewinnung und Wärmeinjektion durchaus nicht die gleichen Eigenschaften ergeben müssen.

Als Beispiel soll ein Thermal Response Test an einer Doppel-U-Rohrsonde (mittlere geothermische Temperatur 10,25 °C, Bohrlochdurchmesser 120 mm) analysiert werden, der etwa 2 Tage dauerte und als Eckwerte eine Zirkulationsrate von ca. 0,1 l/s bei 1,7 kW Wärmeleistung (d. h. eine zeitlich konstante Temperaturspreizung von 4 K) aufwies.

Die einfachste Auswertemethode auf Basis von Gl. 4.8 nutzt die Näherung nach Gl. 4.9 und ermöglicht die grafische Auswertung, wie sie in Abb. 4.5 dargestellt ist. Die logarithmische Steigung wird aus dem Linearteil der Messkurven ermittelt und ergibt die mittlere Wärmeleitfähigkeit der Sonde aus der Gl. 4.19

$$m_{lg} = \frac{Q}{4\pi\lambda L} \times \ln(10) \tag{4.19}$$

zu 2,06 W/(m K).

Der thermische Sondeneintrittswiderstand $R_{B,th}$ ergibt sich aus

$$\frac{Q \times R_{B,th}}{L} = T^{extrapoliert}(r_B, t_0) - T_E - \frac{m_{lg}}{\ln(10)} \times \ln\left(\frac{2,2458 a t_0}{r_B^2}\right) \tag{4.20}$$

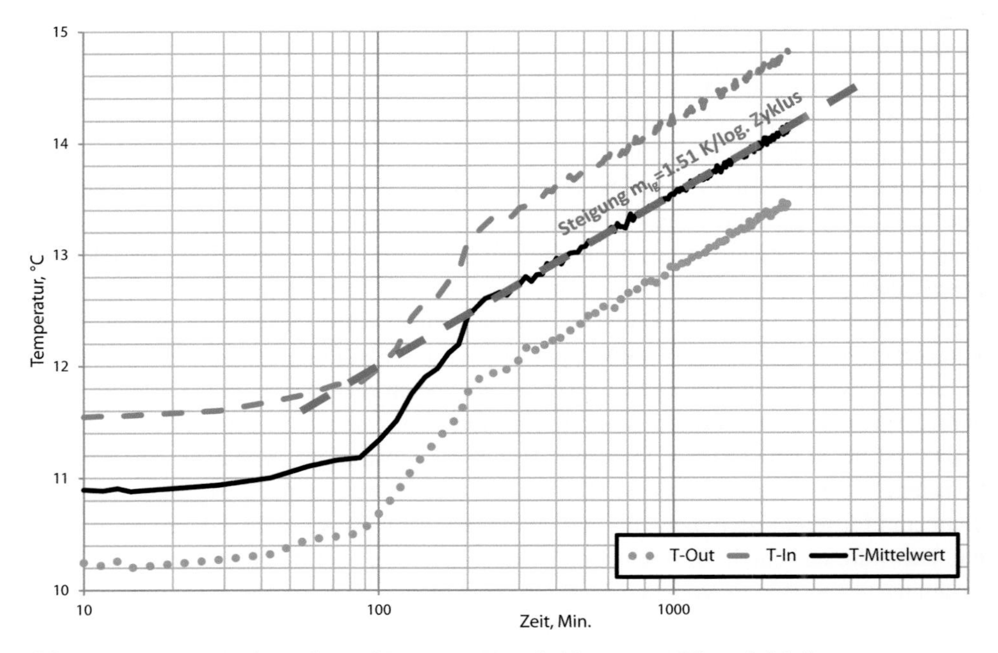

Abb. 4.5 Auswertung eines Thermal Response Tests bei konstanter Wärmeinjektion

wobei die für die Temperaturleitfähigkeit a erforderlichen Werte für Dichte und spezifische Wärmekapazität des Erdreiches zunächst geschätzt werden müssen ($\rho = 2800$ kg/m^3, c = 820 J/(kg K, a = $8{,}97 \times 10^{-7}$ m^2/s). Die Zeit t_0 ist eine beliebige Zeit in Abb. 4.5, zu der die Temperatur $T^{extrapoliert}$ auf der Ausgleichsgeraden mit der angegebenen Steigung abgelesen wird. Für $t_0 = 100$ min $= 6 \times 10^3$ s ist nach Abb. 4.5 $T^{extrapoliert} = 12{,}0$ °C. Daraus ergibt sich der Widerstand zu $R_{B,\,th} = 0{,}0827$ (Km)/W.

Zusammenfassung zu Abschn. 4.1/4.2

Die Berechnung von Erdwärmesonden erfordert die mathematische Lösung der Wärmetransportgleichung sowohl im Erdreich als auch in den Rohren der EWS. Die Transportgleichung ist eine nichtlineare partielle Differenzialgleichung zweiter Ordnung, die für einzelne EWS in radialsymmetrischen Zylinderkoordinaten, für Sondenfelder in dreidimensionalen kartesischen Koordinaten gelöst werden muss. Der große Unterschied in den Geschwindigkeiten des Wärmetransportes im Erdreich (sehr langsam) und in den Rohren der EWS (sehr schnell) erlaubt es, die beiden Systeme getrennt zu behandeln, z. B. im Erdreich als zeitlich veränderlichen (instationären) Prozess und in der EWS als zeitlich unabhängigen (stationären) Prozess.

Analytische Lösungen sind nur für homogene Modellvorstellungen ableitbar, d. h. für Räume mit konstanten Eigenschaften (Wärmeleitfähigkeit, spezifische Wärmekapazität u. a.). Die hier dargestellten Lösungen können zur Verifizierung von numerischen Simulationen genutzt werden. Die Lösungen sind programmiert (EWSanalytic) und unter www.blz-geotechnik.de/software abrufbar.

4.3 Numerische Simulation der Einzelsonde – ModTherm

Die oben dargestellte mathematisch-analytische Lösung einiger Aufgaben zur Erdwärmegewinnung hat Vorteile bezüglich Einfachheit und Exaktheit, andererseits aber den großen Nachteil, dass nur wenige praktische Aufgabenstellungen damit bearbeitet werden können und das zu untersuchende Gebiet homogen beschaffen sein muss, d. h. alle Kennzahlen, Parameter und teilweise auch die Randbedingungen des Erdreiches und der Sonden müssen über Ort und Zeit konstant sein.

Die mathematisch-numerische Lösung kann diese Nachteile überwinden und ist auf heutigen Personalcomputern und Notebooks ohne Einschränkungen möglich. Die Entwicklung der zugehörigen Software soll Gegenstand des nachfolgenden Abschnittes sein. Grundlage für die Software ist die numerische Lösung der partiellen Differenzialgleichung Gl. 4.1, getrennt für Erdreich und für die Fließräume einer Erdwärmesonde, die jedoch miteinander gekoppelt zu lösen sind. Die Schwierigkeiten dieser Lösung bestehen im unterschiedlichen zeitlichen Verhalten des Wärmetransportes im Erdreich und in der Sonde und in den unstetigen (nicht-differenzierbaren) Prozessen des Gefrierens/Auftauens von Porenwasser mit der zugehörigen Wärmeleitfähigkeitsänderung und der Verdampfung/Kondensation von Kältemittel (s. auch Abschn. 4.3.2).

Die nachfolgend dargestellte numerische Lösung ist als Fortran-Programm ModTherm mit einem zugehörigen Manual vorhanden und unter www.blz-geotechnik.de/software in einer Demo-Version abzurufen.

Als Kennzahl für die Geschwindigkeit des Wärmetransportes kann man die Pecletzahl benutzen, die das Verhältnis von konvektivem Wärmetransport (Transport durch ein strömendes Fluid) zu konduktivem Wärmetransport (Transport durch Wärmeleitung) darstellt

$$Pe = \frac{L_{charakteristisch} \times v \times (\rho c)_{fl}}{\lambda} \tag{4.21}$$

Als charakteristische Länge kann man im Erdreich die Größenordnung Meter (Einzugsbereich einer EWS), im Rohr etwa 100 m (Länge der Sonde) annehmen. Aber selbst wenn die charakteristische Längen gleich angesetzt werden, liegt die Peclet-Zahl im Erdreich ohne Grundwasserströmung bei Null ($v = 0$), bei natürlicher Grundwasserströmung ($v = 10^{-7}$ m/s) etwa bei Eins, im Rohr jedoch im Bereich von einer Million. Das bedeutet zudem näherungsweise, dass der Wärmetransport im Rohr millionenfach schneller vonstatten geht als im Erdreich.

Die numerische Lösung baut auf der Bilanzmethode auf, die in der Mathematik auch als Finite Differenzen- Methode bekannt ist. Dazu wird der Untersuchungsraum in sehr viele kleine Zellen unterteilt. Der physikalische Inhalt der Methode ist die Erfüllung der Massenbilanzgleichung (in den Rohren bzw. im Erdreich bei Vorliegen einer Grundwasserströmung) und der Energiebilanzgleichung in jeder endlichen Volumenzelle zu jedem gewählten Zeitpunkt, die Ergebnisse sind die Temperaturen in jeder Zelle und die Wärme-/Kälteleistung am Sondenkopf.

4.3.1 Örtliche Diskretisierung (Zelleinteilung)

Die einzelne Erdwärmesonde wird in einem zylindersymmetrischen System mit zwei Koordinatenrichtungen (Radius r, vertikale Koordinate z) dargestellt. Jede Koordinatenrichtung wird in Teile Δr und Δz unterteilt, so dass Einzelzellen mit dem Volumen $\Delta z \times \Pi \times (r^2_{außen} - r^2_{innen})$ entstehen (s. Abb. 4.6). Dieses Modell gilt für Doppel-U-Sonden, Koaxial- und Direktverdampfersonden. Jede Zelle kann durch die beiden Zahlen (i, k) eindeutig adressiert werden.

Im Inneren des Bohrloches gilt die zylindersymmetrische Einteilung nur bei Koaxialsonden. Bei U-Rohr- bzw. Doppel-U-Rohr-Sonden ist der Rohrschenkel mit Abwärtsströmung stets i = 1, der mit Aufwärtsströmung i = 2 und die Verfüllung i = 3, die Wärmewiderstände zwischen diesen Zellen ergeben sich aus der thermodynamischen Ähnlichkeitstheorie.

Ringrohrsonden erfordern auch eine Diskretisierung des Winkels φ, um den Einfluss jedes einzelnen Ringrohres erfassen zu können. Dazu werden Zylinderkoordinaten genutzt, deren Darstellung in der Ebene (r − φ) in Abb. 4.7 gezeigt wird. Da der Einfluss des einzelnen Ringrohres nach außen sehr schnell abnimmt, kann die Winkelunterteilung in einem gewissen Abstand vom Bohrloch vernachlässigt werden. Der Übergang auf den

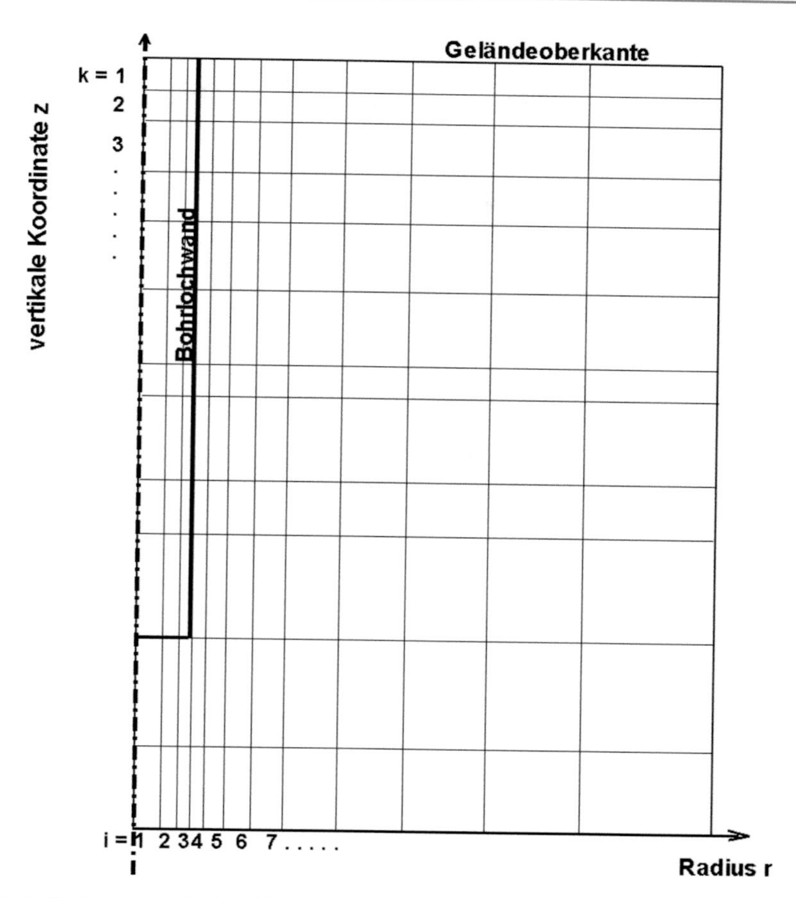

Abb. 4.6 Zylindersymmetrisches Gitternetz für eine Erdwärmesonde ($r_{außen}$ – äußerer Radius einer Zelle, r_{innen} – innerer Radius einer Zelle, $\Delta r = r_{außen} - r_{innen}$, Δz –Schichtdicke, Mächtigkeit einer Zelle)

Gesamtkreis muss selbstverständlich die Energiebilanz exakt erfüllen. Diese numerische Technik verringert den Rechenzeitbedarf erheblich.

Jeder Zelle können Eigenschaften wie Dichte, spezifische Wärmekapazität, Wärmeleitfähigkeit (für ungefrorenes und gefrorenes Erdreich), Porosität, Gefriertemperatur und initiale Temperatur zugeordnet werden.

4.3.2 Stetigkeit der Eigenschaften

Ein unstetiger bzw. sprunghaft veränderlicher Verlauf von Eigenschaften des Erdreiches und der Fluide stellt für die numerische Lösung von Differenzialgleichungen ein Problem dar, dass gesondert betrachtet werden muss. Zu diesen physikalisch hervorgerufenen Unstetigkeiten zählen die Erstarrungsenthalpie (Schmelzwärme) des Grundwassers, die Verdampfungs- bzw. Kondensationsenthalpie von Kältemitteln und die sprunghafte

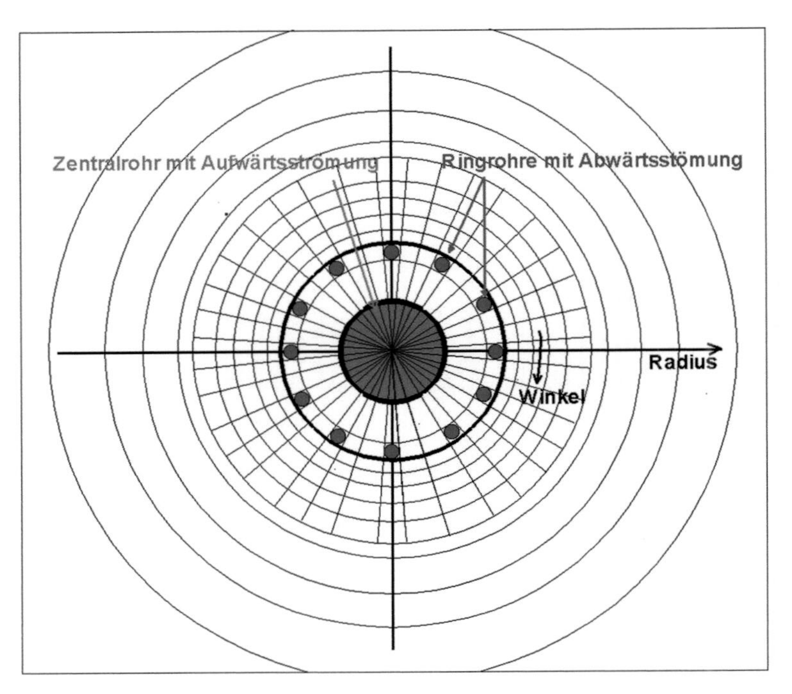

Abb. 4.7 Diskretisierung der Ringrohrsonde (Darstellung eines Horizontalschnittes (r − φ)

Veränderung der Wärmeleitfähigkeit und der spezifischen Wärmekapazität des Bodenmaterials nach dem Gefrieren/Auftauen des Grundwassers.

Erstarrungsenthalpie (Schmelzwärme)

Wenn die Porenwassertemperatur sich bis auf die Gefriertemperatur absenkt, verbleibt die Temperatur solange auf diesem Niveau bis die sogenannte Erstarrungsenthalpie (ca. 335 kJ/kg Wasser) vollständig entzogen ist. Erst danach sinkt die Temperatur weiter ab. Dieser Vorgang ist reversibel und geschieht umgekehrt beim Auftauen genauso – die Erstarrungsenthalpie (Schmelzwärme) muss zugeführt werden. Wenn man diesen Prozess in Gl. 4.1 berücksichtigen wollte, müssten die o. g. Eigenschaften sprunghaft veränderliche (nicht differenzierbare) Eigenschaften besitzen, was bei der numerischen Lösung zumeist zu starken Oszillationen führen würde.

Beispielhaft ist in Abb. 4.8 der unstetige Verlauf der Eigenschaften von Wasser dargestellt. Die Enthalpie zeigt Sprünge bei 0 °C (Gefrieren/Auftauen) und 100 °C (Verdampfung/Kondensation), die zu ebensolchen Sprüngen der spezifischen Wärmekapazität und der Wärmeleitfähigkeit führen.

Die Enthalpiesprünge, die zu einer wesentlichen zeitlichen Verzögerung der Temperaturausbreitung führen, werden derart berücksichtigt, dass die Volumenzelle, in dem die Erstarrung/das Schmelzen einsetzt, als temporäre Randbedingung 1.Art (temperaturkons-

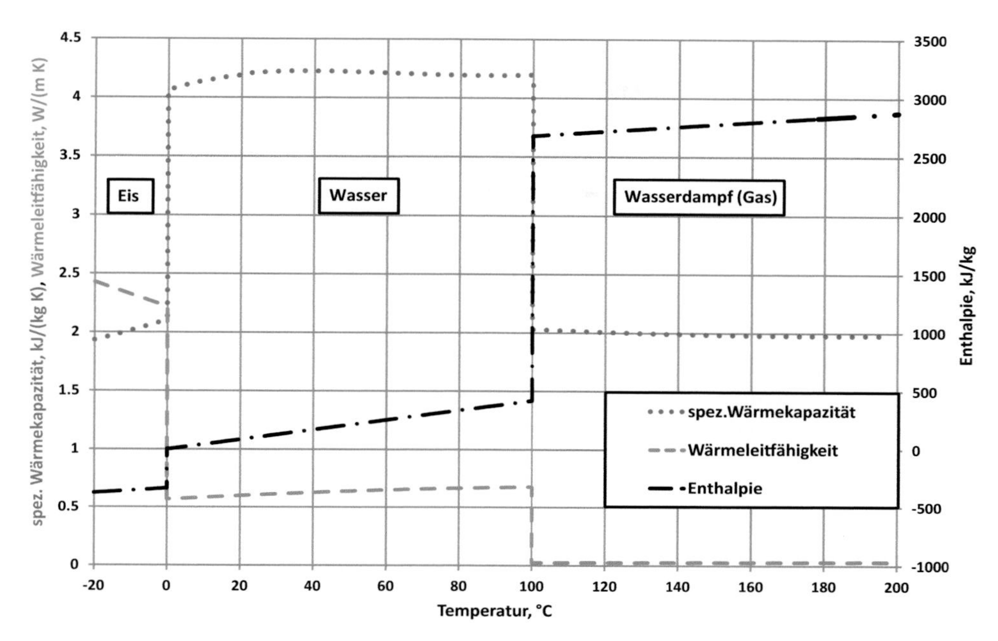

Abb. 4.8 Thermodynamische Eigenschaften von Wasser bei 1 bar Druck

tant, Gefriertemperatur) angenommen wird. Die mitgeführte Bilanz aller ein- und ausströmenden Wärmemengen in/aus der Zelle zeigt an, wann der Erstarrungs- bzw. Schmelzprozess beendet ist (die Schmelz-/Erstarrungsenthalpie „aufgebraucht" ist). Anschließend wird die Zelle wieder als üblicher Wärmetransportraum frei gegeben. Die Gefriertemperatur des Porenwassers kann tiefenabhängig vorgegeben werden. Standardmäßig wird sie bis 200 m Tiefe mit 0 °C angesetzt, in größeren Tiefen sinkt sie je 100 m um 1 Grad infolge des zunehmenden Salzgehaltes.

Veränderung von Wärmeleitfähigkeit, Dichte und spezifischer Wärmekapazität nach dem Gefrieren/Auftauen

Gefrorenes Porenwasser führt nach Abb. 4.8 zu einer sprunghaften Veränderung von Wärmeleitfähigkeit und spezifischer Wärmekapazität des Porenwassers und damit auch des Erdreiches. Die Wärmeleitfähigkeit des gefrorenen Bodens kann bis zu einer 30 % höheren Wärmeleitfähigkeit führen, Dichte und spezifische Wärmekapazität verändern sich mit den Größen von Wasser nach Gl. 4.3.

4.3.3 Randbedingungen

Als Randbedingungen bezeichnet man die Bedingungen (Temperatur oder Wärmefluss) an den Rändern des Simulationsgitters.

Seitlicher Rand bei Radius rE

Der radiale Rand (maximaler Radius) wird als Einzugsradius bezeichnet. Er kann so groß gewählt werden, dass mit Sicherheit keine Temperaturänderung infolge EWS dort bemerkbar wird. Dann kann man ihn aus Gl. 4.22 abschätzen

$$r_E \approx 10 \times \sqrt{\frac{\lambda}{(\rho c)_{total}} \times t_{max}} \tag{4.22}$$

In diesem Fall können adiabate Verhältnisse (Wärmestrom $=0$) am Rand angenommen werden. Es ist aber oft auch sinnvoll, die Temperatur am Rand auf dem Niveau der Initialtemperatur (geothermische Temperatur) konstant zu halten.

Für den unteren Rand gelten die gleichen Möglichkeiten, wobei der untere Rand nicht tiefer liegen muss als maximal die doppelte Sondenlänge.

Oberer Rand (Geländeoberkante)

In der höchstgelegenen Schicht (Erdoberfläche) des Modelles werden in direkter Umgebung der Sonde (Radius ≤ 1 m) adiabate Verhältnisse (Wärmestrom $=0$) vorausgesetzt, da dort zumeist ein zementierter Bohrkeller bzw. andere Bebauung vorliegt. In weiterer Entfernung wird die konstante Erdoberflächen- bzw. Grundwassertemperatur von 8–12 °C als Randbedingung angesetzt, die jedoch bei Bedarf auch zeitabhängig verändert werden kann. Wie in Kap. 1 beschrieben, ist der Wärmeeintrag der Sonne sehr hoch, wovon jedoch ein Großteil reflektiert wird. Um physikalisch unsinnige Wärmeströme am oberen Rand zu vermeiden, wird der maximal in das Erdreich einfließende Wärmestrom auf 10 W/m^2 begrenzt.

Da die beiden Teilsysteme Erdreich und Wärmesonde numerisch simultan gelöst werden, ist die Definition von Randbedingungen am inneren Rand (Bohrlochwand) nicht erforderlich.

Randbedingung am Sondenkopf (Systemtemperatur)

Am Sondenkopf muss für den Raum mit Abwärtsströmung die Temperatur (Systemtemperatur) konstant oder zeitabhängig vorgegeben werden. Bei der Wasserzirkulation ist dies die Temperatur des Wassers am Ausgang des Kondensators (Ansaugwärmetauscher) der Wärmepumpe, d. h. die Temperatur des abgekühlten Wassers, das wieder in die EWS injiziert wird.

Bei Direktverdampfersonden ist es die Temperatur (oder der Druck, wobei aus diesem Druck die Sättigungstemperatur als Randbedingung berechnet wird) des kondensierten Kältemittels der EWS.

Im Falle der Klimakältegewinnung bzw. der Einspeicherung von Wärme (beide Prozesse bezeichnen den gleichen Vorgang) gilt die Temperatur am Ausgang der Klimaanlage bzw. der Einspeicheranlage als Systemtemperatur.

4.3.4 Wärmeübergang zwischen Fließräumen und Feststoff

Die entscheidenden Wärmewiderstände zwischen der Flüssigkeit in den Rohren der Sonde und der Rohrwand, dem Erdreich bzw. dem Verfüllbaustoff entstehen durch Wärmeübergangswiderstände. Wärmeleitung in radialer Richtung wird nur dann berücksichtigt, wenn die Flüssigkeit im Rohr ruht. Die geschwindigkeits-, temperatur- und druckabhängigen Wärmeübergangszahlen für die verschiedenen Medien an den verschiedenen Randflächen werden nach dem VDI-Wärmeatlas [24], dem thermodynamischen Softwarepaket CoolPack [3] bzw. dem Forschungsbericht [19] in jedem Volumenelement gesondert berechnet. Ebenso sind die Stoffwerte für die Kältemittel (Ammoniak, Propan, Ethan, Kohlenstoffdioxid) und Ethanol-Wassergemische den o. g. Quellen entnommen und im Programm als Tabellen erfasst.

Die Wärmewiderstände werden nach den Gl. 4.17 bzw. 4.18 berechnet.

4.3.5 Zeitliche Diskretisierung

Die Unterteilung der Zeitachse erfolgt in sogenannten Stressperioden (z. B. Monate). In einer Stressperiode sind alle äußeren Anforderungen (Nennleistungen, Systemtemperaturen, Klimatisierung etc.) zeitlich konstant. Die weitere Zeitunterteilung erfolgt in Tagen. Die Zeitvorgabe ist zweifach möglich:

- Die einfachste Möglichkeit (v =Vorgabe) ist die zeitliche Vorgabe von Stressperioden mit den zugehörigen Informationen zur Belastung und zur Anzahl der Zeitschritte je Stressperiode. Diese Möglichkeit soll u. a. die Nachrechnung von Feldversuchen (Thermal Response Test) erlauben.
- Die übliche Zeitvorgabe (m = Monat) verlangt nur ein Anfangsdatum, die maximale Simulationszeit und die Vorgabe der Jahresbetriebsstunden (falls abweichend von der Ganglinie nach Abb. 4.9). Die Belastung und die Belastungsdauer folgt einer Jahresganglinie. Die monatliche Belastung ist in Abb. 4.9 als Prozentsatz der Betriebsdauer je Tag bei einer vorzugebenden Nennleistung aufgezeichnet.

Die monatlich unterschiedliche Belastung der Anlage, die im Betriebszustand (Lastzustand) stets die Nennleistung liefern soll (falls dies thermodynamisch möglich ist), findet ihren Niederschlag in der unterschiedlich langen Tagesbetriebsdauer. Die Auslastung beträgt 100 %, wenn die Anlage 24 h/Tag in Betrieb ist. Typisch für Heizungs- und Kühlungsvorgänge in Gebäuden ist jedoch ein periodischer Wechsel von Betriebs- und Ruhezustand, im Betrieb wird in der Regel der Hauswärmespeicher aufgefüllt, der dann für eine gewisse Zeit (Minuten bis Stunden) den Heizkreislauf bedient.

Für die EWS ist dieser zeitliche Verlauf sehr vorteilhaft, da sie sich in den kurzen Ruheperioden temperaturmäßig „erholen" kann.

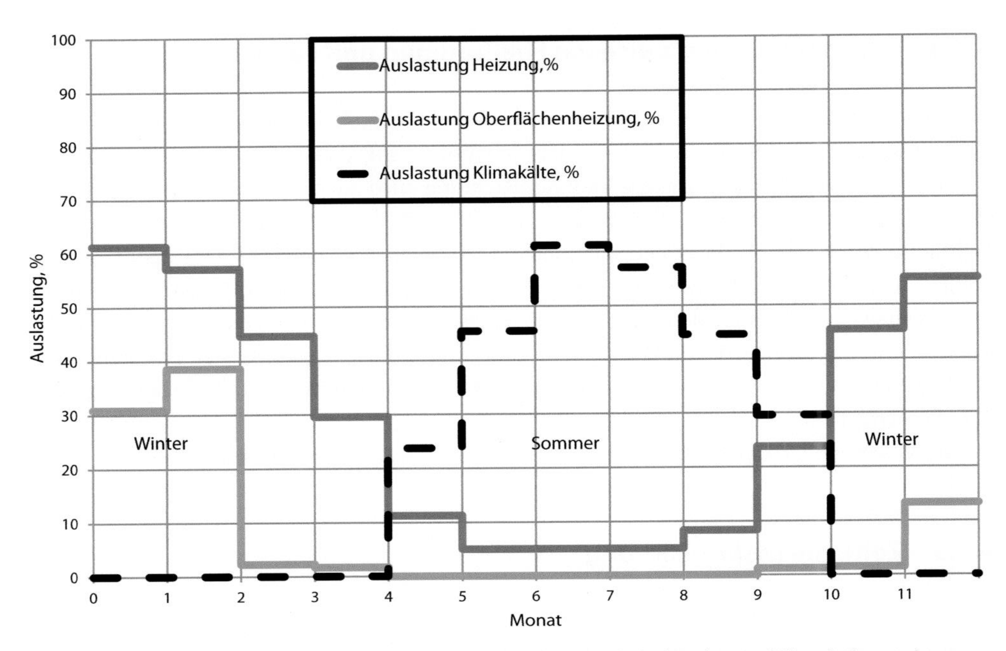

Abb. 4.9 Jahresganglinie der Belastung einer Erdwärmesonde bei Heizung, Klimakältegewinnung bzw. Oberflächenheizung

Jeder Tag wird in 4 Lastzeitschritte und 4 Ruhezeitschritte unterteilt (abwechselnd Last und Ruhe). Die Zeitdauer (in Stunden) der Lastzeitschritte bestimmt sich aus dem Auslastungswert, multipliziert mit 0,24. Jeder der Zeitschritte wird wiederum in 5 Teilzeitschritte unterteilt, so dass jeder Tag in 40 Teilzeitschritten simuliert wird. Die Jahresbetriebsstundenanzahl nach Ganglinie, Abb. 4.9, beträgt für Heizung 2551 h/Jahr, für den Kältebetrieb 1925 h/Jahr und für den Betrieb einer Oberflächenheizung 637 h/Jahr. Die Kurven können auch begrenzt parallel verschoben werden durch Vorgabe anderer Jahresbetriebsstundenzahlen.

4.3.6 Steuerung von Wärme- und Kälteleistung

Wärmeleistung

Die vorzugebende Wärmeleistung (auch Wärmeleistung bei Kältebetrieb) ist stets die mit der Anlage angestrebte totale Leistung, einschließlich des Wärmepumpenanteils und der Abwärme eines möglichen Gas-/Dieselmotors (Gaswärmepumpe). Die Steuerung der Anlage erfolgt mit dem Ziel einer maximal möglichen Temperatur am Sondenkopf (am Wärmetauscher) unter Einhaltung der vorgegebenen Leistung (T = nach Temperatur) oder einer maximal möglichen Leistung bei fest vorgegebener Systemtemperatur (L = nach Leistung).

Die volle Ausnutzung des instationären Speichervermögens stellt einen Vorzug dar, der die Auslegung der Anlage, insbesondere die erforderliche Bohrlochtiefe, optimieren kann. Dazu ist aber die ständige Kontrolle der aktuell möglichen Leistung der Wärmesonde und ihre prozessabhängige Steuerung erforderlich.

Bei Direktverdampfersonden realisiert das Programm die geforderte Wärmeleistung bei (T) stets unter vollständiger Ausnutzung der effektiven Filmlänge = Verdampferlänge*Filmeffizienz/100 (Filmeffizienz ist der Prozentsatz der durch den Verdampferfilm ausgenutzten Rohrinnenfläche, in der Regel 80–100 %). Erst wenn der gesamte Wärmezustrom zum Kältemittel-Film nicht mehr ausreicht, um das Angebot an Flüssig-Kältemittel vollständig zu verdampfen, reduziert der Algorithmus iterativ die Kopftemperatur bis zum Minimum (vorgegebene Systemtemperatur), wenn notwendig auch die Leistung (und damit den Kältemittel-Massenstrom) so, dass das gesamte Wärmeangebot des Erdreichs vollständig ausgenutzt wird. Damit ist der jeweils optimale Betrieb der Sonde gewährleistet. Bei der Variante (L) wird die vorgegebene Leistung bei vorgegebener Systemtemperatur so lange realisiert, bis die gesamte effektive Filmlänge ausgeschöpft ist.

Bei Wasserzirkulationssonden hat die Zirkulationsrate großen Einfluss auf die Wärmeleistung. Die Rate sollte so gewählt werden, dass die Leistung möglichst groß ist, jedoch die Spreizung zwischen Injektionstemperatur (kalt) und Austrittstemperatur (warm) betragsmäßig nicht kleiner als 2 K und nicht größer als 10 K ist.

Kälteleistung bzw. Einspeicherleistung im Wärmespeicherbetrieb

Bei Wasserzirkulationssonden liegt immer dann eine Kälteleistung vor, wenn die Injektionstemperatur höher ist als die Austrittstemperatur, die Kälteleistung ist stets eine negative Zahl. Bei Direktverdampfersonden wird die Kälteleistung dem Wasserkreislauf entnommen.

Im Fall der Wärmespeicherung im Erdreich, z. B. bei Einspeicherung der nicht nutzbaren Abwärme eines stromgeführten Blockheizkraftwerkes in den Sommermonaten, ist die Temperatur des zu injizierenden Wassers größer als die EWS-Austrittstemperatur, so dass die Einspeicherleistung als „Kälteleistung“ definiert wird.

Im Klimatisierungs- und Heizbetrieb (k) erfolgt die übergeordnete Steuerung nach der in dem jeweiligen Monat vorgegebenen Betriebsweise (Heizung oder Kühlung). Falls in den Eingabedaten Monate mit dominanter Kälteleistung vorgegeben und alle anderen Monatsangaben Null sind, dann wird die Wärmepumpe abgeschaltet und die Kälte nur „ausgespült“.

Ist ein Monatsbereich mit nächtlichem Wärmebetrieb vorgegeben, dann ruht die Wärmepumpe in 75 % der Tagesauslastungszeit und die Kälte wird nur ausgespült, in den restlichen 25 % (i. d. R. nachts) arbeitet die Wärmepumpe jedoch bei Systemtemperatur. Dadurch soll in der Nacht Kälte in den Boden eingebracht werden, wobei die von der Wärmepumpe erzeugte Wärme an die kühle Nachtluft abgegeben werden muss.

Ist jedoch ein Monatsbereich für den Dauerkältebetrieb vorgegeben (wenn z. B. die ausspülbare Kälteleistung nicht ausreicht), dann arbeitet die Wärmepumpe während der gesamten Tagesauslastung; die erzeugte Wärme muss entsorgt, die entstehende Kälteleistung im Ansaugteil der Wärmepumpe kann aber direkt der Klimaanlage zugeführt werden.

Einbeziehung eines Umgebungsluft-Wärmetauschers
Zur Verbesserung der Jahresarbeitszahl kann ein Umweltluft-Wärmetauscher in Reihe mit dem Kopf-Wärmetauscher der Sonde einbezogen werden. Die Wärmetauschleistung wird berechnet nach

$$P_{wärmetauscher} = P_{WT-spezifisch}(T_{Luft} - T_{system}) \tag{4.23}$$

Die spezifische Leistung des Wärmetauschers PWT-spezifisch $P_{\text{WT-spezifisch}}$ in kW/K und die Tagesmitteltemperaturen T_{luft} (monatsweise) sind Eingabegrößen. Es ist dabei zu beachten, dass bei Lufttemperaturen kleiner einem Grenzwert (z. B. +2 °C) der Wärmetauscher abgeschaltet wird, um Vereisung zu vermeiden.

Einkopplung der Abwärme von Gas-/Dieselmotoren
Falls die Wärmepumpe von einem Verbrennungsmotor (Gaswärmepumpe) oder im Zusammenhang mit einem BHKW betrieben wird, soll der mechanische Wirkungsgrad des Motors, bezogen auf die eingesetzte Primärenergie, als μ_{primaer} (z. B. 35 %) angesetzt werden und der mechanische Nutzanteil für die Wärmepumpe zu 85 %. Die einkoppelbare Abwärmeleistung berechnet sich dann aus

$$P_{abwärme} = 0.85 \times Mech.Leistung \times \left(\frac{100}{\mu_{primär}} - 1 \right) \times \left\{ 0.33 \times \frac{395 - T_{System}}{400} + 0.67 \times \frac{90 - T_{System}}{30} \right\} \tag{4.24}$$

Darin ist berücksichtigt, dass die Abgastemperatur ca. 400 °C und die Kühlwassertemperatur 90 °C betragen und ein Drittel der Abwärme im Abgas und zwei Drittel im Kühlwasser enthalten ist.

4.3.7 Flutpunkt-/Staupunktberechnung beim Direktverdampferverfahren

Bei der Direktverdampfung strömt i. d. R. der Dampf im gleichen Rohr aufwärts, in dem auch das flüssige Kältemittel als Film bzw. in Tröpfchenform abwärts strömt. Dabei kann es zum Aufstauen des Filmes (Staupunkt/Flutpunkt) kommen, wobei der Dampf einen Teil des flüssigen Kältemittels aufwärts mitreißt. Dann wird dieser Teil zu einer Rekondensation des Dampfes führen und im Ergebnis wird die Wärmeleistung deutlich verringert werden.

Die Berechnung der Staupunktgeschwindigkeit kann nach mehreren Theorien vorgenommen werden.

Nach Hinweisen von Peterlunger [20] erscheint die Theorie von Tien & Chung [22] als geeignet. Turner et al. [23] haben Untersuchungen am Kräftegleichgewicht von fallenden Flüssigkeitstropfen an einem Flüssigfilm durchgeführt und mit Messergebnissen beim Wasser- und Kondensataustrag aus Erdgassonden verglichen – auch diese Theorie erscheint anwendbar.

Allen Theorien liegt ein Kräftegleichgewicht zwischen dem aufwärts strömendem Dampf und der abwärts strömenden Flüssigkeit (nicht aber eine kritische Wärmestromdichte) zugrunde. Im Ergebnis erhält man die Staupunktgeschwindigkeit, die im Betrieb stets unterschritten werden sollte.

In der Software sind alle genannten Berechnungsvorschriften nach der Zusammenstellung von Paulusch [19] enthalten, der Mittelwert wird der Anlagensteuerung zugrunde gelegt. Die Einhaltung der Staupunktbedingung im obersten Sondenabschnitt wird ständig überwacht und falls sie überschritten wird, werden die Vorgabewerte automatisch geändert.

Bei Zielvorgabe „Steuerung nach Leistung" wird die geothermische Leistung so reduziert, dass die Staupunktgeschwindigkeit des aufsteigenden Dampfes nicht überschritten wird.

Bei Zielvorgabe „Steuerung nach maximal möglicher Kopftemperatur" wird bei Überschreitung der Staupunktgeschwindigkeit zunächst versucht, die Bedingung durch Absenkung bzw. Erhöhung der Verdampfungstemperatur einzuhalten. Wenn dies nicht möglich ist, schaltet der Algorithmus auf „Steuerung nach Leistung" um.

4.3.8 Vergleich der numerischen Lösung mit analytischen Lösungen

Die hier skizzierte numerische Lösung wurde anhand von analytischen Lösungen für eine Koaxialsonde und eine U-Rohrsonde verglichen.

In diesem Vergleich muss der Wärmeübergang auf das flüssige Medium vernachlässigt werden ($\alpha = \infty$), weil die Wärmeübergangszahl in der analytischen Lösung über der Sondenlänge konstant ist. In der numerischen Lösung hingegen ist die volle Abhängigkeit der Wärmeübergangszahl von Temperatur, Druck und Geschwindigkeit enthalten.

In Abb. 4.10 ist die dimensionslose Erdwärmeleistung Q_D (ohne Wärmepumpenanteil) in Abhängigkeit von der dimensionslosen Zeit t_D dargestellt. Die Lösung nach Gl. 4.4 enthält nicht den Einfluss des Wärmeaustausches zwischen auf- und absteigender Strömung, so dass die Leistung für kleine Zeiten stark überhöht ist. Für die U-Rohrsonde beträgt der maximale Unterschied der Leistung bei dimensionslosen Zeiten größer als 10 3,5 %, für die Koaxialsonde 1,5 %. Dabei ist zu berücksichtigen, dass die dimensionslose Zeit $t_D = 10$ bei typischen Bodenbedingungen einer realen Zeit von etwa einem Tag entspricht. Dieser Zeitraum ist, gemessen an der Betriebszeit einer EWS, sehr kurz, so dass die Unterschiede im Gesamtzeitrahmen tolerabel erscheinen.

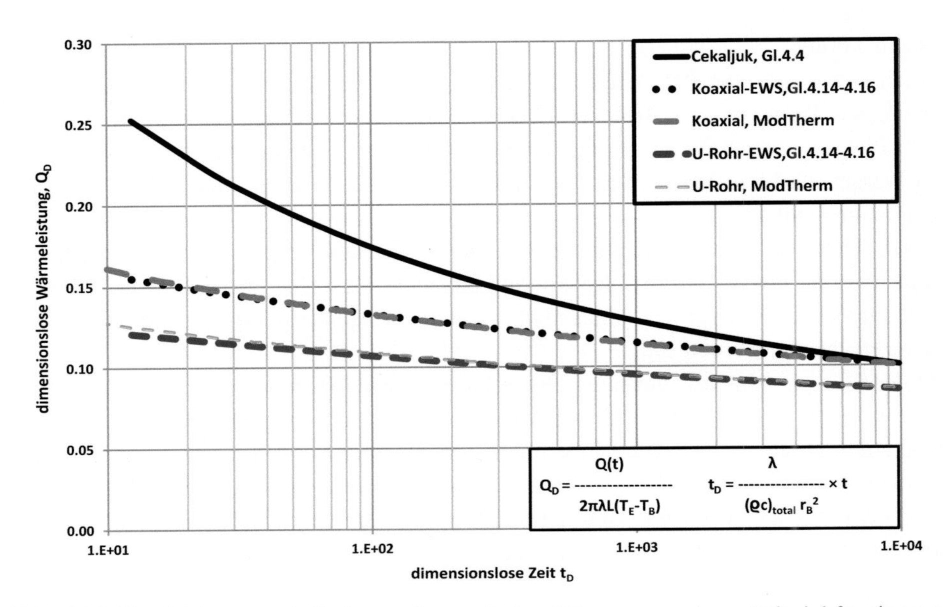

Abb. 4.10 Vergleich von analytischen und numerischen Lösungen an einem Beispiel für eine geothermische Temperaturverteilung ($T(z)=T_0$-$\varpi_x z$ ($z\leq 0$, $T_0=10\,°C$, $\varpi=0{,}03$ K/m, $T_E=11{,}5\,°C$, $T_B=0\,°C$, $\lambda=2{,}1$ W/(mK), $(\varrho c)_{total}=2{,}61$ MJ/(m^3K), Bohrlochdurchmesser = 150 mm, Zirkulationsrate 0,1 l/s, alle Wärmeübergangszahlen $\alpha=\infty$)

Als Ursache für die Leistungsdifferenzen zwischen analytischer und numerischer Lösungen muss angenommen werden, dass bei der analytischen Lösung die vertikale Wärmeströmung im Erdreich vernachlässigt wird.

In Abb. 4.11 ist die Temperatur über der Tiefe jeweils sowohl im Abwärts- als auch im Aufwärtsrohr dargestellt. Bei der Koaxialsonde ist die Übereinstimmung zwischen analytischer und numerischer Berechnung mit einem maximalen Unterschied von kleiner 0,1 K sehr gut, hingegen beträgt er bei der U-Rohrsonde 1,7 K, das entspricht 13 % der maximalen Temperaturdifferenz ($T_{EWS-Sohle}-T_{Injektion}$).

Die Ursache für den relativ großen Unterschied bei der U-Rohrsonde besteht in der Formfaktor-Näherung nach [7] mit konstantem Formfaktor, die in der analytischen Berechnung wegen der exzentrischen Lage der U-Rohre angewendet werden muss. Die numerische Lösung im Programm ModTherm umgeht diese Näherung und erzielt damit die genaueren Ergebnisse.

4.3.9 Speicherung der Ergebnisse für die 3D-Simulation von Sondenfeldern

Die wesentlichen Ergebnisse der Einzelsondenberechnung können in einer Datei gespeichert werden, um sie nachfolgend in einer 3D-Simulation des gesamten Sondenfeldes, das

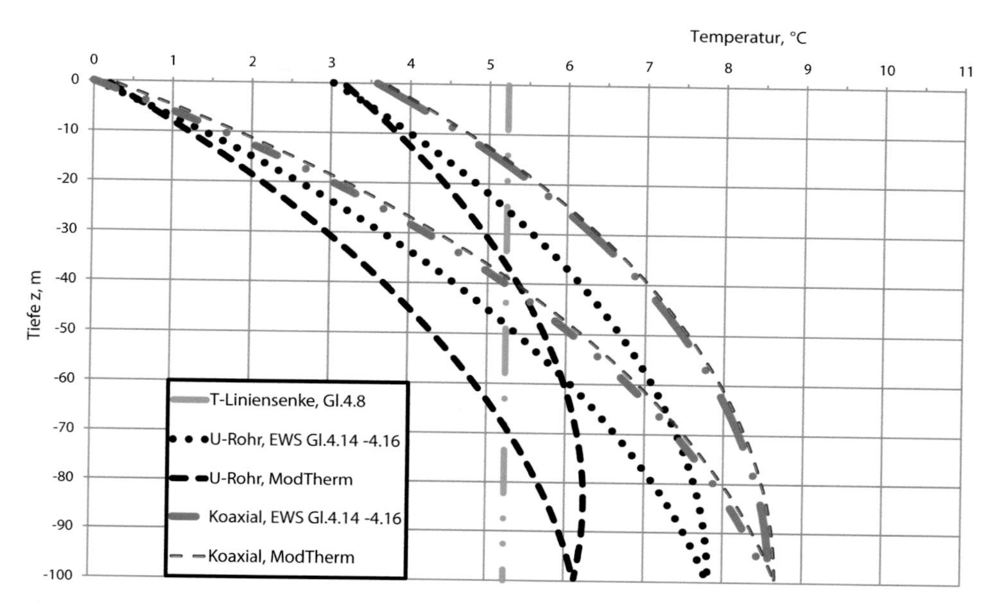

Abb. 4.11 Temperatur in Abhängigkeit von der Tiefe für das gleiche Beispiel (bei einer dimensionslosen Zeit $t_D = 9890$ bzw. $t = 800$ Tage)

aus unterschiedlichen Sonden bestehen kann, weiter zu verwenden. Die zu speichernden Daten umfassen die vertikale Schichtung und die geothermischen Temperaturen. Die treibenden Temperaturdifferenzen und die zugehörigen Leistungen werden orts- und zeitabhängig gespeichert. In der 3D-Simulation können dann die Leistungen den im 3D-Modell vorliegenden treibenden Temperaturdifferenzen angepasst werden.

4.3.10 Auswertung von Thermal Response Tests mit numerischen Verfahren

Die Auswertung von Thermal Response Tests wurde bereits in Abschn. 4.2.5 mit mathematisch-analytischen Methoden behandelt. Dabei ergab sich jedoch die Schwierigkeit, dass der reale Test immer die Randbedingungen der analytischen Lösung erfüllen muss, d. h. in der Regel muss die Wärme-/Kälteleistung während des Testes zeitlich konstant und die geothermische Temperatur T_E über der Sondenlänge (Tiefe) örtlich konstant sein. Die Auswertung kann auch nicht den Einfluss einer vertikalen Wärmeströmung, insbesondere von der Geländeoberfläche ausgehend, die Schichtung des Erdreiches (z. B. den Wechsel von mächtigen Sand- und Tonschichten) bzw. Durchmesserveränderungen über der Tiefe erfassen. Bei Störungen im Testablauf, z. B. als Folge von Stromausfall oder technischen Defekten, bleibt dann nur die Wiederholung des Testes nach einer gewissen Ruhephase.

Deshalb ist die numerische Auswertung, die solche Effekte alle berücksichtigen kann, oftmals die effektivere Methode zur Ermittlung von Kennwerten des Bodens und der

EWS. Sie kann sogar einen Probebetrieb der EWS über längere Zeit mit Unterbrechungen und Leistungsänderungen als Grundlage für die Kennwertbestimmung nutzen.

Grundlage des Auswerteverfahrens ist die aus der Mathematik bekannte Parameteridentifikation, oftmals auch als Modellkalibrierung bezeichnet (im Englischen: Model Calibration in Ground Water Hydraulics; History Matching in Oil and Natural Gas Reservoir Engineering), wie sie auch in [8], [12] beschrieben ist. Die Grundidee des Verfahrens ist, den realen Verlauf eines Testes, Probebetriebs oder einer bestimmten Betriebsperiode numerisch so oft mit geänderten, aber sinnvollen Kennwerten (Wärmeleitfähigkeiten in verschiedenen Erdschichten bzw. der Verfüllung) nachzurechnen, bis die gemessenen Daten (Temperaturen, Leistung) mit den berechneten Daten bestmöglich übereinstimmen. Mathematisch soll diese Zielfunktion als Gauß'sche Fehlerquadratsumme

$$J(Kennwerte) = \sum_{i=1}^{N} [T_i^{berechnet} - T_i^{Messwert}]^2 \rightarrow Minimum! \tag{4.25}$$

mit dem mittleren prozentualen Modellfehler f

$$f = \pm \frac{\sqrt{\frac{J(Kennwerte)}{N}}}{\Delta T_{EWS}} \times 100\% \tag{4.26}$$

beschrieben werden. Dabei ist ΔT_{EWS} die maximale treibende Temperaturdifferenz, i. d. R. die Differenz zwischen der mittleren geothermischen Temperatur und der minimalen gemessenen Temperatur in der EWS. Die optimalen Kennwerte, d. h. die Kennwerte, die für den gemessenen Vorgang als repräsentativ bezeichnet werden können, sind dann gefunden, wenn der Modellfehler nach Gl. 4.26 ein praktisch akzeptables Minimum erreicht hat, i. d. R. kleiner als 5 %.

Man muss dazu bemerken, dass Gl. 4.26 nur eine notwendige Bedingung für die Repräsentanz der Kennwerte darstellt, die jedoch nicht immer hinreichend ist. Wenn es nur einen einzigen Satz von Kennwerten gibt, der zum Minimum führt, dann ist auch die hinreichende Bedingung erfüllt. Bei Thermal Response Test-Auswertungen, in denen nur ein einziger Kennwert als unbekannt betrachtet wird (z. B. die mittlere Erdreich-Wärmeleitfähigkeit), ist die notwendige Bedingung auch hinreichend und der berechnete Wert ist dann das bestmögliche (optimale) Ergebnis des Testes. Wenn hingegen mehrere Kennwerte ermittelt werden sollen, dann kann es sein (muss aber nicht!), dass verschiedene Kennwertsätze zum gleichen minimalen Modellfehler führen, so dass man nicht entscheiden kann, welcher Satz tatsächlich physikalisch repräsentativ ist. Eine Langzeitprognose des Leistungsverhaltens der EWS wird dann mit den einzelnen Kennwertsätzen zu sehr unterschiedlichen Ergebnissen führen. Dies soll an einem hypothetischen Beispiel verdeutlicht werden.

Tab. 4.2 Daten einer hypothetischen Erdwärmesonde

Tiefe der EWS (Länge)	100 m
Bohrlochdurchmesser	140 mm
PE-Innenrohr	42 mm Durchmesser, 3,2 mm Wanddicke
12 Ringrohre	16 mm Durchmesser, 2 mm Wanddicke
Zirkulationsrate	0,3 l/s
Systemtemperatur, °C, (von-bis, d)	+3,0 (0–17, 3 d), −2,0(19, 5–30 d)
Wassergefüllte Porosität	30 %
Wärmeleitfähigkeit in Bereichen W/(m K)	1,9 (0–34 m), 2,4 (34–100 m)
Wärmeleitfähigkeit Verfüllung W/(m K)	0,8
Erdreichdichte/spez. Wärmekapazität	2,6 g/cm^3/0.85 kJ/(kg K)

Hypothetischer Thermal Response Test an einer EWS
Eine neu hergestellte EWS in Ringrohrkonfiguration soll im Winter in einem einmonatigen Probebetrieb getestet werden. Dazu wird sie bei konstanter Zirkulationsrate von 0,3 l/s ununterbrochen bei einer Systemtemperatur von +3 °C bzw. −2°C betrieben. Am 17. Tag trat eine Unterbrechung (Defekt der Wärmepumpe) von 52,8 h auf. Die weiteren Daten sind in Tab. 4.2 zusammengestellt.

Mit diesen Daten wurde Wärmeleistung und Sondenkopftemperaturen (Austrittstemperatur der EWS) berechnet, anschließend mit einem zufälligen Fehler verfälscht, um dem realen Vorgang mit Messfehlern nahe zu kommen und in Abb. 4.12 dargestellt.

In Tab. 4.3 sind die Kennwerte der Variantenberechnung zusammengestellt. In der ersten Zeile ist der minimale Modellfehler (3,13 bzw. 1,19 %), der in keiner Variante unterschritten werden kann, weil er aus den – den hypothetischen Messwerten hinzugefügten – zufälligen Messfehler entstammt, angezeigt

Die erste Zeile in Tab. 4.3 zeigt die minimal möglichen Modellfehler, die sich bei Nutzung der exakten Kennwerte ergeben. Es zeigt sich:

- der über der Tiefe gewogene Mittelwert der Leitfähigkeiten von 2,23 W/(m K) führt zu relativ großen Modellfehlern (Variante 1).
- Hingegen führt ein Wert von 2,5 W/(m K) in Variante 4 zu kleinen Modellfehlern. Diese Leitfähigkeit ist höher als der exakte Maximalwert im unteren Teil der Sonde – die Ursache dafür liegt im Zusammenwirken von Wärmezutritt und thermischem Kurzschluss zwischen Innenrohr und Ringrohren, das bei Annahme einer über der Tiefe konstanten Leitfähigkeit so am besten abgebildet werden kann.
- Variante 6 zeigt aber auch, dass eine zu geringe mittlere Leitfähigkeit durch einen zu hohen Verfüllungswert (d. h. zu geringem thermischen Bohrlochwiderstand) ausgeglichen werden kann. Das ist ein Beleg für die Mehrdeutigkeit der Kennwertbestimmung (hinreichende Bedingung nicht erfüllt).
- Variante 7 ist ein zweiter Beleg für die Mehrdeutigkeit, da eine völlig falsche Verteilung der Wärmeleitfähigkeit mit der Tiefe trotzdem zu relativ kleinen Modellfehlern führt.

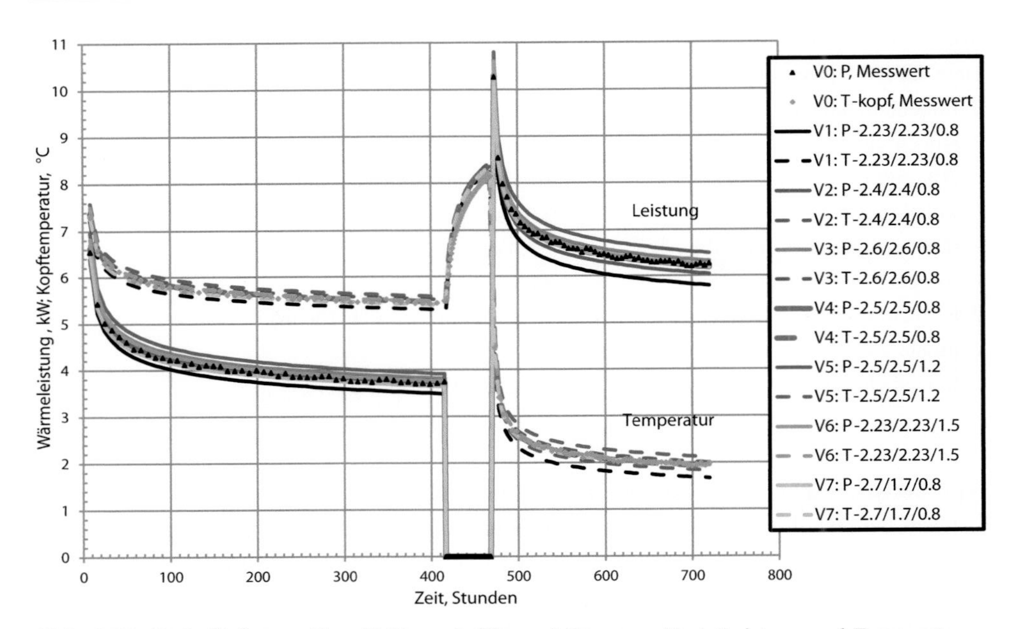

Abb. 4.12 Probeförderung über 30 Tage als Thermal Response Test, Leistung und Temperaturen bei verschiedenen Wärmeleitfähigkeiten (P-Leistung, T-Kopftemperatur, die drei Zahlen bedeuten die Wärmeleitfähigkeiten im oberen Teil und unteren Teil der Sonde und der Verfüllung)

Tab. 4.3 Kennwerte und Modellfehler

Berechnungs-Variante	Wärmeleitfähigkeit, 0–34 m Tiefe, W/(m K)	Wärmeleit-fähigkeit, 34–150 m Tiefe W/(m K)	Wärmeleitfähig-keit Verfüllung W/(m K)	Mittlerer proz. Modellfehler, % Leistung/Temperatur
Exakte Kennwerte (mit zufälligem Fehler in Messwerten)	*1,9*	*2,4*	*0,8*	*1,69/0.29*
1	2,23	2,23	0,8	19,6/2,14
2	2,4	2,4	0,8	7,55/0,84
3	2,6	2,6	0,8	7,13/0,83
4	2,5	2,5	0,8	2,59/0,35
5	2,5	2,5	1,2	16,5/1,83
6	2,23	2,23	1.5	4,58/0,58
7	2,7	1,7	0,8	4,10/0,51

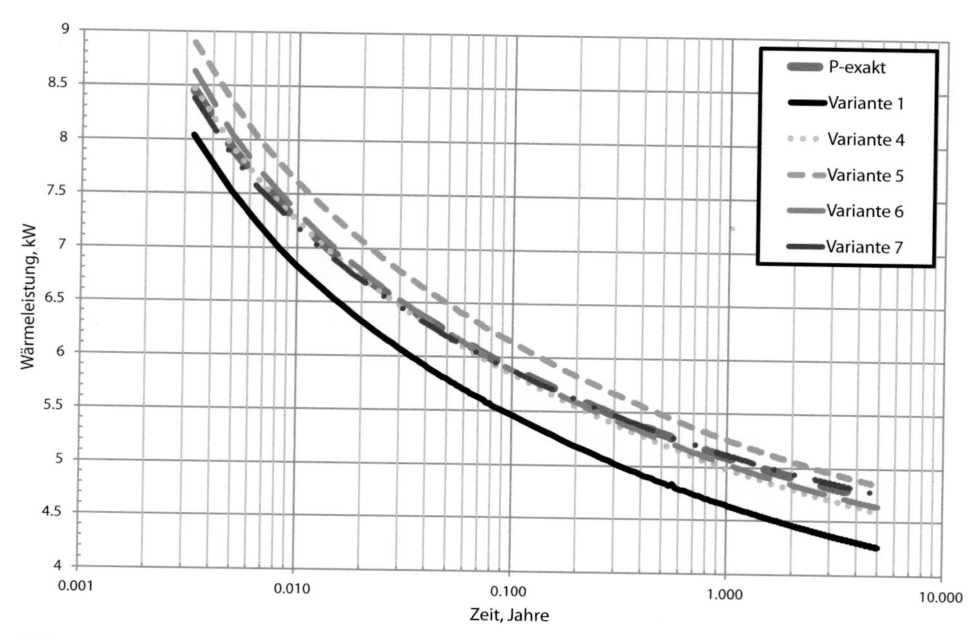

Abb. 4.13 Prognose der Wärmeleistung bei verschiedenen Kennwertsätzen

Zur Illustration der Folgen von nicht-repräsentativen Kennwerten für die Langzeit-Leistungsprognose von EWS sollen einige Parametersätze aus Tab. 4.3 dazu benutzt werden, 5-Jahresprognosen zu berechnen. In Abb. 4.13 sind einige Prognosen dargestellt. Nur die Kennwertsätze aus Tab. 4.3, die Modellfehler kleiner 5 % aufweisen, führen in der Prognose zu relativ verlässlichen Aussagen. Die übliche Methode, die mittlere Wärmeleitfähigkeit des Erdreiches als über der Tiefe gewogenen Mittelwert zu berechnen (Variante 1), führt in der Prognose zum größten Fehler bzgl. der Leistung (− 10,9 %).

Der Prognosevergleich zeigt aber auch, dass die Kennwertbestimmung auf Basis des Probebetriebes, der dem späteren Gewinnungsprozess nahe kommt, brauchbare Leistungsprognosen ermöglicht, d. h. bezüglich der Leistung repräsentative Kennwerte ermittelt hat, auch wenn diese nicht den physikalisch exakten Werten entsprechen. Wenn jedoch die Verteilung der Temperaturabsenkung betrachtet wird, sind größere Abweichungen erkennbar, die das Bild z. T. stark verändern (s. Abb. 4.14).

Fazit

Die Identifikation der Kennwerte aus einem beliebig gearteten Probebetrieb mit Messwerten für Wärmeleistung und Sondenkopftemperatur lässt nur die sichere Bestimmung der mittleren Wärmeleitfähigkeit des Erdreiches zu. Will man differenziertere Informationen erhalten, muss mindestens noch ein weiterer Messpunkt für die Temperatur in der Sonde berücksichtigt werden. Für Leistungsprognosen sind auch mehrdeutige Kennwertsätze mit Modellfehlern kleiner 5 % im Rahmen der ingenieurmäßigen Genauigkeit nutzbar.

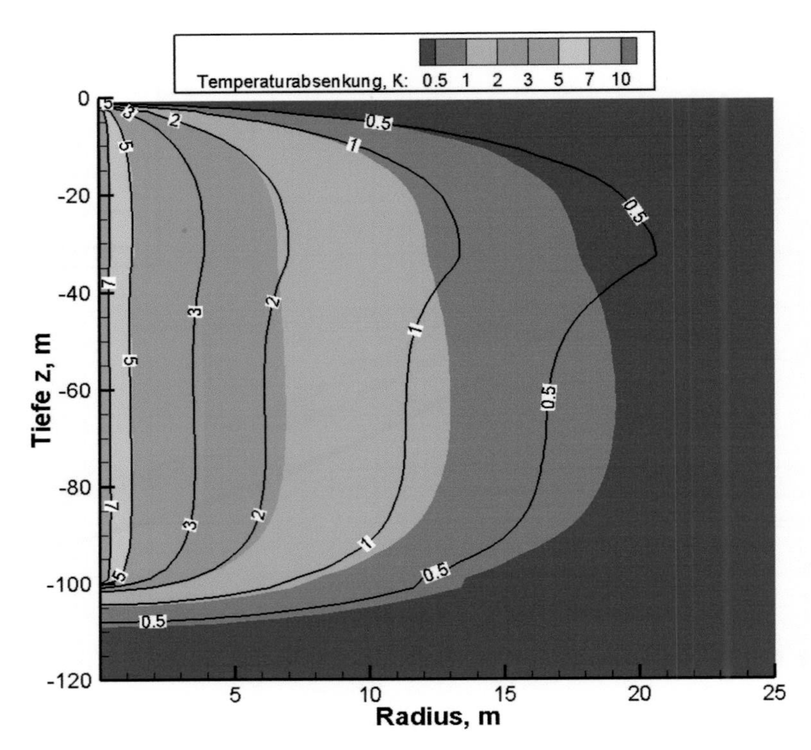

Abb. 4.14 Temperaturverteilung nach 5 Jahren ununterbrochenem Betrieb der Beispiel-EWS mit einer Systemtemperatur von −2 °C (Farbe: mit exakten Kennwerten berechnet, Linien: mit Kennwerten nach Variante 7 berechnet)

Zusammenfassung zu Abschn. 4.3

Die numerische Lösung der Wärmetransportgleichung Gl. 4.1 einschließlich der thermodynamischen Besonderheiten, wie Gefrieren des Porenwassers mit Schmelzwärme und sprunghafter Änderung der Wärmeleitfähigkeit bei Gefriertemperatur bzw. Verdampfungs- und Kondensationsvorgängen in Direktverdampfersonden erfolgt mit der Bilanzmethode (finite Volumenmethode) im Fortran- Computerprogramm ModTherm.

Die Software ModTherm löst das Problem für die einzelne EWS sowohl für Wasserzirkulations- als auch für Direktverdampferverfahren in radialsymmetrischen Zylinderkoordinaten. Sie ist mit Algorithmen zur Wärme- und Kälteleistungssteuerung, zur zeitlichen Steuerung des Prozesses nach Tages- und Jahreszeitganglinien und zur Auswertung von Thermal Response-Testen versehen. Die Software wurde anhand von analytischen Lösungen verifiziert und ist als Demo-Version mit entsprechendem Manual unter www.blz-geotechnik.de/software abrufbar.

4.4 3D-Simulation von Sondenfeldern – ModGeo3D

Unter einem Sondenfeld ist die Gesamtheit einer Gruppe von EWS an einem konkreten geologischen Standort zu verstehen, dessen flächenhafte und tiefenabhängige Umgebung mit allen Besonderheiten wie Grundwasserströmung, Oberflächengewässer, Wasserschutzgebieten und Bebauung mit in das Standortmodell einbezogen werden. Der praktische Schwerpunkt einer solchen Simulation liegt auf den Standortbedingungen, so dass ein 3D-Modell zumeist eine Fläche von mehr als einigen Hektar umfasst und in Tiefen bis maximal zur dreifachen Sondenlänge reichen muss. In einem solchen großräumigen Modell können die kleinräumigen Bedingungen und der zeitlich sehr differenzierte Betrieb einer einzelnen EWS mit ihren komplizierten thermodynamischen Zusammenhängen nicht erfasst werden.

Wie in Abschn. 4.3 bereits erläutert, erfordert die numerische Berechnung einer einzelnen EWS kleine Volumenzellen bis zu Kleinstwerten von 1 cm^3 Volumen (z. B. im Übergang von Bohrloch zu Erdreich) und Zeitschritte in der Größenordnung von Minuten. Ein 3D-Modell eines Sondenfeldes jedoch wird üblicherweise in Zellen der Größenordnung von Kubikmetern diskretisiert und soll Ergebnisse für Zeiträume von 20 und mehr Jahren vorausberechnen. Theoretisch wäre die simultane (online) Berechnung beider Systeme zwar denkbar, der Rechenzeitbedarf wäre jedoch mit der Bilanzmethode unvertretbar hoch.

Das Sondenfeld befindet sich in einer geologischen Umgebung (Erdreich, Grundwasser, Porenluft), so dass zunächst ein hydrogeologisches Modell des Standortes entworfen werden muss. Im Modell soll nicht nur die Wärmeströmung simuliert werden, sondern auch die Strömungsprozesse des Wassers und zuweilen auch der Porenluft (im Falle einer ausgeprägten Zweiphasenströmung Wasser-Luft), denn diese Strömung transportiert auch Wärme (konvektiver Wärmetransport), zusätzlich zur Wärmeleitung. Hinzu kommt oftmals der umwelttechnische Aspekt in der Form, dass die mögliche Temperaturbeeinflussung von Grundwasserfassungen und Oberflächengewässern im Rahmen des behördlichen Genehmigungsverfahrens nachgewiesen werden muss.

Die hier behandelte numerische Modellierung baut auf der weltweit verbreitetsten Simulationssoftware für hydrogeologische Fragestellungen Modflow/MT3D auf, die der Geologische Dienst der Vereinigten Staaten von Amerika U.S.G.S. (**U**nited **S**tates **G**eological **S**urvey) seit Mitte der 1980er Jahre entwickelt hat, bis heute ständig aktualisiert und im Netz kostenlos verfügbar macht.

Die Simulations-Software ModGeo3D existiert als Fortran-Programm mit einem zugehörigen Manual und ist unter www.blz-geotechnik.de/software in einer Demo-Version abzurufen.

4.4.1 Bilanzverfahren und Zeitschrittbeschränkung

Wärme- und Stofftransportvorgänge beruhen auf dem Energieerhaltungsgesetz, Gl. 4.1 (Energiebilanz) bzw. dem Massenerhaltungsgesetz (Massenbilanz). Das mathematisch-numerisch äquivalente Lösungsverfahren ist die Bilanzmethode (sehr eng verwandt sind die Begriffe Finite Differenzen- und Finite Volumenmethode), die das Erhaltungsgesetz in jeder Volumenzelle des Berechnungsgitters mit einer vorzugebenden Genauigkeit erfüllt.

Großen Anteil an der Entwicklung dieser Verfahren haben u. a. deutsche Mathematiker und Physiker [4]. Sie formulierten auch die heute als Courantzahl benannte Kennzahl, die (in einer erweiterten Form für unser Problem des Wärmetransportes) das Verhältnis der Summe aller der Volumenzelle zugeführten (positiven) Wärmemengen und abgeführten (negativen) Wärmemengen zum Wärmeinhalt einer Volumenzelle im Zeitschritt Δt ausdrückt

$$Co = \frac{\Sigma_i\, Q_i \times \Delta t}{V \times (\rho c)_{total} \times \Delta T_{min/max}} \tag{4.27}$$

Dabei bedeuten die Q_i die einzelnen Wärmeflüsse über die Randflächen, die Quellen und Senken (Zuflüsse bzw. Abflüsse von außen oder Wärmemengen, die durch Reaktionen wie Kondensation, Verdampfung, Gefrieren und Auftauen je Zeiteinheit frei bzw. gebunden werden) und Δt den Zeitschritt. Im Nenner steht der „freie Wärmeinhalt" der Volumenzelle, der durch die Summe aller Flüsse aufgefüllt bzw. entzogen werden kann. Der Wert $\Delta T_{min/max}$ ist die absolute Differenz der aktuellen Zelltemperatur zu einer minimalen bzw. maximalen Referenztemperatur $T_{Referenz}$, die im Berechnungsgang aus physikalisch sinnvollen Gründen nicht unterschritten bzw. überschritten werden darf

$$\Delta T_{min/max} = \left| T - T_{Referenz} \right| \tag{4.28}$$

Die bei der Bilanzmethode stets einzuhaltende Bedingung einer Courantzahl kleiner als 1 bedeutet thermodynamisch, dass einer Volumenzelle in einem Zeitschritt nicht mehr Wärme entzogen werden kann als darin zur Verfügung steht – ansonsten kann der Erhaltungssatz für diese Zelle nicht mehr formuliert werden und das Berechnungsverfahren beginnt zu oszillieren bzw. führt zu Temperaturen, die für diesen Berechnungsfall thermodynamisch unmöglich sind.

Als ein typisches Beispiel für den thermodynamischen Sinn der Courantbedingung soll folgender Fall erwähnt werden. Bei einem Erdwärmeprojekt soll die Erdwärme bei einer Systemtemperatur von + 1 °C gewonnen werden. Bei üblichen geothermischen Temperaturen im Erdreich sind Berechnungsergebnisse unterhalb + 1 °C nicht möglich. Bei der iterativen numerischen Simulation wird jedoch die Wärmeleistung als Senke behandelt (deren Stärke iteriert werden muss), so dass im Falle eines großen Zeitschrittes dieser Wert während der Iteration unterschritten werden könnte. Deshalb wäre hier die Vorgabe einer Referenztemperatur von (1-ε)°C mit einer kleinen Zahl ε sinnvoll.

Bei einer vorgegebenen örtlichen Diskretisierung (Zelleinteilung, Zellgitternetz) wird die Courantbedingung nach Gl. 4.27 (Co < 1) zur Steuerung des Zeitschrittes benutzt, indem in jeder Zelle deren Einhaltung zu prüfen ist. Aus Gl. 4.27 ist ersichtlich, dass sehr kleine Zellen immer auch kleine Zeitschritte erzwingen.

Der Vorteil der Bilanzmethode ist die Äquivalenz von physikalischer Aufgabenstellung und numerischem Lösungsprinzip, so dass die Bilanz nicht nur im integralen Sinn (für das gesamte Untersuchungsgebiet), sondern auch lokal, d. h. in jeder Volumenzelle erfüllt wird, man sagt, die Bilanzmethode ist „lokal bilanztreu".

Die in der Festkörpermechanik bevorzugte Finite Elementmethode [27] beruht auf dem Prinzip der minimalen Residuen. Auch hier besteht eine Äquivalenz zwischen der physikalischen Grundlage, z. B. dem Verschiebungssatz oder dem Prinzip der minimalen Gestaltsänderungsarbeit und der numerischen Lösung. Ihre Anwendung in der Thermodynamik und Strömungsmechanik verletzt jedoch diese Äquivalenz, deshalb ist die Finite Elementmethode in ihrer üblichen Form nicht lokal bilanztreu, sondern nur im integralen Sinn. Die lokalen Ergebnisse, d. h. in jedem Knotenpunkt (Zelle), werden so ermittelt, dass die Summe der Residuen (Reste) minimal ist, nicht aber ihre Einzelwerte. Wenn in der Aufgabenstellung starke druck- und temperaturabhängige Prozesse wie Verdampfung/Kondensation oder Gefrieren/Auftauen enthalten sind, kann dies zu erheblichen Fehlern führen.

Aus diesen Erwägungen heraus beruhen die meisten bekannten numerischen Lösungsverfahren der Strömungs- und Thermodynamik auf der Bilanzmethode. Die in Abschn. 4.3 behandelte Lösung für einzelne EWS und die nachfolgend beschriebene 3D-Lösung folgt diesen Überlegungen.

4.4.2 Die Denkweise des U.S.G.S. für hydrogeologische Aufgabenstellungen (Modflow/MT3D)

Der **U**nited **S**tates **G**eological **S**urvey (U.S.G.S) hat Mitte der 1980er Jahre erstmals eine Software angeboten, die Grundwasserströmungsprobleme numerisch simuliert (Modflow), 1990 wurde dem Programm ein Baustein für den Stofftransport im Grundwasser hinzugefügt (MT3D). Seit dieser Zeit wird diese Software ständig gepflegt und erweitert [14, 26]. Die Philosophie des U.S.G.S ist dabei stets, nur die Kernsoftware zu entwickeln. Ein praktikabler In- und Output muss vom jeweiligen Nutzer selbst oder von entsprechenden Fachfirmen geschrieben werden. Auf diese Weise ist eine Reihe von Softwareprodukten verfügbar, die dieser Philosophie folgen, als Kernprogramm aber Modflow/MT3D benutzen. Wie bei solch langen Weiterentwicklungszeiten für Modflow/MT3D typisch, ist manches in der Fortran-Software nicht auf dem modernsten Stand (z. B. müssen Inputdateien zeilen- und spaltengenau sein und enthalten nahezu keine Textinformationen). Als Autofahrer könnte man sagen, die Karosserie ist nicht neu, aber der Motor ist auf einem guten Technischen Stand.

Dieses Buch folgt der U.S.G.S –Denkweise und stellt als Kernsoftware das Programm ModGeo3D bereit. Dabei wird vor allem die hydrogeologische Package-Struktur von Modflow/MT3D übernommen, weil sie hydrogeologisch wohl durchdacht, erprobt und weltweit verbreitet ist. Zur Illustration seien ausgewählte Packages erwähnt (die entsprechenden Dateien werden dabei immer mit dem Namen des Beispiels (*name)* und der Erweiterung bezeichnet, z. B. *name*. BAS):

AD3 – Advective-Transport Package (zulässige Courantzahl etc.)
BAS – Basic Package (Basisdaten der Geometrie)
BCF – Block-Centered Flow Package (Parameterdaten für jede Zelle)
BT3 – Basic Transport Package (Basisdaten für Stofftransport)
CH – Time-Variant Specified-Head Package (zeitabhängige Randbedingungen)
DP3 – Dispersion Package (Daten für Dispersion)
DRN– Drain Package (Drainage-Daten)
EVT – Evapotranspiration Package (Evapotranspiration)
GHB– General Head Boundary Package (Randbedingungen)
HFB – Horizontal Flow Barrier Package (Horizontale Barrieren, Dichtungswände)
RCH– Recharge Package (Grundwasserneubildung)
RC3 – Reactive Concentration Package (Daten reaktiver Stofftransport).
RIV – River Package (Daten für Gewässer, Flüsse)
SS3 – Source/Sink Package (Daten für Quellen/Senken)
WEL– Well Package (Daten von Bohrungen, Brunnen)

Die Erzeugung dieser Inputdateien mit einem üblichen Editor ist nicht gangbar, da die Geometrie eines hydrogeologischen Modelles mit dem Gitternetz der Volumenzellen (bis zu 1 Mio. Zellen möglich) ohne spezielle grafische Software nicht zu erstellen ist. Die hydrogeologischen Parameter (Durchlässigkeit, Porosität, Speicherkoeffizient, Anfangsspiegelhöhe, Dispersionskoeffizient, Randbedingungen etc.) können bereichsweise bzw. für jede Einzelzelle vorgegeben werden. Für die jeweiligen Packages müssen der Standort, die Erstreckung und die zugehörigen hydraulischen Daten eingegeben werden, was ebenfalls nur mit Hilfe spezieller grafischer Software (z. B. Visual Modflow der Fa. Waterloo Hydrogeologic Software) machbar erscheint.

Die zeitliche Gliederung eines Simulationsvorganges wurde ebenfalls der bewährten U.S.G.S.-Denkweise entnommen. Der Gesamtzeitraum eines zu simulierenden Prozesses wird in Stressperioden unterteilt. Die physikalische Bedeutung besteht darin, dass innerhalb einer Stressperiode die äußeren Beanspruchungen im Wesentlichen konstant bleiben (Quellen/Senken, Randbedingungen etc.), so dass die Parameter der o. g. Packages nur zu Beginn einer Stressperiode geändert werden können. Eine Ausnahme bilden zeitabhängige Randbedingungen (Package CH), bei denen die Randbedingungen zwischen den Daten zweier aufeinanderfolgender Stressperioden zeitlich linear interpoliert werden.

Jede Stressperiode kann in Zeitschritte, die gleich lang oder exponentiell wachsend sein können, eingeteilt.

ModGeo3D nutzt die Inputsoftware „Visual Modflow“ der Firma Waterloo Hydrogeologic Software (Waterloo/Kanada) in der Version 2.0 bzw. die Software „Cadshell“ der Fa. IHU-Gesellschaft für Ingenieur-, Hydro- und Umweltgeologie (Nordhausen/Deutschland). Beide Programme erzeugen die o. g. Inputdateien in zeilen- und spaltengenauer Form.

4.4.3 Numerische Lösung der Strömungs- und Wärmetransportgleichung

Die Aufgabenstellung verlangt im Gegensatz zur Einzel-EWS ohne Grundwasserströmung auch die Berechnung der Grundwasserbewegung, so dass in jedem Zeitschritt neben der Wärmetransportgleichung auch die Strömungsgleichung gelöst werden muss. Da die Software nicht nur für gespannte und ungespannte Grundwasserströmung nutzbar sein soll, sondern auch für Flüssigkeiten unterschiedlicher Dichte (z. B. Süßwasser in geringer Tiefe, mit zunehmender Tiefe ansteigender Salzgehalt) und für die Zweiphasenströmung Flüssigkeit-Gas (z. B. in Kippen des Braunkohlenbergbaues), wird die Wasserspiegelhöhe durch den Druck ersetzt. Diese Schreibweise vermeidet die aus der Grundwasserhydraulik bekannten Schwierigkeiten des Überganges von der gespannten zur ungespannten Grundwasserströmung. Da in der praktischen Hydrogeologie und Grundwasserwissenschaft jedoch immer die Wasserspiegelhöhe gemessen und formelmäßig verwendet wird, erfolgt hier in den Inputdateien die Umrechnung von Spiegelhöhe in Druck, in den Outputdateien jedoch wieder in Spiegelhöhe, so dass der Softwarenutzer im bekannten Milieu arbeiten kann.

Es sei auch erwähnt, dass die Software ModGeo3D die Berechnung des reaktiven Mehrkomponenten-Stofftransportes einschließlich chemischer Gleichgewichtsreaktionen ermöglicht, so dass z. B. die Gefriertemperaturen des Porenfluids konzentrationsabhängig berücksichtigt werden können.

Strömungsgleichung

Für die Flüssigkeitsphase (Wasser) gilt die Beziehung

$$div\left\{\frac{\rho_w k\, k_{rw}(S_W)}{\eta_w}(\boldsymbol{grad}\ p_w + \rho_w g\ \boldsymbol{grad}\ z)\right\} = \frac{\partial}{\partial t}\{\rho_w S_W n\} - \dot{m}_w \tag{4.29}$$

Im Fall der Einphasenströmung von Flüssigkeit gilt stets: $S_w \equiv 1$, $k_{rw} \equiv 1$ und $p_w = p$.

Für die Porenluft (Gasphase) ist:

$$div\left\{\frac{\rho_g k\, k_{rg}(S_W)}{\eta_g}(\boldsymbol{grad}\ p_g + \rho_g g\ \boldsymbol{grad}\ z)\right\} = \frac{\partial}{\partial t}\{\rho_g (1 - S_W) n\} - \dot{m}_g \tag{4.30}$$

Die Sättigungen beider Phasen ergeben zusammen $S_w + S_g = 1$ und der Kapillardruck entspricht der Differenz von Gas- und Flüssigkeitsdruck

$$p_c(S_w) = p_g - p_w \tag{4.31}$$

Als unbekannte Größen werden die Drücke für Wasser oder Gas und die Wassersättigung betrachtet. Die relativen Permeabilitäten für Wasser und Gas sowie der Kapillardruck werden tabellarisch als Funktion der Wassersättigung oder nach bekannten Korrelationen vorgegeben.

Die Dichten und Viskositäten für Flüssigkeit und Gas werden als mehrdimensionale Funktionen $\rho(p, T, C)$ und $\eta(p, T, C)$ berücksichtigt. Die Eckdaten dazu werden vorgegeben.

Wärmetransportgleichung mit Dispersion im porösen Erdreich

Für den Wärmetransport gilt Gl. 4.1. Im porösen Erdreich mit einem strömenden Porenfluid tritt Dispersion (oft als mechanische Dispersion bezeichnet) auf. Sie führt zusätzlich zum konvektiven Transport, der stets in Richtung des Geschwindigkeitsvektors $\boldsymbol{v}$ auftritt (longitudinal), zu Wärmeströmen in longitudinaler Richtung und auch in dazu senkrechter Richtung (transversal). Zur mathematischen Beschreibung hat Bear [1] den Begriff der Dispersivität δ eingeführt. Damit kann der Dispersionskoeffizient, der analog zum Diffusionskoeffizienten des Stofftransportes definiert ist, berechnet werden. Da Dispersion in allen Raumrichtungen stattfindet, muss sie in einem isotropen porösen Medium durch eine Matrix, die Dispersionsmatrix D^* beschrieben werden, die in [1] und auch in ([10], S. 22) definiert wurde.

Zeitschrittsteuerung

Die Zeitschrittsteuerung folgt dem in Abschn. 4.4.2 beschriebenen Konzept des U.S.G.S. Darüber hinaus kann jedoch jeder Zeitschritt automatisch in Teilzeitschritte zerlegt werden, die durch die Courantbedingung $Co < 1$ (Gl. 4.27) gegeben sind oder die dann erforderlich sind, wenn das gesamte Gleichungssystem für die gewählte Zeitschrittgröße nicht lösbar ist (Gleichungslöser konvergiert nicht).

Maßnahmen zur Rechenzeitbeschleunigung

Eines der Hauptprobleme der Simulation ist der enorm hohe Rechenzeitbedarf, insbesondere bei Gitternetzen mit Hunderttausenden Zellen. Das Programm enthält eine Vielzahl von Möglichkeiten, die entweder ein gröberes Gitternetz oder größere Zeitschritte ermöglichen. In jedem Fall sollte man aber bedenken, dass grundsätzlich die Genauigkeit der numerischen Lösung dabei geringer wird (oftmals ist dieser Genauigkeitsverlust ohne praktische Folgen zu tolerieren). Nachfolgend sollen diese Maßnahmen skizziert werden.

Front-Limitationsmethode Der Algorithmus vermindert die bei der Upwind-Methode[2] stets auftretende Verschmierung von Temperatur-Fronten [11].

Courant INPUT Suppression Hierbei werden Zellen, deren Temperaturergebnisse für das Problem von geringer Bedeutung sind, durch Eingabe gekennzeichnet. In ihnen wird die Courantbedingung unterdrückt (vernachlässigt) und für diese Zellen wird stets die robuste Upwind-Methode angewendet.

Aktive Gittergröße Die Wärmetransportgleichung wird in jedem Teilzeitschritt nur in solchen Zellen gelöst, deren Temperaturänderung im Teilzeitschritt eine vorzugebende kleine Größe ε überschreiten kann. Damit kann die Gesamtzahl der Zellen, in denen der Wärmetransport zu berechnen ist, oftmals deutlich reduziert werden.

Beschränkte oder keine Strömungsberechnung Im Standardfall werden sowohl Strömung als auch Transport zu allen Teilzeitschritten berechnet. Oftmals ist die Geschwindigkeit des Fluids jedoch wenig veränderlich, z. B. im stationären (zeitunabhängigen) Zustand. Dann kann die Strömungsberechnung nur auf die Zeitschritte (nicht aber alle Teilzeitschritte) oder auch nur auf eine einzige Berechnung (stationärer Zustand) beschränkt werden. Es können jedoch auch Zellen vorgegeben werden, in denen die Strömungsgleichung grundsätzlich nicht gelöst werden muss, weil keine Grundwasserbewegung vorliegt (z. B. in den tonigen Deckschichten eines Grundwasserleiters).

Iterative Lösung der Gleichungssysteme

Die partiellen Differenzialgleichungen Gl. 4.29/4.30 für die Strömung und Gl. 4.1 für den Wärmetransport sind durch die Geschwindigkeit (und Sättigung bei Zweiphasenströmung) und diverse druck- und temperaturabhängige Eigenschaften miteinander gekoppelt. Die Berücksichtigung der praktischen hydraulischen Packages und der Besonderheiten der EWS haben dazu veranlasst, die Gleichungen für die Strömung (mit nachfolgender Geschwindigkeitsberechnung) und den Wärmetransport in jedem Teilzeitschritt getrennt zu lösen und bei Bedarf zu iterieren. Die Erfahrungen mit dieser Vorgehensweise zeigen, dass bei Einhaltung der Courantbedingung $Co<1$ und den daraus folgenden relativ kleinen Teilzeitschritten die Iteration der Gleichungen nur einen sehr geringen Genauigkeitsgewinn bringt und praktisch nicht erforderlich ist.

4.4.4 Berücksichtigung von Erdwärmesonden (EWS)

Im Programm können Wärmequellen und –senken sowohl mit vorgegebenem Wärmestrom als auch mit temperaturgesteuertem Wärmesstrom erfasst werden. Die in Abschn. 4.3 be-

[2] Unter Upwind-Methode oder Upstream-Wichtung versteht man die Berechnung des der Zelle zu- oder aus der Zelle abfließenden konvektiven Wärmestromes mit der Temperatur der jeweils stromoberhalb gelegenen Zelle.

handelten EWS werden in der Software als spezielle Quellen/Senken (EWS-Betrieb) behandelt, deren thermodynamisch-zeitliches Verhalten in Dateien gespeichert ist, die von der Software ModTherm erzeugt wurden. Deshalb muss die Zeiteinteilung in Stressperioden sowohl der Einzel-EWS-Berechnung (ModTherm) als auch der 3D-Simulation (ModGeo3D) identisch sein, in der Regel monatsweise mit Beginn im gleichen Monat.

Die vertikale (schichtweise) Gliederung des Erdreiches unterscheidet sich deutlich, in der Regel wird eine einzelne EWS vertikal in Schichten von 1–2 m simuliert, die Schichten einer 3D-Simulation richten sich jedoch nach den geologischen Gegebenheiten und sind oftmals wesentlich mächtiger. Der Algorithmus fasst die EWS-Schichten, die zu einer 3D-Schicht gehören, zusammen.

Das Grundprinzip der Anpassung von EWS-Leistungen an die Bedingungen eines 3D-Modelles besteht darin, die jeweiligen Wärmezuströme in einer EWS-Schicht mit der zugehörigen treibenden Temperaturdifferenz zu übernehmen und den Bedingungen des 3D-Modelles nach

$$Q_{3D} = Q_{EWS} \times \frac{\Delta T_{3D}}{\Delta T_{EWS}} \tag{4.32}$$

linear anzupassen.

Die Größe $\Delta T_{EWS} = T_{geothermisch} - T_{EWS}$ wird mit der jeweiligen tiefenabhängigen geothermischen Temperatur des Erdreiches und der jeweiligen tiefen- und zeitabhängigen Temperatur in der EWS berechnet. Die Größe ΔT_{3D} wird nach $\Delta T_{3D} = T_{3D-Einzugsbereich} - T_{EWS}$ berechnet, wobei $T_{3D-Einzugsbereich}$ die mittlere Temperatur im thermodynamischen Einzugsbereich der Sonde bedeutet. Da Gl. 4.32 für alle EWS-Schichten berücksichtigt wird, kann sie nicht implizit in das Gleichungssystem eingefügt werden, sondern muss iterativ aktualisiert werden.

Die Anpassung der Wärmeleistungen jeder EWS in jeder Stressperiode an die treibenden Temperaturdifferenzen des 3D-Modelles erlaubt es, das Verhalten einer EWS nur für einen typischen Zeitraum, z. B. ein Jahr, zu berechnen und dieses Verhalten für alle Jahre zugrunde zu legen.

Die hier beschriebene offline-Kopplung von beliebig vielen EWS unterschiedlicher Bauart und unterschiedlicher Fahrweise (z. B. als Wärme-/Kältegewinnungssonde oder Wärmespeicher-/Kältespeichersonde) ist in der Lage, die speziellen thermodynamischen Bedingungen einer EWS zu allen Zeitpunkten realitätsnah zu berücksichtigen, aber auch ihre Auswirkungen bzgl. der Wärme-/Kälteleistung im hydrogeologischen 3D-Modell zu erfassen.

4.4.5 Eingabe der Daten, die nicht in Modflow/MT3D vorgesehen sind

In der für Modflow/MT3D geeigneten grafischen Software sind die thermodynamischen Stoffwerte und auch die hydraulischen Daten der dichteabhängigen und Zweiphasenströmung nicht vorgesehen. Sie müssen deshalb in einer Zusatzdatei eingegeben werden, die jedoch relativ einfach mit einem üblichen Editor vorbereitet werden kann. Zu diesen Daten zählen für jede Volumenzelle:

- Wärmeleitfähigkeit des Erdreiches,
- spezifische Wärmekapazität des Erdreiches (Gesteinsmatrix),
- spezifische Wärmekapazität des Fluids,
- Anfangstemperatur (geothermische Temperatur),
- Gefriertemperatur des Porenfluids
- Temperatur- und druckabhängige Dichte und Viskosität des Fluids.

Bei Zweiphasenströmung sind darüber hinaus noch Daten zu

- Anfangswassersättigung, Anfangs-Gasdruck in jeder Volumenzelle,
- sättigungsabhängige relative Durchlässigkeit und Kapillardruck

notwendig.

Die Erfahrung lehrt, dass diese Daten im Wesentlichen stoffabhängig und nicht beeinflusst sind durch geologische Standortbedingungen wie Störungszonen etc. Deshalb sind diese Daten i. d. R. für große Gebietsteile konstant, so dass ihre Eingabe mittels eines Keyword-Systems sehr einfach möglich ist.

4.5 Software

Die in Abschn. 4.2 bis 4.4 beschriebenen mathematischen Lösungen sind als Fortran-Programme mit erklärenden Manuals unter der Internet-Adresse www.blz-geotechnik.de/software verfügbar[3]. Es sind praktisch eingeschränkte Demonstrationsversionen, die den prinzipiellen Gebrauch an Beispielen erläutern.

Der Input von Daten ist in den o. g. Abschnitten inhaltlich erläutert, zumeist ist es jedoch erforderlich, die Informationen in den Manuals zu beachten. Die Verarbeitung der Ergebnisse für eine konkrete Berechnungsaufgabe ist nach U.S.G.S.-Prinzip mit handelsüblicher Tabellenberechnungs- und Grafik-Software vorgesehen. Alle Ergebnisse werden in ASCII-Dateien gespeichert und können z. B. mit Microsoft Excel bearbeitet werden. Zur grafischen Verarbeitung können Dateien ausgegeben werden, die für die Grafiksoftware Tecplot (www.tecplot.com) vorbereitet sind und komfortable 2D- und 3D-Darstellungen ermöglichen.

[3] Fortran ist nach wie vor die Programmiersprache der mathematischen Physik, da sie schnelle Software erzeugt. Diese Software läuft unter Windows 7 und und höheren Versionen (bei Bedarf auch unter Windows XP und anderen Systemen).

Zusammenfassung zu Abschn. 4.4 und 4.5

Mehrere EWS bzw. ganze Sondenfelder in der jeweiligen geologischen Umgebung können nur in räumlichen Simulationsmodellen erfasst werden. Die Software ModGeo3D ist für die Simulation der Erdwärme/Erdkältegewinnung und -Speicherung aus Sondenfeldern in hydrogeologisch realen Gebieten mit Grundwasserströmung in 3-dimensionalen kartesischen Koordinaten geeignet. Das Programm nutzt für die hydrogeologische Modellbildung die bewährte Denkweise des U.S.Geological Survey nach dem Vorbild der Software Modflow/MT3D, erweitert auch für dichteabhängige Strömung (z. B. Salz-Süßwasser) und die Zweiphasenströmung Wasser-Gas. Es können sowohl Erdwärmesonden mit vorgegebener Leistung bzw. Temperatur als auch Sonden mit dem speziellen Aufbau und dem Betriebsverhalten nach ModTherm berücksichtigt werden. Der Aufbau des hydrogeologischen Modelles sollte mit einer grafisch orientierten Shell (Inputprogramm) erfolgen, wozu die Software Visual Modflow (Waterloo Hydrogeological Software) oder CadShell (IHU Nordhausen) genutzt werden kann. Das Programm ModGeo3D ist als Demo-Version mit entsprechendem Manual unter www.blz-geotechnik.de/software abrufbar.

4.6 Berechnungsbeispiele und Vergleiche

Für einige technische Aufgabenstellungen sollen Berechnungen mit numerischen Verfahren exemplarisch ausgeführt und verglichen werden.

4.6.1 Erdwärme für ein Einfamilienhaus

Als eine typische Planungsaufgabe soll die Wärmeversorgung eines Einfamilienhauses (180 m^2 Wohnfläche) durch eine erdwärme-gespeiste Wärmepumpe entworfen werden. Der Jahresheizenergiebedarf liegt bei ca. 60 kWh/(m^2 a) für 2550 Jahresbetriebsstunden. Die dazu notwendige EWS soll aus Kostengründen eine möglichst geringe Tiefe aufweisen, jedoch die geforderte Mindest-Wärmeleistung von 5 kW in den Wintermonaten erbringen. Ein solches Haus entspricht der Energieeinsparverordnung (EnEV 2013).

Die geplante EWS steht innerhalb des Grundstückes, das Erdreich besteht aus Sand, Tonstein, Sandstein und hat eine durchschnittliche Wärmeleitfähigkeit von 2,1 W/(m K) bei 2,6 g/cm^3 Dichte und 0,85 kJ(/(kg K) spezifische Wärmekapazität. Die Wärmepumpe soll im Normalbetrieb mit einer Spreizung von − 1,5 °C/46,5 °C betrieben werden, so dass mit den Verlusten in den Wärmetauschern (3 K) eine Systemtemperatur von 0 °C (Eintrittstemperatur in die EWS) angenommen wird.

Um das potentielle Leistungsvermögen in jeder Jahreszeit zu bestimmen, soll die EWS stets mit maximal möglicher Leistung betrieben werden. In Kap. 9.1 ist die Inputdatei des Programmes ModTherm (die im Dialog entwickelt wird) für die zeitliche Simulation nach Ganglinie Abb. 4.9 dargestellt.

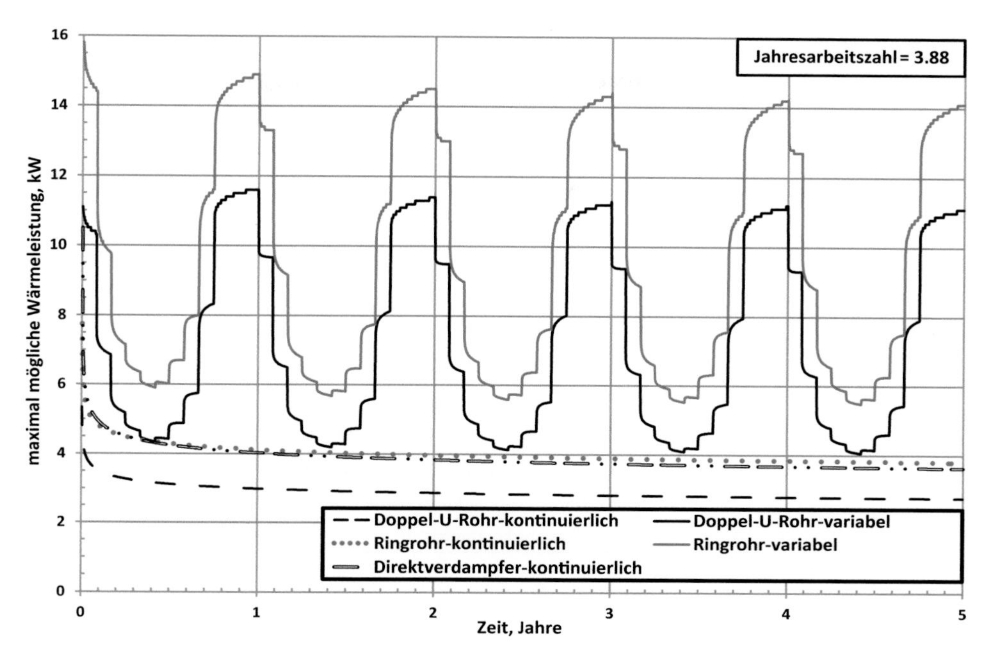

Abb. 4.15 Zeitlicher Verlauf der Wärmeleistung für verschiedene EWS-Typen bei Dauerbetrieb bzw. Ganglinienbetrieb mit 2550 Jahresbetriebsstunden

Erdwärmesonde ohne Einspeicherung solarer Wärme

Zunächst wird angenommen, dass die Erdwärmesonde eine Tiefe von 100 m besitzt und nur zur Gewinnung von Wärmeenergie betrieben wird, ohne solare Wärmeeinspeicherung im Sommer.

In Abb. 4.15 ist der zeitliche Verlauf des maximalen Leistungsvermögens und in Abb. 4.16 der Verlauf über der entnommenen Wärmearbeit verschiedener EWS-Typen dargestellt. Beide Abbildungen zeigen, dass der Ganglinienbetrieb (P-variabel) mit 2550 Jahresbetriebsstunden eine deutliche höhere Winterleistung (minimale Leistung am Ende des Winters) aufweist als der kontinuierliche Betrieb (P-kontinuierlich). Dabei folgt der variable Verlauf der Jahresganglinie nach Abb. 4.9, d. h. in den Wintermonaten ist die tägliche Betriebsdauer sehr viel höher als im Sommer, so dass die Wärmeleistung geringer als im Sommer ist. Das hohe Leistungsvermögen in den kurzen täglichen Betriebszeiten der Sommermonate (vorwiegend für die Heißwasserversorgung) zeigt zwar das Leistungspotenzial an, es wird aber i. d. R. nicht ausgeschöpft. Die Jahresarbeitszahl beträgt für alle Varianten der Abb. 4.15 3,88, da stets mit maximal möglicher Wärmeleistung, d. h. Sondenaustrittstemperatur gleich Systemtemperatur (0 °C), gearbeitet wird.

Eine thermodynamisch gesicherte Aussage zum Einfluss der täglichen Ruhezeiten („Erholungszeiten") im Ganglinienbetrieb auf die erzielbare Leistung ist aus Abb. 4.16 zu ersehen.

Bei gleicher entnommener Wärmearbeit, d. h. nach gleicher Beanspruchung des Erdreiches, ist die Leistung im Ganglinienbetrieb ca. 40 % größer als im Dauerbetrieb – eine Folge der teilweisen thermodynamischen Rehabilitation des Erdreiches in den Ruhephasen.

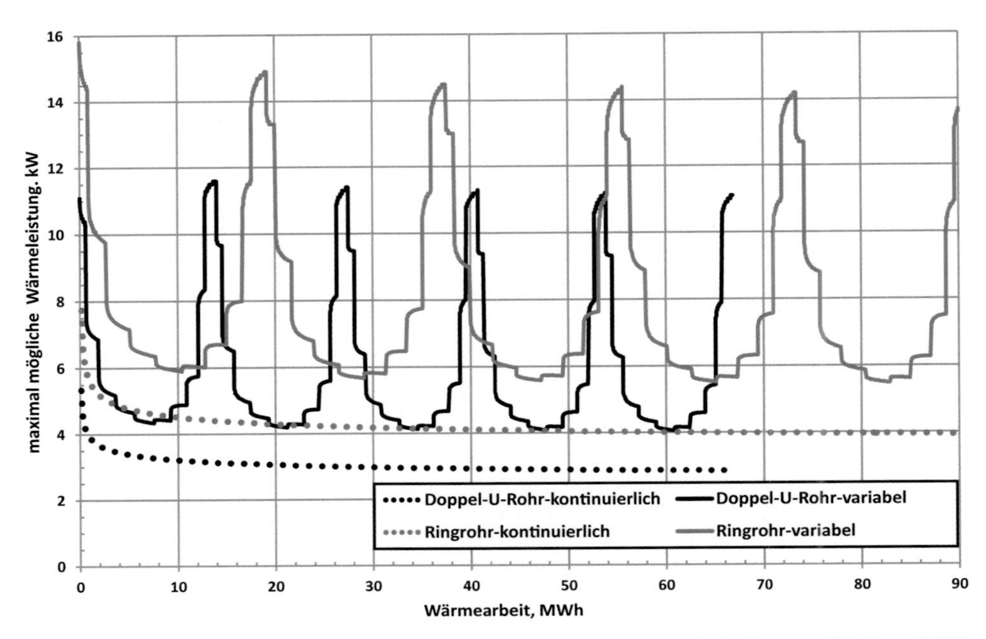

Abb. 4.16 Wärmeleistung in Abhängigkeit der jeweiligen Wärmearbeit für verschiedene EWS-Typen bei kontinuierlichem Dauerbetrieb bzw. variablem Ganglinienbetrieb

Aus Abb. 4.15 sind auch die Leistungsvorteile der Ringrohr- bzw. DVD-Sonde gegenüber einer herkömmlichen Doppel-U-Rohrsonde erkennbar. Die jeweilige Winterleistung (Minimalleistung) dieser Sonden sind etwa 40 % größer als die der Doppel-U-Rohr-Sonde bei gleicher Jahresarbeitszahl (3,88).

Erdwärmesonde mit Einspeicherung solarer Wärme

Zur Erzielung einer höheren Effizienz der Anlage, d. h. einer höheren Jahresarbeitszahl, kann in den drei wärmsten Sommermonaten Juni-August solare Wärme in das Erdreich eingespeichert werden. Dazu sind Solarthermie-Kollektoren geeignet, die auf dem Hausdach installiert werden (s Abb. 4.17).

Abb. 4.17 Solarthermie-Anlage als Röhrenkollektor auf dem Dach eines Einfamilienhauses

Tab. 4.4 Vergleich der verschiedenen Realisierungsvarianten für die Nutzung solarer Wärme im 5. Betriebsjahr (Mindest-Wärmeleistung = 5 kW)

	Ringrohr-EWS 100 m ohne solare Wärme	Ringrohr-EWS 100 m mit solarer Wärmespeicherung	Ringrohr-EWS 120 m ohne solare Wärme	Doppel-U-EWS 120 m ohne solare Wärme
Wärmearbeit der Erdwärmeanlage, MWh/a	12,7	12,7	12,7	12,7
Wärmearbeit der Solarthermieanlage MWh/a	0	2,4	0	0
Jahresarbeitszahl	4,09	4,31	4,17	3,98

Der jährliche Wärmeertrag kann mittels Solarthermie-Rechner (www.solarserver.de/service_tools/online_rechner) je nach Lage und Bauart des Kollektors ermittelt werden. Als Orientierungswerte kann man einen Jahreswärmeertrag je Quadratmeter von 200–600 kWh bei 60 °C und eine Leistung von 50–100 W/m^2 nennen. Bei Investitionskosten von 90–300 €/m^2 ist eine Kollektoranlage mit 10 m^2 Fläche für ein Einfamilienhaus im Vergleich zu den Kosten einer Erdwärmesonde (ca. 6000–10.000 € bei 100 m Tiefe) schon ein deutlicher Kostenzuwachs, der sich in einer Effizienzsteigerung der Anlage auszahlen muss.

In Tab. 4.4 sind die erzielbaren Jahreswärmearbeiten und die Jahresarbeitszahlen der verschiedenen technischen Varianten zusammengestellt. Um alle Varianten energetisch vergleichen zu können, wurden die Maximalleistungen jeweils auf 5 kW beschränkt. Falls das Leistungsvermögen der EWS höher als 5 kW ist, sinkt die Austrittstemperatur der EWS nicht bis auf die Systemtemperatur von 0 °C ab, sondern ist größer, was zu einer höheren Jahresarbeitszahl führt.

Die solare Wärmeeinspeicherung ergibt jedoch nur einen geringen Effektivitätszuwachs mit einem Anstieg der Jahresarbeitszahlen von 4,09 auf 4,31 im fünften Betriebsjahr (Ringrohrsonde). Das entspricht etwa der Einsparung von 152 kWh/a Strom bzw. bei 0,16 €/kWh Wärmepumpentarif einer Einsparung von 25 €/a. Jeder „Häuslebauer" muss danach selbst entscheiden, ob sich die Zusatzinvestition zum Zweck der Wärmeeinspeicherung in das Erdreich für ihn lohnt. Dabei ist auch zu überlegen, ob nicht die Solarthermie-Anlage unabhängig von der Erdwärmesonde genutzt werden sollte, indem die solare Wärme direkt dem Wärmespeicher des Hauses zugeführt wird.

Es hat sich gezeigt, dass die Doppel-U-Rohr-Sonde mit 100 m Länge die geforderte Mindest-Wärmeleistung im Winter nicht erreicht, sondern im 5.Betriebsjahr nur 4,13 kW leistet. Aus diesem Grund wurden um 20 m längere Sonden geprüft und deren Ergebnisse in den beiden letzten Spalten von Tab. 4.4 eingetragen. Trotz der um 20 % vergrößerten Sondenlänge erreicht die Doppel-U-Rohr-Sonde mit einer Jahresarbeitszahl von 3,98 nicht die Effektivität der 100 m Ringrohrsonde.

In Abschn. 8.1 werden die Gestehungskosten je kWh Wärmearbeit einzeln analysiert und berechnet.

Zusammenfassung zu Abschn. 4.6.1

Erdwärmesonden für die Beheizung von Einfamilienhäusern sind weit verbreitet. Der bisher übliche Doppel-U-Typ weist jedoch gegenüber dem neuen Ringrohr-Typ und den Direktverdampfersonden deutliche Leistungsnachteile auf. Bei einer Systemtemperatur von 0 °C (minimale Sondenaustrittstemperatur) und Heizungsvorlauftemperaturen von 45 °C (für Fußboden- oder Wandheizung) ist eine Jahresleistungszahl von ca. 4 erreichbar. Die Vergrößerung der Sondenlänge erbringt eine etwa proportionale Vergrößerung der Wärmeleistung mit sich, die Jahresarbeitszahl kann damit jedoch nur gering vergrößert werden. Die Einspeicherung von solarer Wärme in den Sommermonaten erhöht die Jahresarbeitszahl um ca. 0,2, ist jedoch aus wirtschaftlicher Sicht nicht effektiv.

4.6.2 Beheizung und Klimatisierung eines Geschäftshauses

Die Aufgabenstellung besteht in der Beheizung und Klimatisierung eines Großstadt-Geschäftshauses, auf dessen Parkplatz ein Sondenfeld errichtet werden soll mit 60 m tiefen Erdwärmesonden. Die tiefenmäßige Beschränkung resultiert aus den Auflagen der Genehmigungsbehörde, die eine Temperaturbeeinflussung der tieferen Grundwasserleiter unterhalb 75 m um mehr als 1 K nicht zulassen. Die Anlage soll im Wärme- und im Kältebetrieb mindestens eine Leistung von 100 kW besitzen.

Das geologische Modell des Sondenfeldes

Für diese Studie soll aus den Daten nach [15] beispielhaft ein geologisches Profil (s. Abb. 4.18) entnommen und durch typische thermodynamische Daten ergänzt werden (s. Tab. 4.5).

In diesem Profil sind zwei Grundwasserleiter im Tiefenbereich 5–13 m und 75–83 m angeordnet, in denen beispielhaft auch der Wärmetransport mit dem fließenden Grundwasser untersucht werden soll. Dabei wird eine mittlere Grundwasserfließgeschwindigkeit (Abstandsgeschwindigkeit) von 90 m/Jahr (oberer Grundwasserleiter 1) bzw. 9 m/Jahr (unterer Grundwasserleiter 2) nachgebildet, die im unmittelbaren Zustrom zur Elbe möglich sind, obwohl sie für übliche hydrogeologische Situationen als ein sehr selten auftretendes Maximum angesehen werden müssen. In allen anderen Schichten ist die Durchlässigkeit so gering, dass der Wärmetransport mit dem Wasser vernachlässigt werden kann.

Die Heizung soll in den Monaten September bis Mai mit 2440 Jahresbetriebsstunden, die Klimatisierung in den Monaten Juni bis August mit 1200 Jahresbetriebsstunden erfolgen. Die Ringrohr-EWS werden mit einer minimalen Systemtemperatur von −2 °C

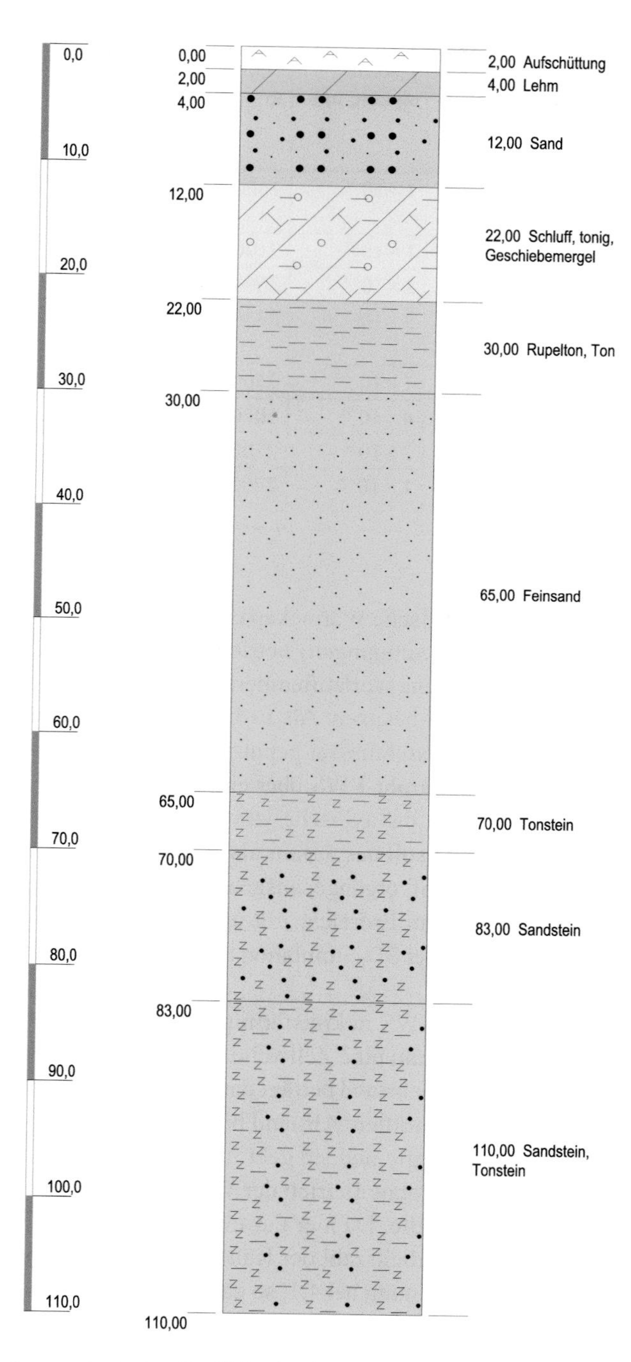

Abb. 4.18 Typisches geologisches Profil im Stadtgebiet Magdeburg, nach [15]

Tab. 4.5 Beispielhaftes geologisches Profil im Stadtgebiet von Magdeburg, nach [15], bearbeitet

Tiefe unter Gelände, m	Petrographie	Porosität, %	Durchlässigkeit, m/s	Dichte, kg/m³	Spezifische Wärmekapazität J/(kg K)	Wärmeleitfähigkeit W/(m K)
−3	Aufschüttung	25	1×10^{-4}	1600	710	1,6
−5	Lehm	10	1×10^{-7}	2100	800	1,8
−13	Sand	25	2×10^{-5}	2600	850	2,4
−21	Geschiebemergel	5	3×10^{-9}	2350	830	2,5
−31	Rupelton	2	1×10^{-10}	2500	850	1,7
−75	Feinsand	20	4×10^{-6}	2020	760	2,35
−83	Sandstein	20	2×10^{-6}	2700	850	2,3
−150	Sandstein, Tonstein	15	1×10^{-9}	2700	850	2,3

(Dichte als Trockenrohdichte, spezifische Wärmekapazität für trockenes Gestein, Wärmeleitfähigkeit für wassergesättigte Bedingungen) betrieben, so dass das Erdreich im Wesentlichen frostfrei bleibt. Die Heizungsvorlauftemperatur soll 40 °C betragen, die Klimaanlage eine Spreizung von 10/16 °C besitzen. Als Erdwärmesonden sollen die effektiven Ringrohrsonden mit 120 mm Bohrdurchmesser genutzt werden.

Zunächst wird eine einzelne Ringrohr-EWS über einen Zeitraum von 5 Jahren mit der Software ModTherm simuliert, um das typische jahreszeitliche Verhalten zu ermitteln. Nach einer Anlaufzeit von 4 Jahren soll das 5. Jahr als Muster für das Leistungsverhalten der Sonde nach Abklingen der Anlaufvorgänge, ausgehend von einer unbeeinflussten geothermischen Temperaturverteilung im Erdreich, zugrunde gelegt werden. Dieses Musterverhalten der Sonden wird dann in der 3D-Simulation des gesamten Sondenfeldes von der Software ModGeo3D genutzt.

Das Sondenfeld besteht aus 45 EWS in kreisförmiger Anordung (s Abb. 4.19), wobei das Berechnungsgitternetz im Zentrum eine Zellweite in beiden horizontalen Richtungen von bis zu 1 m aufweist. Der Sondenabstand beträgt dann im Zentrum der Kreisanordnung ca. 4 m, am Rand ca. 2 m, d. h. der mittlere Abstand beträgt etwa 3 m.

Die Klimakälte ist eine Nutzenergie und sie geht in die Berechnung nach Gl. 3.2 ein. Die Kältegewinnung erfolgt jedoch ohne Betrieb der Wärmepumpe und geschieht alleine durch das „Ausspülen" der Klimakälte. Da hier nur elektrische Energie für die Umwälzpumpen gebraucht wird, liegt die Arbeitszahl der Kältegewinnung in der Größenordnung von 900–2500, die der Wärmegewinnung bei 4,1, so dass sich eine Jahresarbeitszahl deutlich größer als 6 ergibt.

Der Sondenabstand hat einen großen Einfluss auf die Leistungen und die erreichbaren Jahresarbeitszahlen. Diese Abhängigkeit ist in Abb. 4.20 dargestellt, wobei sich ein optimaler Abstand im Sinne der Energie-Effizienz mit einer maximalen Jahresarbeitszahl von 6,8 bei ca. 2 m Sondenabstand herausstellt (Wärmeleistung = 81 kW, Kälteleistung = 110 kW).

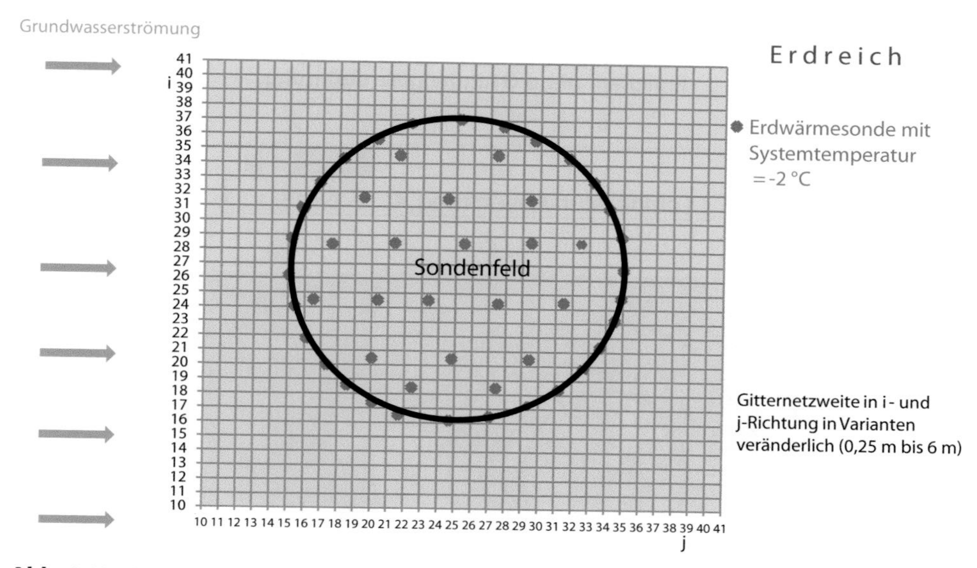

Abb. 4.19 Anordnung der Erdwärmesonden

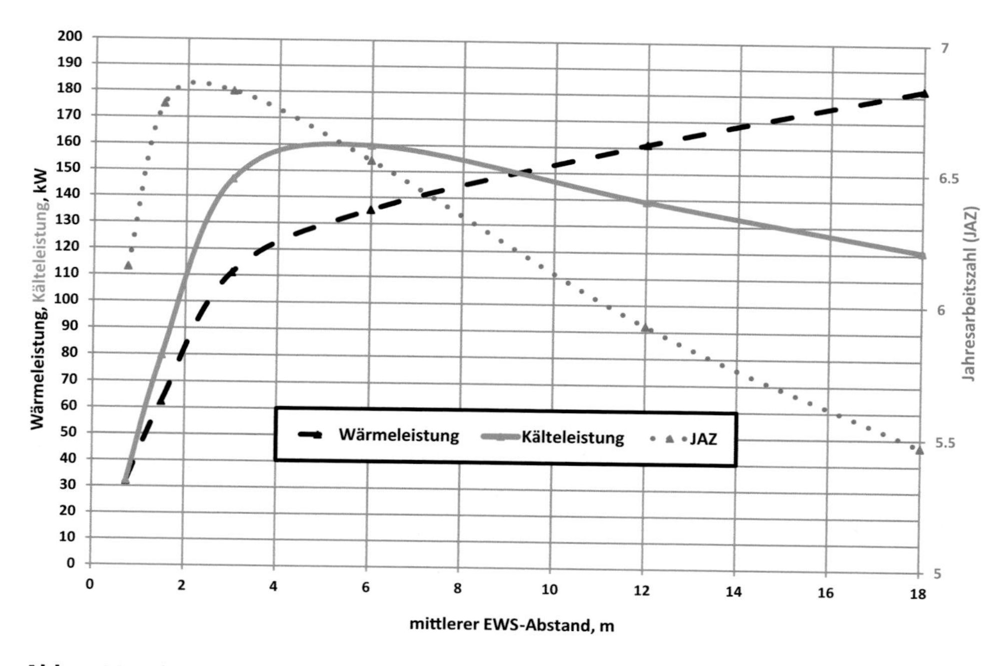

Abb. 4.20 Mittlere Leistungen und Jahresarbeitszahl für 45 EWS im Sondenfeld nach Abb. 4.19, im 10.Betriebsjahr der Anlage (Jahresmittelwerte)

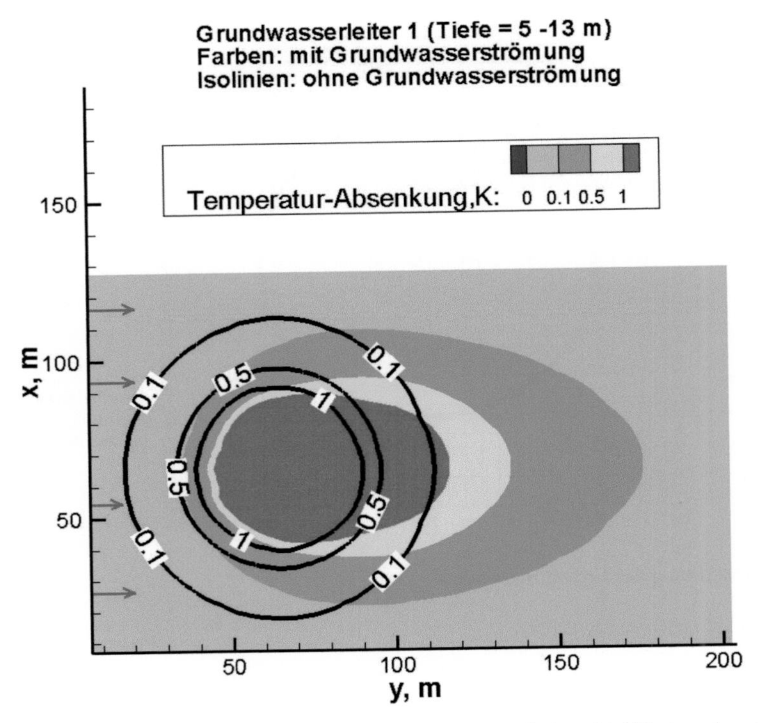

Abb. 4.21 Temperaturabsenkung im GWL 1 (Tiefe = −7 m) nach dem 10. Winter, ohne Grundwasserströmung (Linien) und mit Grundwasserströmung (Farben)

Nicht immer wird man eine solche Anordnung wählen können, weil die erzielbare Wärmeleistung mit steigendem Abstand anwächst, die Kälteleistung jedoch nach einem Maximum abfällt. Für die hier gestellte Aufgabe sollte der gewinnbaren Klimakälte eine größere Bedeutung beigemessen werden, so dass bei der Jahresarbeitszahl Abstriche in Kauf genommen werden und ein Sondenabstand von 4 m (JAZ 6,7) zu deutlich höheren Leistungen führt (Wärmeleistung = 122 kW, Kälteleistung = 158 kW).

Temperaturänderungen im Erdreich bei Vorliegen einer Grundwasserströmung
In den bisherigen Berechnungen des Beispiels wurde keine Strömung des Grundwassers in den Grundwasserleitern bei 5–13 m (GWL 1) und 75–83 m (GWL 2) angenommen. Damit wird sich eine konzentrische Temperaturverteilung um das Sondenfeld herausbilden, die exemplarisch in Abb. 4.21 für das Ende der Heizperiode im 10. Betriebsjahr dargestellt ist (hier als Absenkung = Differenz zur geothermischen Temperatur dargestellt).

Zur Veranschaulichung des Strömungseinflusses wird im oberen Grundwasserleiter eine sehr große mittlere Fließgeschwindigkeit des Grundwassers (in der Hydrogeologie als Abstandsgeschwindigkeit bezeichnet) von 90 m/a angenommen, wie sie nur in der direkten Anströmung eines Fließgewässers auftreten kann. Im unteren Grundwasserleiter soll die Geschwindigkeit 9 m/a betragen, wobei dieser Wert immer noch als hoch gelten

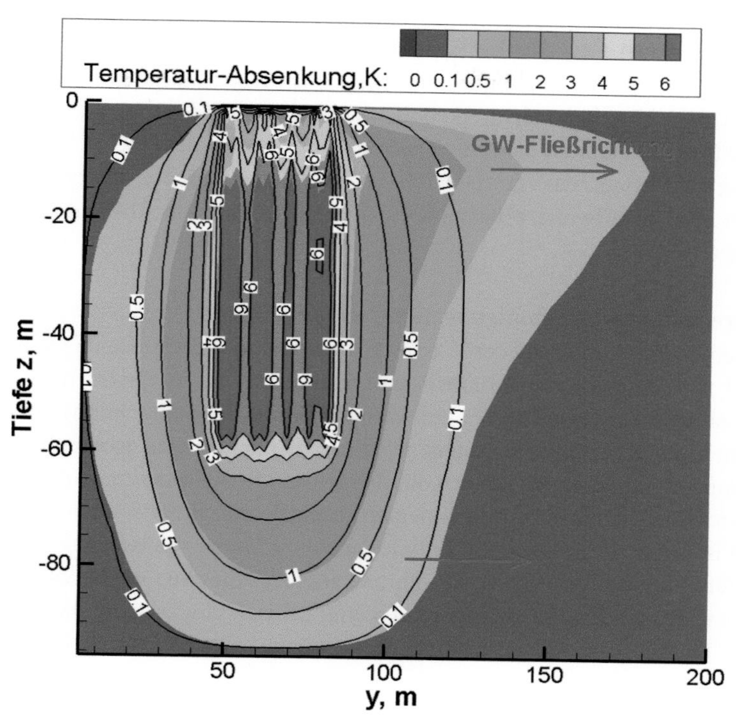

Abb. 4.22 Vertikalschnitt der Temperaturabsenkung im Zentrum des Sondenfeldes am Ende der 10. Heizperiode

kann, wenn man bedenkt, dass sich das Grundwasser im Normalfall mit Geschwindigkeiten kleiner als 1 m/a bewegt.

In Abb. 4.21 ist die Verzerrung des Temperaturfeldes durch eine starke Grundwasserströmung im oberen Grundwasserleiter nach 10 Jahren Betrieb am Ende der Heizperiode gezeigt. Die Temperaturabsenkung von 1 K ist mit dem fließenden Wasser etwa 45 m stromabwärts getriftet, wohingegen sich bei fehlender Strömung eine kreisförmige Ausbildung ergibt. Interessant ist dabei, dass das Grundwasser in dieser Schicht in den 10 Betriebsjahren 900 m zurückgelegt hat, die Temperatur-Isolinie 1 K als Ausdruck des Temperaturfortschreitens hingegen nur 45 m. Ursache für die Verzögerung des Temperaturfortschrittes ist die Tatsache, dass die vom Wasser mitgeführte „Kälte" auch die Gesteinsmatrix und die benachbarten Gesteinsschichten, die keine Strömung aufweisen, abkühlen muss – oder anders ausgedrückt, das Gestein erwärmt das fließende Wasser.

Der Verzögerungsfaktor, oft als Retardationsfaktor bezeichnet, ist für die Wärme im Grundwasserleiter 1 also: $900/45=20$.

In Abb. 4.22 ist ein vertikaler Schnitt durch das Zentrum des Sondenfeldes nach dem 10. Betriebsjahr dargestellt. Die Ausbeulung der Temperaturfahne infolge der starken Grundwasserströmung im Bereich von 5 bis 13 m Tiefe ist durch Vergleich mit den Bedingungen ohne Strömung ersichtlich. Unterhalb der Erdwärmesonden ist der Einfluss der Grundwasserströmung jedoch gering.

Im tiefer gelegenen Grundwasserleiter 2, der 15 m unterhalb der Erdwärmesonden liegt, treten nur geringe Temperaturabsenkungen auf, der Einfluss der Grundwasserströmung ist in Abb. 4.22 nahezu nicht erkennbar. Deshalb sollen in Abb. 4.23 die zeitlichen Verläufe in einzelnen Punkten dargestellt werden.

Abbildung 4.23 belegt, dass der Bereich um das Sondenfeld, der größere Temperaturabsenkungen als 1 K aufweist, relativ klein ist und in etwa 10 m Abstand vom Sondenfeldrand endet.

Zur wasserrechtlichen Genehmigungsfähigkeit der Anlage

Es ist eine berechtigte Forderung der Wasserbehörden, dass Erdwärmeanlagen das Grundwasser nicht mit Temperaturänderungen „kontaminieren" (man spricht nicht nur beim Schadstoffeintrag in das Grundwasser von Verunreinigung (Kontamination), sondern auch bei Temperaturerhöhung und –absenkung gegenüber der natürlichen geothermischen Temperatur). Temperaturänderungen können die chemischen Reaktionen zum Schadstoffabbau und die mikrobiologischen Reaktionen negativ beeinflussen. Insbesondere bei Temperaturerhöhung ist mit einer gesteigerten Entwicklung von Mikroorganismen zu rechnen, die zu einer Gefährdung der Wasserqualität führen kann. Aus diesem Grunde werden Temperaturabsenkungen von den Wasserbehörden wenig kritisch eingeschätzt, bei Erhöhungen um mehr als 1 Grad gegenüber der natürlichen Grundwassertemperatur muss jedoch im Einzelfall nachgewiesen werden, dass der Grundwasserabstrom in seiner Gesamtheit nur

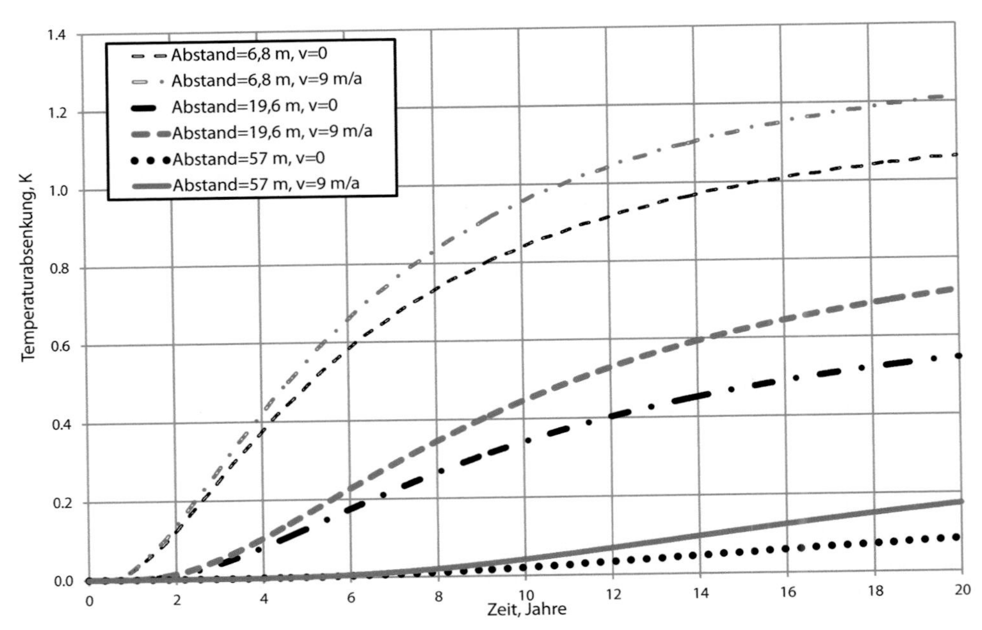

Abb. 4.23 Zeitlicher Verlauf der Temperaturabsenkungen im Grundwasserleiter 2 in verschiedenen Abständen vom Rand des Sondenfeldes für die Bedingungen mit und ohne Grundwasserströmung

Tab. 4.6 Leistungskennziffern der Erdwärmeanlage nach Abb. 4.19 im 10.Betriebsjahr, (Sondenabstand: 5 m)

	Jahresbetriebsstunden	Jahresertrag MWh/a	Maximale Leistung (Monatsmittelwert) kW	Minimale Leistung (Monatsmittelwert) kW
Wärme	2440	332	390 (September)	110 (Februar)
Kälte	1200	186	244 (Juni)	108 (August)
Jahresarbeitszahl		6,62		

gering betroffen ist. Dabei sind kleinräumige Beeinflussungen als weniger kritisch zu beurteilen als eine flächenhafte Wirkung, wie sie bei der Ausbildung von sogenannten Fahnen, wie z.B.in Abb. 4.21 entstehen. Als ein praktikables Beurteilungsmaß gilt die 1 Grad – Änderungsisotherme, die das nutzbare Grundwasser nicht flächenhaft erreichen sollte.

Im vorliegenden Beispiel ist der obere Grundwasserleiter im Stadtgebiet in geringer Tiefe ungeschützt und bereits stofflich so kontaminiert, dass er nicht mit diesen strengen Maßstäben zu beurteilen ist. Es bleibt jedoch die Feststellung, dass in Grundwasserleitern, die von Erdwärmesonden durchstoßen sind, eine Ausbreitung der Temperaturfahne (1 Grad Absenkungs-Isotherme) eintritt, deren Einfluss nach der flächenhaften Größe und dem Gesamtbild der Strömung auf Gewässer bzw. andere Schutzgütern bewertet werden muss.

Der untere Grundwasserleiter 2, der ca. 15 m unterhalb der Erdwärmesonden liegt, ist hingegen wenig beeinflusst, die 1 Grad-Isotherme umfaßt nur eine Fläche, die gering größer ist als das Sondenfeld, so dass das abströmende Grundwasser bereits nach kurzer Entfernung von der Anlage nahezu unbeeinflusst bleibt.

Zusammenfassung zu Abschn. 4.6.2

Die im Beispiel untersuchte Aufgabe kann mit einem Sondenfeld, bestehend aus 45 Erdwärmesonden mit einer Tiefe von 60 m die Anforderungen an Beheizung und Klimatisierung des Gebäudes erfüllen.

Für die Anlage in einem Stadtgebiet ist die wasserrechtliche Genehmigung zu erwarten. Die Anlage hat die Leistungskennziffern nach Tab. 4.6.

Die im Erdreich gespeicherte Kälte, d. h. die „Abfallenergie" des Heizbetriebes, kann sehr effektiv zur Klimatisierung des Gebäudes in den Sommermonaten genutzt werden und erhöht die Jahresarbeitszahl von etwa 4 auf größer als 6. Damit stellt die Kombination von Heizung und Klimatisierung eines Gebäudes mittels Erdwärmeanlagen die effektivste gebäudetechnische Lösung dar.

4.7 Optimierung von Erdwärmesonden

Sowohl der Ausbau von Erdwärmesonden (Komplettierung) als auch der Betrieb der Sonden weist eine ganze Reihe von Möglichkeiten zur bestmöglichen (optimalen) Gestaltung auf. „Bestmöglich" soll dabei so verstanden werden, dass die ausgewählte EWS-Bau-

bzw. Betriebsart die höchstmögliche Erdwärmeleistung bei gleicher Tiefe und etwa gleichen Investitionskosten erbringt. Die Bewertung der Sondenlänge (Tiefe) soll nach den spezifischen Investitionskosten je Watt Erdwärmeleistung erfolgen.

Folgende Sondenbauteile bzw. Betriebskennziffern werden für die verschiedenen Wasserzirkulationssonden bewertet:

- Tiefe der Sonden,
- Thermische Leitfähigkeit der Rohre, insbesondere des Aufstiegsrohres unter Berücksichtigung der Wärmeübergangszahl,
- Wärmeleitfähigkeit des Verfüllbaustoffes,
- Zirkulationsrate.

Die Berechnungen sollen an einem typischen Beispielfall erfolgen und für alle Bauarten möglichst gleich oder ähnlich sein. Die Daten dazu sind in Tab. 4.7 aufgeführt. Aus Gründen einer effektiven Wärmeübertragung im Eingangs-Wärmetauscher der Wärmepumpe, in dem die Wärme vom Wasser auf das Kältemittel der Wärmepumpe übertragen wird, strebt man eine Mindestspreizung der Temperatur (Austrittstemperatur minus Injektionstemperatur des Wassers) von 2–3 K an (s. z. B. [21]). Diese Bedingung wurde bei Bedarf berücksichtigt (3 K-Spreizung)

Tab. 4.7 Basis-Daten der Beispielsonde

	Doppel-U-Rohrsonde (U2)	Ringrohrsonde (RR)
Sondenlänge (Tiefe), m	100	
Bohrdurchmesser, mm	120	
Aussendurchmesser/Wanddicke der Rohre: Innenrohr (Aufstiegsrohr), mm Aussenrohr (Abstiegsrohr), mm/ Abstand RR von der Bohrlochwand, mm	32/2,6 32/2,6	42/3,6 16/2,0 (12 Ringrohre) 1
Rohrmaterial Polyethylen PE, Wärmeleitfähigkeit, W/(m K)	0,42	
Wärmeleitfähigkeit der Verfüllung, W/(m K)	2,1	
Temperatur an der Geländeoberkante,°C geothermischer Gradient, K/m	10 0, 0,03	
Injektionstemperatur,°C	0	
Erdreicheigenschaften Wärmeleitfähigkeit, W/(m K) Spezifische Wärmekapazität, J/(kg K) Dichte kg/m^3 Porosität, %	2,1 850 2600 20	
Betriebszeit, Jahre	1 (ununterbrochener Dauerbetrieb)	

4.7.1 Tiefe der Sonde

Je tiefer eine EWS desto höher die Leistung – das ist ein sofort verständlicher Zusammenhang, nimmt doch die Wärmeübertrittsfläche und auch die Temperatur zu. Dem entgegen stehen jedoch zwei Sachverhalte:

- mit steigender Tiefe steigen die Bohr- und Komplettierungskosten exponentiell an, wie in Abb. 2.2 dargestellt und
- mit steigender Tiefe wachsen auch die Wärme-Kurzschlussverluste zwischen den absteigenden und aufsteigenden Rohren der EWS stärker an („absteigend" bedeutet dabei kaltes, abwärts strömendes Fluid, „aufsteigend" erwärmtes, aufwärts strömendes Fluid).

In Abb. 4.24 sind verschieden tiefe Sonden nach ihren spezifischen Leistungen bewertet, wobei alle Sonden eine Spreizung zwischen Austritts- und Injektionstemperatur von 3 K besitzen. Die Erdwärmeleistung je Meter Sondenlänge nimmt wegen des geothermischen Temperaturanstieges mit der Tiefe zu, jedoch weniger als proportional zur treibenden Temperaturdifferenz ($T_{E, Sohle}$-T_B), da die Wärmeverluste des aufsteigenden Stromes an den absteigenden Strom (Kurzschlussverluste) zunehmen.

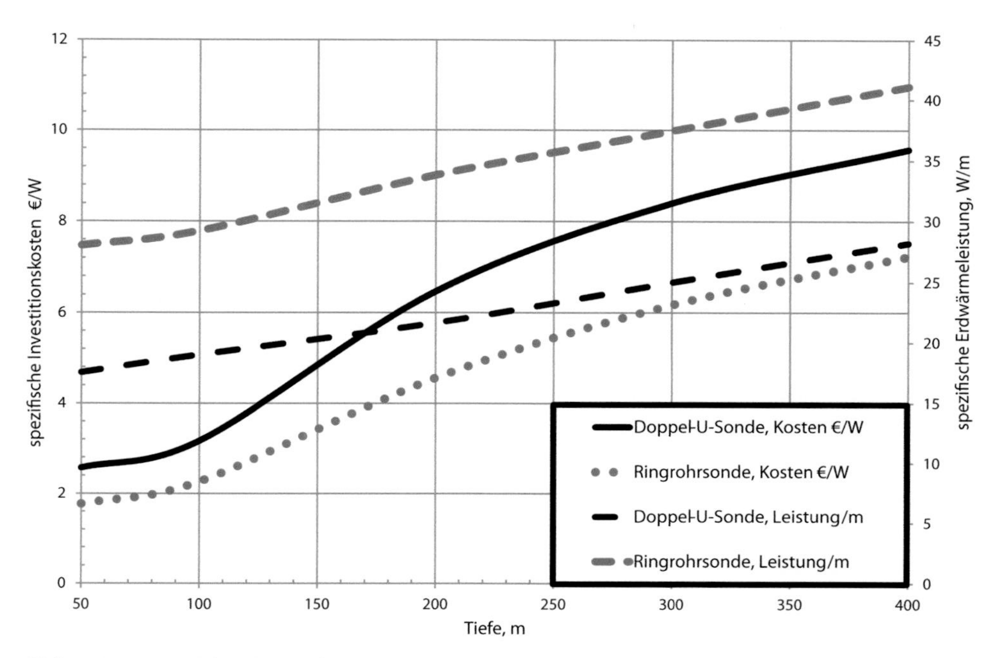

Abb. 4.24 Investitionskosten je Watt Erdwärmeleistung (ohne Wärmepumpenanteil) und Erdwärmeleistung je Meter Tiefe verschieden tiefer EWS (unter Berücksichtigung einer 3 K-Spreizung)

Die spezifischen Investitionskosten je Watt Erdwärmeleistung für die EWS nehmen jedoch mit steigender Tiefe wegen der exponentiell wachsenden Bohrkosten (s. Abb. 2.2) dramatisch zu. Dies ist im übrigen auch die Ursache dafür, dass tiefe Erdwärmesonden (s. Abschn. 2.4) in der Regel nicht wirtschaftlich zu betreiben sind [16].

Fazit
Die exponentiell wachsenden Kosten mit steigender Endteufe führen zu ansteigenden spezifischen Investitionskosten und machen deutlich, dass flache Sonden wirtschaftlich deutlich vorteilhafter sind. Wenn genügend Fläche zur Verfügung steht (mindestens 5 m Sondenabstand) und die zusätzliche Rohrverlegung zur Wärmepumpe keine wesentlichen Kosten verursacht, ist es in jedem Fall günstiger, zwei 100 m tiefe EWS anstatt eine 200 m tiefe EWS herzustellen. Bis 100 m Tiefe unterscheiden sich die Kosten nur um ca. 0,5 €/m, so dass die auch in Genehmigungsfragen einfachere 100 m – Tiefengrenze als übliche Maximaltiefe gerechtfertigt ist.

4.7.2 Thermische Leitfähigkeit der Rohre und Wärmeübergangszahlen

Der Wärmewiderstand des absteigenden Rohres bei Koaxialsonden bzw. der Ringrohre bei Ringrohrsonden sollte in jedem Fall so gering als möglich sein, denn er behindert die Aufnahme der Wärme aus dem Erdreich, ohne die Kurzschlussverluste zu beeinflussen. Deshalb sind Koaxialsonden mit äußerer Stahlverrohrung am effektivsten, jedoch auch preisintensiv. Ringrohrsonden sollten Ringrohre mit möglichst geringer Wanddicke (2 mm oder geringer) aufweisen. Für U-Rohrsonden gilt, dass ein großer Wärmewiderstand zwar den Wärmeeintritt behindert, gleichzeitig aber auch den Kurzschlussstrom verringert, so dass der Wärmewiderstand in dem praktisch möglichen Schwankungsbereich nur geringen Einfluss auf die Leistung hat.

Der Wärmewiderstand zwischen absteigenden und aufsteigenden Rohren einer EWS beeinflusst die Leistung der EWS in sehr unterschiedlicher Weise. In Abb. 4.25 sind die Ergebnisse dimensionslos dargestellt, um eine Übertragung auf andere Durchmesser und Materialien zu ermöglichen. Der Wärmeübergang von der Rohrwand auf das Fluid wurde vernachlässigt, so dass sich der gesamte Wärmewiderstand alleine aus der Wärmeleitfähigkeit des Rohrmaterials, der Wanddicke und der bauarttypischen Verfüllung ergibt.

Aus Abb. 4.25 ist ersichtlich, dass

- die Leistung von Ringrohrsonden – nahezu unbeeinflusst von der Wärmeleitfähigkeit des Aufstiegsrohres – konstant bleibt, wobei die Temperatur auf der Sohle der EWS mit steigender Leitfähigkeit gering zunimmt,
- die Leistung von Koaxialsonden bei größeren Wärmeleitfähigkeiten (>0.4 W/(m K)) abfällt,
- die Leistung von U-Rohrssonden hingegen hat ein Maximum bei PE-Eigenschaften und fällt sowohl bei geringerer als auch bei höherer Wärmeleitfähigkeit stark ab. Hierbei wurde eine Spreizungsuntergrenze nicht gefordert.

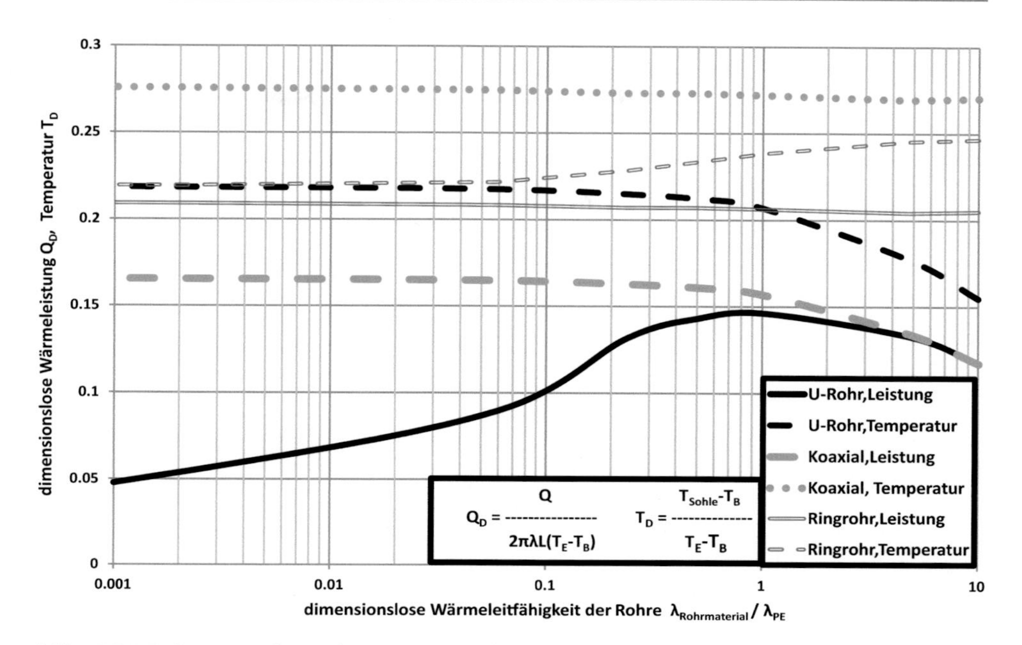

Abb. 4.25 Leistung und Austrittstemperatur einer EWS bei verschiedenen Wärmeleitfähigkeiten des aufsteigenden Rohres (Daten nach Tab. 4.7, aber Bohrlochdurchmesser 150 mm, Zirkulationsrate 0,1 l/s, Aussendurchmesser des U-Rohres 42 mm, Wanddicke 3,6 mm, Wärmeleitfähigkeit PE ist 0,42 W/(m K), alle Wärmeübergangszahlen $\alpha = \infty$)

Zum Einfluss des Wärmeüberganges von der Rohrwand auf die Flüssigkeit

Der Wärmeübergang von der Rohrwand auf das Fluid ruft stets eine Erhöhung des Wärmewiderstandes, d. h. eine zusätzliche Temperaturdifferenz hervor, die immer einen Verlust darstellt. Die Wärmeübergangszahl ist die Leitfähigkeit des Wärmeüberganges, sie ist u. a. von der jeweiligen Reynoldszahl *Re*, Nusseltzahl *Nu* und der Prandtlzahl *Pr* abhängig

$$Re = \frac{vD\varrho}{\eta}, \quad Nu = \frac{\alpha L}{\lambda_{fl}}, \quad Pr = \frac{\eta \times c_{fl}}{\lambda_{fl}}.$$

Da die Wärmeübergangszahl α bei turbulenter Strömung (Re $>$2300) mit wachsenden Werten $Re^{0,8}$ (für Pr$\leq$1,5) bzw. $Re^{0,87}$ (für Pr$>$1,5) und $Pr^{\,0,4}$ steigt [24], die dynamische Viskosität η von wässrigen Flüssigkeiten aber mit steigender Temperatur absinkt, erhöht sich die Wärmeübergangszahl mit steigender Temperatur und steigender Geschwindigkeit nach Abb. 4.26.

Nach Gl. 4.17 addieren sich die Wärmeübergangswiderstände zum Wärmeleitwiderstand des Rohres. Bei laminarer Strömung ist die Wärmeübergangszahl gering und weder von der Temperatur noch von der Geschwindigkeit abhängig, dabei überwiegt der Wärmeübergangswiderstand gegenüber dem Wärmeleitwiderstand mit ca. 84 % des Gesamtwiderstandes. Bei turbulenter Strömung steigen die Wärmeübergangszahlen stark an, der Anteil des Wärmeübergangswiderstandes sinkt bei Reynoldszahlen über 2300 auf ca. 10 % und bei hohen Reynoldszahlen auf weniger als 1 % ab.

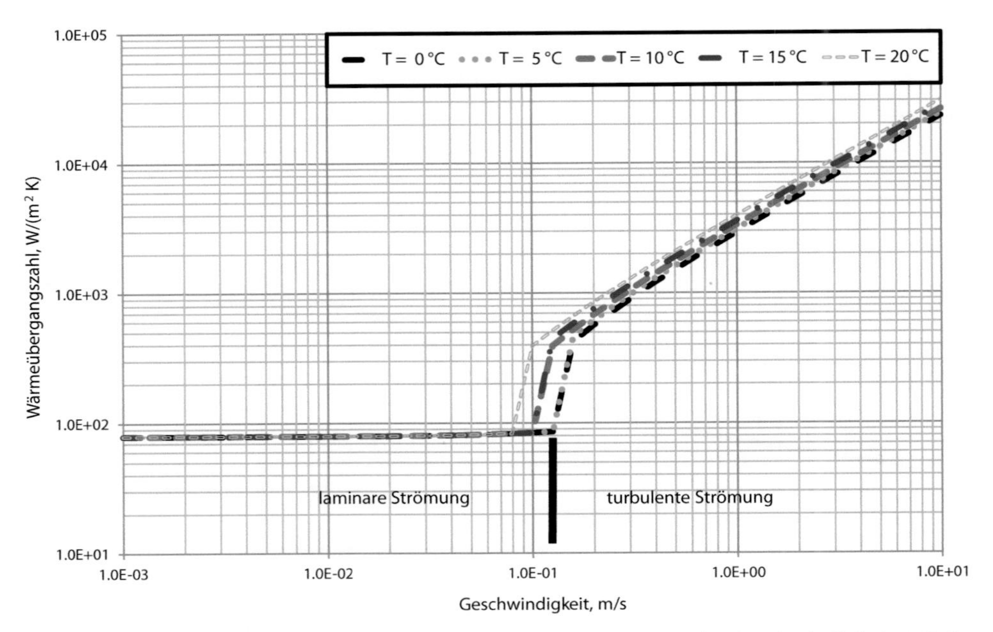

Abb. 4.26 Wärmeübergangszahlen für Wasser in Abhängigkeit von der Geschwindigkeit und der Temperatur in einem PE-Rohr, Aussendurchmesser 32 mm, Wanddicke 2,6 mm

Fazit
Die weit verbreitete Ansicht, in EWS die Zirkulationsrate immer so hoch zu wählen, dass turbulente Strömung auftritt, gilt nur für U-Rohrsonden. Sowohl Koaxial- als auch Ringrohrsonden zeigen nach Abb. 4.25 keine Leistungsnachteile, wenn bei laminarer Strömung im Aufstiegsrohr der Wärmeübergangswiderstand hoch ist. Im Abstiegsringraum von Koaxialsonden und in den Ringrohren von RR-Sonden sollte jedoch immer turbulente Strömung herrschen, was durch geeignete Querschnittswahl einfach sicherzustellen ist.

4.7.3 Wärmeleitfähigkeit des Verfüllbaustoffes

Der übliche Verfüllbaustoff (Zement, Zement-Bentonit-Gemische) hat eine Wärmeleitfähigkeit in der Größenordnung von 0,8 W/(m K), die neu entwickelten Thermo-Zemente können Werte bis 2,4 W/(m K) erreichen. Dabei ist zu beachten, dass die Dichtheits- und Festigkeitseigenschaften von Thermo-Zementen in der Praxis oftmals schlechter sind. Ursache dafür ist der Zusatz von gut wärmeleitfähigen, aber schwer wasserbenetzbaren, hydrophoben Zusatzstoffen, wie z. B. Grafit, die die Anmischung erschweren und hochleistungsfähige Mischer erfordern. Wenn die Trockensubstanz nicht vollständig wasserbenetzt ist, bilden sich im Zementstein nicht abgebundene Lunkerstellen, die eine Hinterrohrzirkulation von Grundwasser befürchten lassen.

Zur Bewertung des Einflusses der Verfüll-Wärmeleitfähigkeit sollen am Beispiel nach Tab. 4.7 EWS mit verschiedenen Verfüllbaustoffen berechnet werden. Die dimensions-

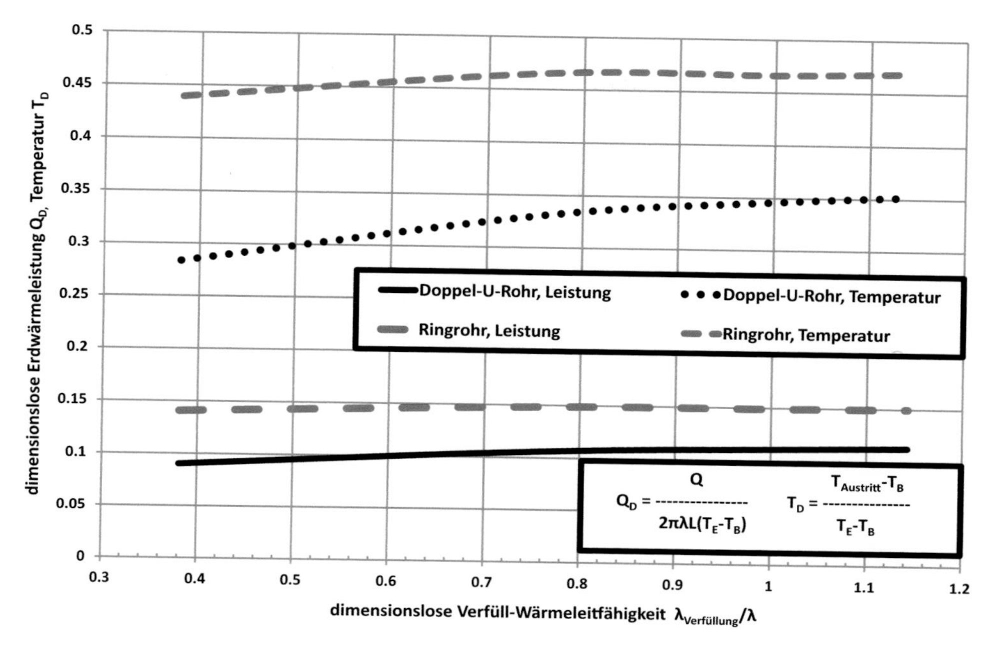

Abb. 4.27 Dimensionslose Leistung und Austrittstemperaturen in Abhängigkeit vom Verhältnis der Wärmeleitfähigkeiten Verfüllbaustoff zu Erdreich

lose Darstellung in Abb. 4.27 erlaubt die Übertragung auch auf andere Bauformen. Bei einer Erdreich-Wärmeleitfähigkeit von 2,1 W(m K) bedeutet das geringste Verhältnis in Abb. 4.27 eine Wärmeleitfähigkeit von Normalzement (0,8 W/(m K)), das größte Verhältnis einen für Thermo-Zement maximalen Wert von 2,4 W/(m K).

Fazit

Die Wärmeleitfähigkeit des Verfüllbaustoffes hat bei Ringrohrsonden einen vernachlässigbaren Einfluss, so dass hier vorteilhafterweise der übliche Zement verwendet werden kann. Bei Doppel-U-Rohrsonden bringt der Einsatz eines sehr gut wärmeleitfähigen Thermo-Zementes eine Leistungsverbesserung von etwa 25 % im Vergleich zu Normalzement. Trotzdem sind Ringrohrsonden mit Normalzement, deren Dichtheit weit weniger in Frage steht, um ca. 23 % leistungsfähiger als Doppel-U-Rohrsonden mit Thermozement.

4.7.4 Einfluss der Zirkulationsrate

Der Volumenstrom, mit dem die EWS betrieben wird, ist relativ leicht veränderbar und erfordert bei guter Auslegung der Rohrdurchmesser nur einen geringen Energieaufwand für die Umwälzpumpen. Die Rohrdurchmesser sollten so bemessen sein, dass der Gesamtdruckverlust des Systems im Bereich von wenigen Zehnteln bar (entsprechend wenigen Metern Förderhöhe der Pumpe) liegt. Wie in Abschn. 4.7.2 erläutert, sollte bei U-Rohrsonden stets turbulente Strömung angestrebt werden, was allerdings die Druckverluste steigert.

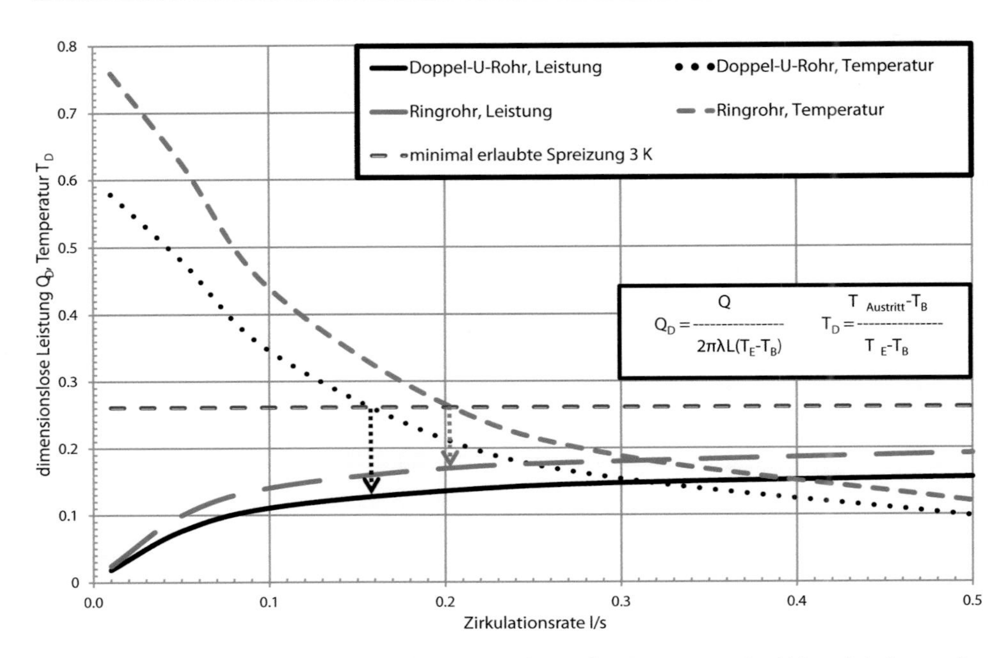

Abb. 4.28 Dimensionslose Erdwärmeleistung und Austritts-Temperatur in Abhängigkeit von der Zirkulationsrate

In Ringrohr- und Koaxialsonden kann der Druckverlust minimiert werden, indem das Aufstiegsrohr (Innenrohr) möglichst groß bemessen wird, um laminare Strömung zu erhalten.

Eine hohe Zirkulationsrate wird stets die Wärmeleistung steigern, allerdings auch die Austrittstemperatur des Wassers verringern. In Abb. 4.28 ist die Leistung gegenüber der Zirkulationsrate dargestellt. Die Austrittstemperatur des Wassers am Sondenkopf ist bei der U-Rohr-Sonde infolge der höheren Wärme-Kurzschlussverluste deutlich kleiner gegenüber der Ringrohrsonde, so dass die Bauart der Ringrohrsonde zu einem Leistungsvorteil von 30 % führt. Die Doppel-U-Sonde hat eine durch die 3 K-Spreizung begrenzte dimensionslose Leistung Q_D von 0,13 gegenüber der Ringrohrsonde von 0,17 (s. Pfeile in Abb. 4.28).

4.7.5 Einfluss des Sondendurchmessers (großvolumige EWS, GeoKOAX)

Der Bohrlochdurchmesser hat einen – gegenüber der bildhaften Vorstellung – deutlich geringeren Einfluss auf die Leistung einer EWS. Aus Gl. 4.4 ergibt sich, dass der Bohrlochradius r_B nur im Logarithmus des Nenners auftritt, so dass der zehnfache Bohrlochdurchmesser nur etwa zur doppelten und nicht etwa zur zehnfachen Leistung führt. Selbstverständlich muss der Bohrlochdurchmesser groß genug sein, um die Rohre problemlos im Querschnitt unterbringen zu können und gleichzeitig die geforderte Wanddicke der Verfüllung von mindestens 30 mm zu erhalten. Übliche EWS benötigen dazu Bohrdurchmesser von 120–160 mm.

Nach den Schadensereignissen in Süddeutschland im Zusammenhang mit Erdwärmebohrungen infolge nicht qualitätsgerechter Verfüllung der Sonden – Eintritt von Grundwasser in Anhydrit-Schichten und Quellung dieser Schichten, verbunden mit Geländehebungen und Gebäudeschäden – sind die Behörden bestrebt, Erdwärmebohrungen teufenmäßig so zu beschränken, dass sie den ersten (obersten) Grundwasserstauer nicht mehr durchstoßen (s. auch Abschn. 5.1 und Abb. 5.1). Damit ist in vielen Gebieten Bayerns und Baden-Württembergs die Tiefe der EWS auf ca. 40 m begrenzt. Diese Situation wird von einigen Unternehmen als Begründung genutzt, anstatt üblicher EWS großvolumige Koaxialsonden anzubieten, um die mangelnde Tiefe durch größere Durchmesser wettzumachen (GeoKOAX).

Alle Berechnungen, angefangen bei Gl. 4.4, zeigen jedoch, dass es zwar prinzipiell richtig ist, dass größere Durchmesser auch zu höheren Leistungen führen, dass aber die Relation von Durchmesser- zu Leistungserhöhung schwach ist. Der Zuwachs an Wärmegewinnung aus dem Erdreich folgt der o. g. logarithmischen Abhängigkeit, das große Wärmespeichervolumen im Wasser der Sonde bewirkt jedoch nur in den Zeiten geringen Wärmebedarfes eine hohe Leistung. In Abb. 4.29 ist der typische Lastverlauf über zwei Jahre im Vergleich von Doppel-U- zu Koaxial- und Ringrohrsonden dargestellt. Koaxial- und Ringrohrsonde haben nahezu das gleiche Leistungsverhalten (der Wärmespeicher-

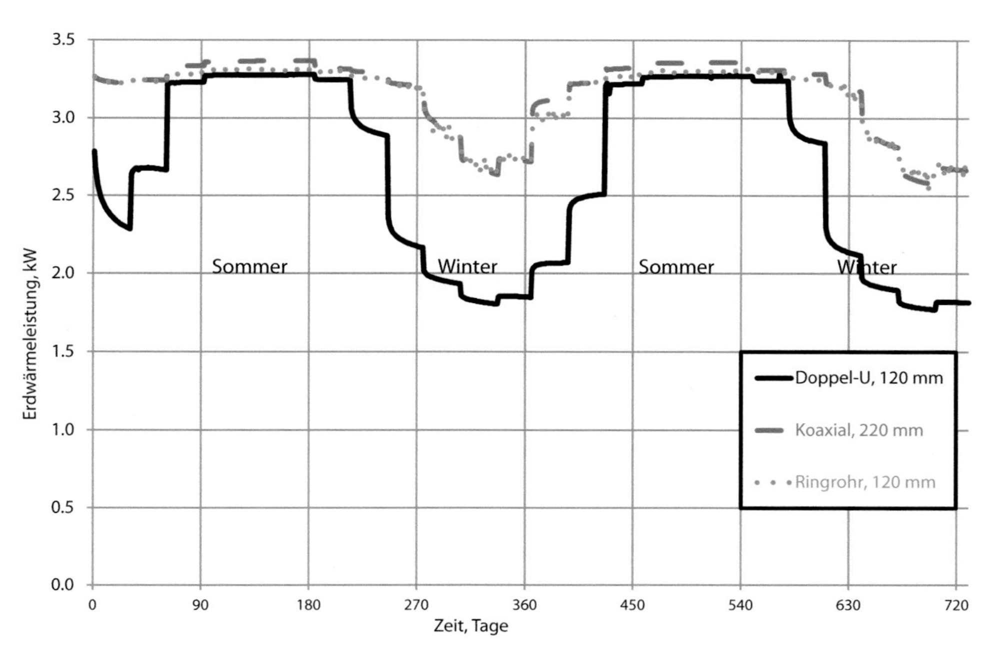

Abb. 4.29 Vergleich der reinen Erdwärmeleistung einer großvolumigen Koaxialsonde (220 mm Durchmesser, 39 m Tiefe) mit einer Doppel-U-Sonde und einer Ringrohrsonde (120 mm, 39 m Tiefe) im typischen Heizbetrieb mit 1800 Jahresbetriebsstunden bei einer Systemtemperatur von 2 °C und einer Erdoberflächentemperatur von 12 °C (unterhalb eines Gebäudes)

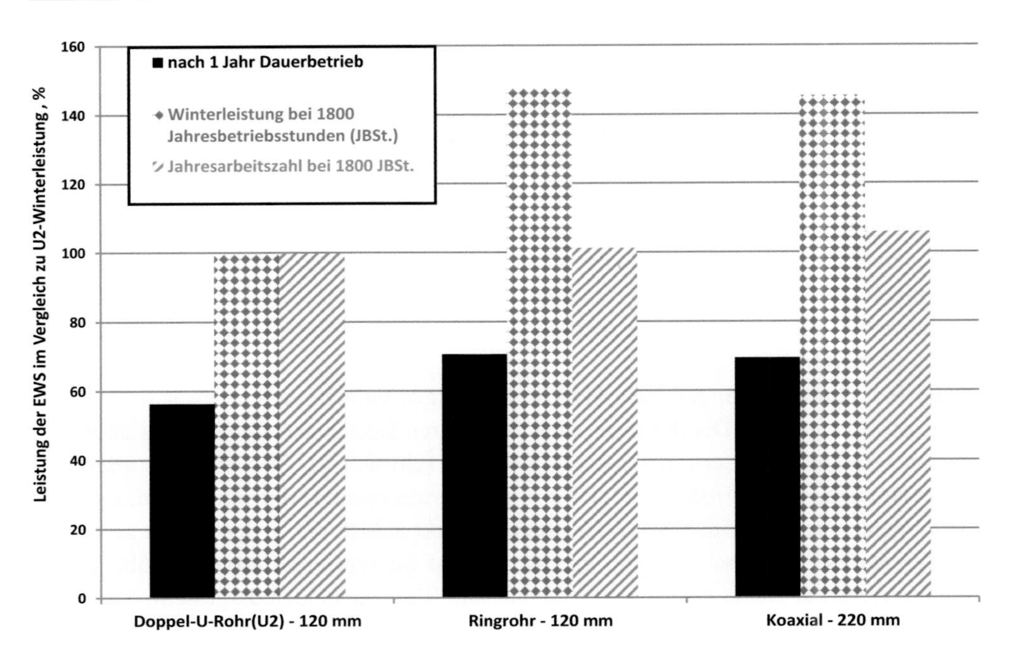

Abb. 4.30 Vergleich der Leistungsfähigkeit verschiedener EWS-Typen mit einer großvolumigen EWS im Dauerbetrieb und im heizungstypischen Betrieb

effekt der Koaxialsonde und die geringen Kurzschlussverluste der Ringrohrsonde haben eine ähnliche Wirkung), die Doppel-U-Sonde zeigt jedoch im Winterbetrieb einen starken Leistungsabfall.

Zur Einschätzung der Wirtschaftlichkeit großvolumiger EWS und Ringrohrsonden ist in Abb. 4.30 ein Vergleich der Erdwärmeleistungen (ohne den Beitrag der Wärmepumpe) mit der üblichen Doppel-U-Sonde dargestellt. Die großvolumige Koaxialsonde besitzt zu Ausgang des Winters eine um 60 % höhere Leistung als U2 – führt jedoch wegen des größeren Durchmessers auch zu etwa 50 % höheren Investitionskosten, so dass vom wirtschaftlichen Standpunkt aus beide Sondentypen durchaus vergleichbar sind.

Zusammenfassung zu Abschn. 4.7

Bei der Planung von Erdwärmesonden sind die Auswahl des Bautyps und eine Reihe von Planungsgrößen und Betriebskennziffern festzulegen, die unter Umständen erheblichen Einfluss auf das Leistungsvermögen, die Investitionskosten und den Energieverbrauch der Umwälzpumpen besitzen. Deshalb sollten Anlagen mit Leistungen größer als 30 kW in der Planungsphase optimiert werden.

Als allgemein gültige Aussagen sind zu nennen:

- Ringrohr-EWS zeigen eine ca. 30 % höhere Leistungsfähigkeit als Doppel-U-Rohrsonden.
- Zur Wärme- und Kältegewinnung sind EWS mit maximal 100 m Tiefe am wirtschaftlichsten.

- Die Innendurchmesser der Rohre und die Zirkulationsrate sind bei U-Sonden so zu bemessen, dass turbulente Strömung auftritt. In Ringrohr- und Koaxialsonden gilt dies nur für den Abstiegsringraum bzw. die Ringrohre.
- Mit Wasser betriebene EWS werden aus wirtschaftlicher Sicht am besten mit PE-Rohren ausgerüstet, obwohl die Wärmeleitfähigkeit des Materials mit 0,42 W/(m K) relativ gering ist.
- U-Sonden, deren Schenkel gleichartig sind, weisen einen gewissen thermischen Kurzschluss zwischen Auf- und Abstiegsrohren auf. Koaxial- und Ringrohrsonden sollten aus thermodynamischer Sicht am günstigsten ein verdicktes Innenrohr besitzen.
- Als Verfüllbaustoff von U-Sonden und Koaxialsonden sollte ein gut wärmeleitfähiger Baustoff (z. B. Thermozement) eingesetzt werden. Bei Ringrohrsonden kann i. d. R. ohne wesentliche Leistungseinbuße ein üblicher, aus Sicht der Kosten, der Festigkeit und Dichtheitseigenschaften vorteilhafter Normalzement verwendet werden.
- Die Leistung einer EWS wächst mit steigender Zirkulationsrate, jedoch ist sie i. d. R. begrenzt durch die absinkende Spreizung ($T_{Austritt}$-T_B) die nicht kleiner als 2–3 K werden sollte.
- Großvolumige Koaxialsonden mit Bohrdurchmessern von 200–220 mm besitzen naturgemäß eine höhere Leistung als Doppel-U-Sonden mit geringeren Durchmessern, ihr Preis-Leistungsvehältnis entspricht dem von Doppel-U-Sonden.
- DVD-Sonden wurden nicht bewertet, ihr Leistungsverhalten ähnelt dem der Koaxialsonden, jedoch ist ihre Komplettierung mit einem Stahlrohr als Verdampferrohr und ihr störungsanfälligerer Betrieb (Undichheiten für Dampf, Hydratbildung, Wärmetausch von EWS- Kältemittel auf Wärmepumpen-Kältemittel) deutlich aufwändiger als bei Wasserzirkulationssonden.

Literatur

1. Bear J (1972) Dynamics of Fluids in Porous Media. Elsevier Sci Publ. Co., Amsterdam.
2. Cekaljuk EB (1965) Thermodynamik von Erdölschichten (in Russisch). Nedra, Moskau
3. CoolPack (2014) Simulation tool CoolPack, version 1.50. http://en.ipu.dk/Indhold/refrigeration-and-energy-technology/coolpack.aspx, Zugriff 9.9.2014.
4. Courant R, Friedrichs K, Lewy H (1928) Über die partiellen Differenzengleichungen der mathematischen Physik. Mathematische Annalen, 100, S 32–74.
5. Earlougher RC (1977) Advances in Well Test Analysis. Soc.Petr.Eng. AIME, New York
6. Gehlin S (2002) Thermal Response Test – Method Development and Evaluation. Doctoral Thesis, Lulea University of Technology, Lulea, http://epubl.luth.se/1402–1544/2002/39/, Zugriff 23.3.2015.
7. Glück B, (2015) Simulationsmodell "Erdwärmesonden" zur wärmetechnischen Beurteilung von Wärmequelle, Wärmesenken und Wärme-/Kältespeichern. Bericht Erdwärmesonde, http://berndglueck.de/erdwaermesonde.php, Zugriff 10.6.2015
8. Häfner F (1977) Simulation und Parameteridentifikation der Strömung von Fluiden in porösen Gesteinen. Habilitationsschrift (Diss.B), Bergakademie Freiberg.
9. Häfner F, Voigt HD, Bamberg HF, Lauterbach M (1985) Geohydrodynamische Erkundung von Erdöl-, Erdgas- und Grundwasserlagerstätten. Wiss.Techn.Information, Zentrales Geologisches

Institut 26, H 1, Berlin (http://tu-freiberg.de/sites/default/files/media/institut-fuer-bohrtechnik-und-fluidbergbau-230/Geohydrodynamische_Erkundung.pdf, Zugriff 10.6.2015.
10. Häfner F, Sames D, Voigt HD (1992) Wärme- und Stofftransport. Spinger, Berlin (626 S)
11. Häfner F, Boy S, Wagner S., Behr A., Piskarev V, Palatnik, P (1997) The Front Limitation Algorithm: A New and Fast Finite Difference Method for Groundwater Pollution Problems. J. Contaminant Hydrology 27, S 43–61
12. Häfner F, Boy S, Behr A., Kelbe B., Germeshuyse T (1998) Parameter Calibration using CALIF for Density Dependent Groundwater Flow and Transport. Proc. Int. Conf. Groundwater Quality, Tübingen, IAHS publ. No. 250, p. 521–528.
13. Hamann J (2002) Berechnung/Modellierung des Stofftransportes und Wärmeüberganges für tiefe Erdwärmesonden nach dem Kältemittelzirkulationsverfahren. Unveröff. Studie und Zwischenbericht zum Projekt „Geotherm" im Auftrage der AETNA Energiesysteme Wildau und der Stadtwerke Bremerhaven, AmoTherm AG, Meissen.
14. Harbaugh A W, Banta, R E, Hill M, McDonald M G (2005) MODFLOW-2000 The U.S. Geological Survey Modular Ground-Water Model – User Guide to Modularization Concepts and the Ground-Water Flow Process. U.S. Geological Survey, Open-File Report 00–92, http://water.usgs.gov/ogw/modflow/MODFLOW.html, Reston. Zugriff Mai 2007.
15. Hartmann O et al. (2005) „Magdeburg – auf Fels gebaut, Landesamt für Geologie und Bergwesen Sachsen-Anhalt, Magdeburg.
16. http://www.aachener-nachrichten.de/lokales/region/erdwaerme-fuer-das-superc-der-leuchtturm-der-forschung-1.387215, Zugriff: 2.2.2015
17. Lauwerier HA (1955) The transport of heat in an oil layer caused by the injection of hot fluid. Appl.Sci.Res.Section A 5 S 145–150
18. Matthews CS, Russell DG (1967) Pressure Build-Up and Flow Tests in Wells.Soc.Petr.Eng., AIME, Dallas.
19. Paulusch W (2009) Berechnung von Erdwärmesonden nach dem Direktverdampferverfahren. Unveröff. Forschungsbericht, Hochschule Magdeburg-Stendal, Institut für Elektrotechnik/BLZ Geotechnik GmbH, Gommern
20. Peterlunger A., Ehrbar M, Bassetti S, Rohner E (2005) Pumpenlose Erdwärmesonde. Schlussbericht der Phase 1, Bundesamt für Energie der Schweiz.
21. Planungshandbuch Wärmepumpen (2015) http://www.google.de/url?sa=t&rct=j&q=&esrc=s&source=web&cd=1&ved=0CCIQFjAAahUKEwiN94_S5oTGAhXGv3IK-HVDjAL0&url=http%3A%2F%2Fwww.viessmann.de%2Fcontent%2Fdam%2Fvi-brands%2FDE%2FPDF%2FPlanungshandbuch%2Fph-waermepumpen.pdf%2F_jcr_content%2Frenditions%2Foriginal.media_file.download_attachment.file%2Fph-waermepumpen.pdf&ei=2gF4VY2iDcb_ygPQxoPoCw&usg=AFQjCNFuyEgdssyoZVT9mytX-8kD4ny1JA&bvm=bv.95277229, d.bGQ, Zugriff 10.6.2015.
22. Tien C L, Chung K S (1978) Entrainment limits in heat pipes. Proc.3rd Int. Heat Pipe Conf., Palo Alto, Cal., 36–40.
23. Turner R G, Hubbard M G, Dukler A E (1969) Analysis and Prediction of Minimum Flow Rate for the Continuous Removal of Liquids from Gas Wells. SPE Paper 2198.
24. Verein Deutscher Ingenieure (Hrsg) (1991) VDI Wärmeatlas. 6.erw. Auflage, VDI-Verlag, Düsseldorf
25. Voigt HD (2011) Lagerstättentechnik. Springer, Heidelberg (148 S)
26. Zheng C, Hill M, Hsieh P A (2001) MODFLOW-2000 The U.S. Geological Survey Modular Ground-Water Model – User Guide to the LMT6 Package, the Linkage with MT3DMS for Multi-Species Mass Transport Modeling. U.S. Geological Survey, Open-File Report 01–82, http://water.usgs.gov/ogw/modflow/MODFLOW.html, Denver. Zugriff Mai 2007.
27. Zienkiewicz O C, Cheung Y K (1967) The Finite Element Method in Structural and Continuum Mechanics. McGraw Hill, New York

Bau von Erdwärmesonden

5

Der Entschluss eines Bauherrn, für sein Gebäude eine Heizung und/oder Klimatisierung auf Basis von Erdwärme zu realisieren, setzt eine vorausgegangene detaillierte gebäudetechnische Analyse voraus, in der sowohl die wirtschaftlichen Alternativen zum Erdwärmeeinsatz als auch die besonderen Voraussetzungen, die Erdwärmeanlagen an die Gebäudetechnik stellen, bewertet werden. Da oberflächennahe Erdwärmesonden die Energie in einem Temperaturniveau von ca. 0 °C bis 5 °C bereitstellen und ein energetisch effizienter Betrieb der Wärmepumpe mit Leistungszahlen von 4 und größer nach Abb. 3.3 nur bei einem Temperaturhub (Temperaturspreizung) von maximal 45 K möglich ist, müssen im Gebäude Flächenheizungen (Fußboden- oder Wandheizung) vorgesehen werden, die Vorlauftemperaturen von nur 30 °C bis 45 °C erfordern.

Ebenso muss die Klimaanlage einer mit gespeicherter Erdkälte betriebenen Anlage über ein höheres Niveau der Spreizung von z. B. 10/16 °C bzw. sogar 14/20 °C anstatt der bei Kältemaschinen üblichen Spreizung von 6/12 °C und damit auch i. d. R. über einen höheren Lüftungsdurchsatz verfügen.

Nachdem die gebäudetechnische Planung das Gesamtkonzept mit den Eckwerten für Wärme- und Kälteleistung, Temperaturniveau und Jahresbetriebsstunden erarbeitet hat, kann Planung und Bau der Erdwärmesonden beginnen.

Die Planung der Arbeiten erfordert die Ausarbeitung folgender Themenkomplexe:

- Geologisches Vorprofil, Sondenauswahl (Typ, Tiefe, Durchmesser),
- Entscheidung über die Notwendigkeit und gegebenenfalls die Art von Thermal Response Tests,
- Genehmigungsantragstellung,
- Bohrverfahren, Platzbedarf,
- Sondenkomplettierung (Sondenkonstruktion), Verrohrung, Verfüllung,
- Qualitätssicherung, Kontrollarbeiten und Dokumentation.

F. Häfner et al., *Bau und Berechnung von Erdwärmeanlagen*,
DOI 10.1007/978-3-662-48201-8_5

In den nachfolgenden Abschnitten sollen Informationen über die verschiedenen Technologien und Konstruktionen nur insoweit gegeben und bewertet werden, wie sie ein Bauherr zu seinen Entscheidungen benötigt. Die vielfältigen technischen Details der Bohrtechnik und der Komplettierung von Erdwärmesonden sind in gesonderten Fachbüchern zur Tiefbohrtechnik, in Fachzeitschriften wie „bbr Leitungsbau-Brunnenbau-Geothermie" oder „Geothermische Energie" und in Firmeninformationen zu finden. Das noch junge Fachgebiet der Erdwärmesondentechnik ist noch in ständiger Weiterentwicklung, so dass bis heute eine detaillierte Publikation zu Technik und Ausrüstung fehlt.

Für die Bohrtechnik verweisen wir auf das umfangreiche Buch „Flachbohrtechnik" [3], das der Lehrer der Autoren, Prof. Dr.-Ing. Werner Arnold, in den 1990er Jahren herausgegeben hat.

5.1 Geologisches Vorprofil, Sondentyp und -eckwerte

Aus dem Gesamtkonzept der Anlage ergibt sich überschlagsmäßig die Gesamtlänge der Erdwärmesonden (gesamte Bohrmeterzahl), nicht jedoch die maximal mögliche Tiefe. Diese hängt im Wesentlichen vom hydrogeologischen Aufbau des Untergrundes, den Grundwasserfließverhältnissen und natürlich von den Bohrmeterkosten ab. Empfehlenswert ist eine Tiefe im Bereich von 100 m, um ein bergrechtliches Verfahren zu umgehen und im Bereich günstiger Bohrmeterkosten zu bleiben (s. Abb. 2.2). Die endgültige Entscheidung muss jedoch vom geologischen Vorprofil und den Grundwasserverhältnissen abhängig gemacht werden. Als Beispiel sei auf Abb. 4.18 verwiesen. Hier könnte aus erster Ansicht eine Erdwärmesonde bis 100 m Tiefe möglich sein, da nur Sande und Tone vorliegen und keine quellenden Gesteine vorhanden sind. Falls jedoch die grundwasserführende Sandsteinschicht im Tiefenbereich 75–83 m für die heutige oder zukünftige Wasserversorgung vorgesehen bzw. möglich ist, liegt es im Ermessen der Wasserbehörde, nur eine maximale Tiefe von ca. 65 m zuzulassen. Um die Funktion der grundwasserstauenden Tonschicht im Hangenden des Grundwasserleiters zu erhalten, ist eine sorgfältige Verfüllung der Erdwärmesonde notwendig.

Wie im Kap. 6 ausführlich dargestellt, hat der Schutz des Grundwassers stets Vorrang vor der Effektivität und Bauart von EWS, so dass in einigen Bundesländern bereits eine starke Tiefenbeschränkung für EWS gilt. Ursache für die restriktive Genehmigungspraxis sind einige sehr schwere Umweltschäden in Baden-Württemberg (z. B. im Stadtgebiet Staufen) und in Bayern, wo durch fehlerhaft verfüllte Erdwärmebohrungen Grundwasser in Anhydritschichten eingedrungen ist. Anhydrit neigt bei Wasserzutritt zur Umbildung in Gips, verbunden mit einer Volumenzunahme (Quellung). Die Quellung hat zu ungleichmäßigen Geländehebungen im Stadtgebiet Staufen (die heute noch andauern) und zu erheblichen Gebäudeschäden (s. Abb. 5.1) geführt [10].

Das geologische Vorprofil und weitere hydrogeologische Informationen können vom zuständigen Staatlichen Geologischen Dienst bezogen werden und bedürfen einer sachkundigen Prüfung und Bewertung, ehe die Maximaltiefe der EWS festgelegt wird.

Abb. 5.1 Gebäudeschaden infolge Anhydritquellung am Rathaus der Stadt Staufen (Baden-Württemberg). (Stadt Staufen)

Der Sondentyp, der für die Anlage am besten geeignet ist, hängt von den Standortverhältnissen relativ wenig ab, sondern mehr vom Erfahrungshintergrund des Planers. Die Eckwerte des Betriebsregimes der EWS jedoch sind möglicherweise den geologischen Bedingungen anzupassen. In der Regel wird man im reinen Heizungsbetrieb als Temperaturuntergrenze (minimale Injektionstemperatur bei Zirkulationssonden bzw. minimale Verdampfungstemperatur bei DVD-Sonden) 0 °C planen, wobei im Kurzzeitbetrieb (Stunden) auch Temperaturen bis −5 °C zugelassen werden können. Diese kurzzeitige Überlastung führt nur zu einem geringen Frostmantel von einigen Zentimetern, der die Integrität der Sonde nicht negativ beeinflussen wird.

Bei größeren Anlagen wird man oft mehrere EWS bzw. ein ganzes Sondenfeld planen und wie in Abb. 5.2 auch mit mehreren Bohrgeräten herstellen.

Hier ist der erforderliche Abstand der einzelnen EWS festzulegen. Die Angaben nach den VDI-Vorschriften (s. Abschn. 6.2.2) sind nur als sehr allgemeingültig aufzufassen. Hier sollte eine 3D-Simulationsstudie mit den tatsächlichen geologischen Eigenschaften und den geplanten Leistungen der Sonden ausgeführt werden, die den geringstmöglichen Sondenabstand ohne Leistungsbeeinflussung ergibt.

Oftmals wird behauptet [6], dass großvolumige EWS (z. b. GeoKOAX-Sonden mit mehr als 200 mm Durchmesser) im Vergleich zu Doppel-U-Sonden den Platzbedarf verringern. Das ist insofern falsch, weil zwar großvolumige Sonden eine höhere Leistung aufweisen, dafür aber auch ein größeres Wärmeeinzugsgebiet besitzen und deshalb einen größeren Sondenabstand verlangen als Doppel-U-Sonden. Richtig ist also, dass zwar Hochleistungssonden wie großvolumige EWS, Ringrohr- oder DVD-Sonden mehr Leis-

Abb. 5.2 Bohrgeräte beim Abbohren eines Sondenfeldes. (Geotec Bohrtechnik GmbH)

tung als Doppel-U-Sonden ergeben, die beanspruchte Fläche für das Sondenfeld ist aber in allen Fällen die gleiche, weil Doppel-U-Sonden zwar in größerer Zahl, aber auch mit geringerem Abstand angesetzt werden können.

Im Falle von Wärme- bzw. Kältespeicheranlagen mit Leistungen >30 kW sollte man stets eine detaillierte Untersuchung des Leistungs- und Temperaturverhaltens vornehmen, um dem behördlichen Genehmigungsantrag belastbare jährliche Wärme-/Kältemengen und Temperaturverläufe beifügen zu können, denn i. d. R. übersteigen die Speichertemperaturen in beiden Fällen die üblicherweise zulässigen Minimal- bzw. Maximaltemperaturen, so dass stets eine Sonderzulassung für das konkrete Projekt erforderlich ist. Die minimale/maximale Speichertemperatur in einem Sondenfeld erfasst im Gegensatz zur Einzelsonde größere bis große Erdreichvolumina, da diese Temperaturen nicht nur kurzzeitig wirken, sondern oftmals mehrere Monate (jahreszeitliche Speicherzyklen). Die behördliche Zulassung von Speicherobjekten erfordert in aller Regel eine numerische Simulation der Vorgänge im Erdreich über 10–20 Jahre mit dem Nachweis der Temperaturbeeinflussung des umgebenden Grundwassers, insbesondere stromunterhalb des Speichers (Wärme-/Kältefahnen).

Abb. 5.3 Mobile Apparatur für den Thermal Response Test. (GeoBohrtechnik GmbH & CO. KG)

5.2 Thermal Response Test

Bei größeren Anlagen sollte stets im Vorfeld der Detailplanung ein Thermal Response Test durchgeführt werden, der in der VDI-Richtlinie 4640 [17] ab einer Heizleistung von 30 kW empfohlen wird. Der Test hat zum Ziel, die durchschnittliche Wärmeleitfähigkeit des Erdreiches in der gesamten erschlossenen Tiefe bzw. die möglichen maximalen Entzugsleistungen in W/m am Standort zu bestimmen (s. Abschn. 4.3.10).

Die in der Fachliteratur (z. B. [7, 8,15, 16, 17]), diversen Vorschriften und Leitfäden (s. auch Abschn. 6.2.3) angegebenen Wärmeleitfähigkeitswerte und Entzugsleistungen können nur grobe Anhaltswerte sein, die von den realen Werten am jeweiligen Standort durchaus um ± 50 % abweichen können. Damit ist eine sichere Auslegung der Anlage, insbesondere der erforderlichen Anzahl und Tiefe von EWS, nicht möglich, so dass ein Thermal Response Test die beste Möglichkeit für eine sichere Datengrundlage bietet. Für den Test werden mobile kompakte Apparaturen eingesetzt (s. Abb. 5.3).

Oft kann man für den Test eine auch später noch nutzbare EWS nutzen, in der der Test zumeist mit erwärmtem Wasser durchgeführt wird. Das Ergebnis liefert Planungssicherheit für das Gesamtprojekt und verhindert eine Über- bzw. Unterdimensionierung. Oftmals existiert bereits eine Sonde, aus derem gemessenen Betriebsverhalten (Leistung, Injektions- und Ausflusstemperaturen in einem Zeitbereich) durch Modellkalibrierung (s. Abschn. 4.3.10) die gleichen Ergebnisse gewonnen werden können.

5.3 Genehmigungsantrag

Erdwärme ist ein bergfreier Bodenschatz, der nicht zum Grundstückseigentum gehört (s. auch Abschn. 6.1). Deshalb ist vom Grundsatz her eine Berechtigung zur Nutzung der Erdwärme erforderlich, die sogenannte Bergbauberechtigung. Insbesondere bedarf es der Bergbauberechtigung bei Gewinnung von Erdwärme für Zwecke, die über das entsprechende Grundstück hinausgehen (z. B. Beheizung von Gebäuden auf anderen Grundstücken). § 7 des Bundesberggesetzes verlangt in diesen Fällen bereits für das Aufsuchen von Erdwärme (Erkundung) eine Erlaubnis durch die zuständige Bergbehörde. Die Gewinnung erfordert nach § 8 BBergG das Vorliegen einer bergrechtlichen Bewilligung.

Für kleine Anlagen jedoch, wie für die Beheizung von Ein- und Mehrfamilienhäusern üblich, sind vereinfachte Genehmigungsverfahren vorgesehen, die nachfolgend skizziert werden.

Genehmigung von Kleinanlagen

Erdwärmesonden mit Tiefen geringer als 100 m und Nutzung der Wärme des eigenen Grundstückes fallen nicht unter das Bundesberggesetz, sondern sowohl für Aufsuchung als auch Gewinnung gilt nach § 4 Abs. 2 zweiter Halbsatz, Nr. 1 des Bundesberggesetzes ein Ausnahmetatbestand. Andere Fälle werden häufig ebenfalls als Ausnahmen anerkannt, z. B. wenn die Anlagenleistung nicht größer als 30 kW ist und/oder der Sondenabstand zur Grundstücksgrenze so groß ist, dass eine Beeinflussung fremder Grundstücke nicht zu befürchten ist (z. B. größer als 5 m).

Nach § 5 des Wasserhaushaltgesetzes unterliegt jedes Erdwärmevorhaben der allgemeinen Sorgfaltspflicht und ist der Unteren Wasserbehörde des Landkreises anzuzeigen. Falls ein wasserrechtlicher Benutzungstatbestand vorliegt, ist eine behördliche Erlaubnis, eventuell mit Auflagen verbunden, erforderlich. Ein wasserrechtlicher Benutzungstatbestand ist gegeben, wenn die geplanten Maßnahmen geeignet sind, dauernd oder in einem nicht unerheblichen Ausmaß schädliche Veränderungen der physikalischen (Temperatur), chemischen oder biologischen Beschaffenheit des Wassers herbeizuführen. Dabei stellen die durch den Betrieb von Einzelanlagen in Ein- und Zweifamilienhäusern erzeugten geringfügigen Temperaturveränderungen in der Regel keinen Benutzungstatbestand dar.

Die Anträge (Formulare) sind bei der entsprechenden Behörde (in der Regel die Untere Wasserbehörde des Landkreises) abrufbar oder liegen bereits dem Leitfaden zur Erdwärmegewinnung des entsprechenden Bundeslandes bei. Hierbei gefordertes Material sowie verlangte Voruntersuchungen unterscheiden sich z. T. wesentlich in den einzelnen Ländern. Von daher ist es ratsam, sich im Vorfeld ausführlich bei der entsprechenden Behörde zu informieren, auch was den zukünftigen Standort anbelangt. In den Behörden liegt entsprechendes Kartenmaterial vor, aus welchem hervorgeht, in welchen Gebieten Erdwärmebohrungen zulässig bzw. untersagt sind.

Die Untere Wasserbehörde entscheidet dann, ob ein wasserrechtliches Erlaubnisverfahren eingeleitet wird. Erfolgt innerhalb einer bestimmten Frist (z. B. ein Monat in Baden-Württemberg) keine weitere Äußerung der Behörde, kann der Antragsteller davon ausgehen, dass für die Bohrung keine Erlaubnispflicht besteht.

Für die Bohrungen gilt gemäß § 127 Abs. 1 Bundesberggesetz eine Anzeigepflicht bei der zuständigen Bergbehörde. Laut Lagerstättengesetz gilt weiterhin, dass alle Bohrungen für Erdwärmesonden auch beim Staatlichen Geologischen Dienst anzuzeigen und auf Verlangen die Bohrungsdokumentationen zur Verfügung zu stellen ist (zumeist in einem Zeitrahmen von zwei Wochen vor Bohrbeginn). Zudem sind die Ergebnisse der Bohrung (Lageplan und geologisches Schichtverzeichnis) spätestens vier Wochen nach Abschluss der Bauarbeiten wiederum dem Geologischen Dienst zu übermitteln.

Genehmigung sonstiger Erdwärmeanlagen
Erdwärmevorhaben, die nicht unter die obigen Bedingungen fallen, erfordern in jedem Fall eine behördliche Erlaubnis. Bei Erdwärmesonden mit Tiefen größer als 100 m ist die Anzeige an die zuständige Bergbehörde zu richten, die entweder das Verfahren fortführt oder den Vorgang an die Untere Wasserbehörde des Landkreises weitergibt. Die Verfahrensweisen können in den Bundesländern unterschiedlich sei, deshalb wird hier auf Kap. 6, insbesondere aber auf die zugehörigen Kap. 9.1 und 9.2 verwiesen.

5.4 Bohrverfahren und Technik

Für den Bau von Erdwärmesonden stehen die erprobten Bohrverfahren der Flachbohrtechnik zur Verfügung [3]. Die wichtigsten Bohrverfahren für Erdwärmesonden sollen kurz charaktersisiert werden.

5.4.1 Bohrverfahren

Zu den praktisch bewährten Bohrverfahren für Erdwärmesonden zählen das Spülbohren, das Schneckenbohren und das Hammerbohren.

Spülbohrverfahren
Im Lockergestein wird in der Regel das direkte Spülbohrverfahren eingesetzt. Der Bohrmeißel am Fuß des innen hohlen Bohrgestänges zerstört durch Drehbewegung unter einem gewissen Andruck das Gestein (in Abb. 5.7 ist rechts ein Stufenmeißel dargestellt, der dafür eingesetzt wird). Gleichzeitig wird eine Spülflüssigkeit, bestehend aus Wasser bzw. ein Wasser-Tonmehlgemisch (allg. Spülung, Tonspülung) im Kreislauf zirkuliert, indem sie in das hohle Bohrgestänge eingepresst wird und im Ringraum zwischen Gestänge und Bohrlochwand aufsteigt. Die Spülung trägt das zerbohrte Gestein (Bohrklein) nach Übertage aus, verhindert Nachfall aus der Bohrlochwand, kühlt den Meißel und verringert die Reibung zwischen Gestänge und Bohrlochwand.

Der obere Abschnitt der Bohrung wird mit einer Sperrrohrtour (Standrohr) ausgebaut, um die lockeren Deckschichten zu stabilisieren und den Spülungsumlauf zu gewährleisten. Diese Sperrverrohrung ist bis in eine ausreichende Tiefe und abgedichtet einzubauen, um auch das mögliche Antreffen von artesischem Grundwasser zu beherrschen. Für den

Abb. 5.4 Bohrgerät mit Doppelrotorkopf und Gestängemagazin. (Geotec Bohrtechnik GmbH)

Bohrprozess sind die Parameter der Spülungsrate unter Beachtung der Stabilität der Spülung, des Spülungsdruckes, des Bohrandruckes und der Zugkraft für das Bohrgestänge zu beachten. Nachdem die Endteufe erreicht ist, wird die Bohrung auf freie Befahrbarkeit geprüft. Unmittelbar danach werden die Einbauten (oft als Sondenkomplettierung bezeichnet) ohne Verzögerung eingebracht, um einer Behinderung durch instabile Bohrlochwände oder durch quellende Tonschichten, die den Bohrlochquerschnitt verengen können, zuvorzukommen. In Festgesteinsschichten kann man ebenfalls das Spülbohrverfahren mit PDC[1]- und Rollenmeißeln einsetzen, das bei größeren Bohrtiefen gegenüber dem Imlochhammerbohren wegen seiner begrenzten Druckluftversorgung vorteilhaft ist.

Das Spülbohrverfahren hat mit dem Doppelrotorkopf eine hilfreiche Verbesserung erfahren, die gerade bei Erdwärmebohrungen umfangreich angewendet wird. Diese Technik ermöglicht es, gleichzeitig mit dem innen drehenden Bohrgestänge eine unabhängig davon drehende Schutzverrohrung gegen Nachfall mitzuführen (s. Abb. 5.4). Neben dem besonderen Kraftdrehkopf am Mast des Bohrgerätes, der Bohrgestänge und Schutzverrohrung antreibt, wird auch eine Entschraubvorrichtung für das Bohrgestänge benötigt.

[1] PDC-Meißel sind mit Diamant-Bruckstücken besetzte Meißel (**P**olycristalline **D**iamond comapct **C**utter). Rollenmeißel besitzen drei Schneidrollen, die mit Hartmetallstücken besetzt sind und durch Abrollen auf der Bohrlochsohle sowohl eine schneidende als auch eine schlagende Gesteinszerstörung bewirken.

Das Bohrklein wird im Ringraum zwischen dem Bohrgestänge und der Schutzverrohrung nach oben gefördert. Die mitgeführte Schutzverrohrung verhindert Nachfall aus den anstehenden Schichten und Spülungsverluste. Nachdem die kritischen Schichten (kritisch bezüglich Nachfall aus der Bohrlochwand) abgebohrt wurden, kann die Schutzverrohrung stehen bleiben und die Bohrung wird nur mit dem Gestänge und mit üblichen Bohrverfahren weiter verteuft. Die Fortsetzung der Bohrung kann in Abhängigkeit vom anstehenden Gebirge im Spül- oder Hammerbohrverfahren erfolgen.

Schneckenbohrverfahren
Alternativ können Sonden im Lockergestein auch mit der Hohlbohrschneckentechnik abgeteuft werden (Abb. 5.5). Die Teufenbegrenzung liegt bei 40 bis 60 m. Das Hohlschnecken-Bohrwerkzeug erfordert keine Spülung, sondern fördert das Bohrklein auf den Schneckenwendeln nach Übertage. Aus dem Innenrohr des Werkzeuges können bei Bedarf Bodenproben entnommen werden [11]. Die Sondenrohre werden im Schutz der Hohlschnecke in das Bohrloch eingebaut, anschließend wird die Schnecke ausgebaut. Das Einsatzgebiet liegt in Lockergesteinsschichten oberhalb von Grundwasserstauern.

Schlagendes Bohren – Hammerbohrverfahren
Im Festgestein werden Erdwärmebohrungen zumeist mit druckluft-betriebenen Hammerwerkzeugen (sogenannten Imlochhämmern) hergestellt. Das Prinzip des Hammerbohrens ist in Abb. 5.6 illustriert. Die Druckluft, die über große Beistellkompressoren erzeugt wird, tritt in das Bohrgestänge ein und erreicht den Bohrhammer kurz über der Bohrlochsohle. Dort erzeugt sie im Drucklufthammer kurze und starke Schläge, mit denen der Meißel, oft als Schlagbohrkopf bezeichnet (s. Abb. 5.7, links und Mitte) das Gestein zerstört. Die Zerstörung erfolgt durch Hartmetallschneiden oder halbkugelförmige Hartmetallstücke (Inserts). Das zerbohrte Gestein (Bohrklein) und das möglicherweise zufließende Grundwasser wird durch die Druckluft, die am Meißel austritt, aus dem Bohrloch ausgetragen.

5.4.2 Informationsgewinn aus Bohrungen

Mit den o. g. Bohrverfahren ist man in der Lage, Bohrungen bis in die gewünschte Tiefe bei unterschiedlichen geologischen Gegebenheiten herzustellen. Der Bau von Erdwärmesonden stützte sich anfangs auf die bohrtechnischen Erfahrungen aus dem Brunnenbau. Mit der wachsenden Nachfrage hat sich eine eigene Branche des Erdwärmesondenbohrens und -bauens entwickelt. Aus der Zielstellung der Brunnenbauer, Grundwasser und geologische Formationen zu erkunden und zu erschließen, wurde bei der Herstellung von Erdwärmebohrungen die Zielstellung ausschließlich auf die Erschließung und Gewinnung der Energiequellen gelegt. Vorhandene Erfahrungen für den Schutz der Grundwasserleiter, wie die Trennung der Grundwasserstockwerke untereinander oder der Umgang mit artesischen Grundwasserverhältnissen haben erst nach einigen Schadensfällen die notwendige Aufmerksamkeit bekommen (s. auch Abschn. 5.1). Der Einfluss der geologischen Verhältnisse auf die Zielstellung „Wärmegewinnung“ ist nicht so entscheidend wie bei der Erkundung von Grundwasser. Während man aus einer Erdwärmebohrung immer mehr

Abb. 5.5 Hohlschneckenbohrgerät für eine Erdwärmesonde. (STDS-Jantz GmbH & Co KG)

oder weniger Wärmeleistung entziehen kann, führt ein falsch ausgebauter Brunnen oder eine schlechter Grundwasserleiter nicht zu dem gewünschten Ergebnis „Grundwasserförderung".

Die Bohrverfahren für Erdwärmesonden werden deshalb unter der genannten Zielstellung und der geforderten wirtschaftlichen Effizienz mit einer möglichst hohen Bohrge-

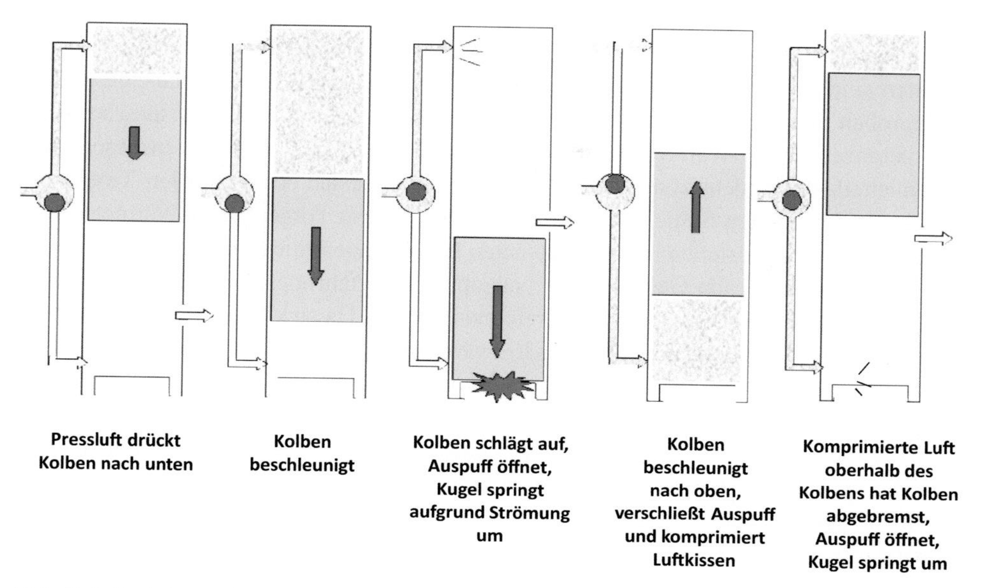

Abb. 5.6 Funktionsprinzip eines Pressluft-Bohrhammers, nach [5]. (M Reich, privat)

Abb. 5.7 Meißel für das Hammerbohren (Schlagbohrköpfe) mit Inserts (*Bild links* und *Bildmitte*) und Stufenmeißel (*Bild rechts*). (GeoBohrtechnik GmbH & Co KG)

schwindigkeit und mit möglichst kleinem Durchmesser angewendet. Durch die Priorität der Bohrgeschwindigkeit wird das Schichtenprofil auch nur mit einer gewissen Aussageunschärfe erfasst. Geologische und hydraulische Bedingungen können nur mit Einschränkungen beurteilt werden.

Für die Auslegung der Erdwärmesonden hängt die notwendige Länge im Wesentlichen vom Wärmebedarf des Gebäudes und von der Wärmeleitfähigkeit des Erdreiches ab. Die Bewertung der Schichtenprofile hinsichtlich der Wärmeleitfähigkeiten der Bodenschichten sind für die Erdwärmesonden von großem Interesse. Aus den stark gestörten Bodenproben und der durch den Bohrprozess eingeschränkten Schichtenansprache werden Toleranzen für die Wärmeleitfähigkeit in beiden Richtungen auftreten. Insbesondere die Feinanteile des Bodens können beim Spülbohren nicht exakt erfasst werden. Trotzdem sind aus dem erbohrten Schichtenprofil Vergleiche zu dem vorgeplanten Wärmeentzug an dem Standort herzustellen und die geplanten Bedingungen mit einer Korrektur an die natürlichen, angetroffenen Gegebenheiten anzupassen. Erfahrungsgemäß liegen die Abweichungen für den Wärmeentzug im Bereich von ±20%. Da zu klein ausgelegte Sonden zu ungünstigen Betriebsbedingungen der Erdwärmeanlage führen, sollte im Zweifelsfall die Sondenlänge größer – auf der sicheren Seite – gewählt werden. Man ist dabei auf die geologische Ansprache des Schichtenprofils und seine Korrelation mit den charakteristischen Wärmeleitfähigkeiten aus den Literaturangaben angewiesen. Diese Einschätzung der Bodentypen beim Abteufen der Sondenbohrung ist ein wichtiger Hinweis, die geplante Sondenlänge vor dem Einbau der Sonde nach den Entzugsleistungen zu korrigieren. Das trifft insbesondere bei kleinen Anlagen zu, da hier zumeist auf einen aussagefähigen Thermal Response Test verzichtet wird. Diese Entscheidung ist notwendigerweise sehr kurzfristig im technologischen Ablauf in Abstimmung mit dem Bauherrn zu treffen. Aus diesem Grund empfiehlt es sich, die Bohrarbeiten gerade in dieser Bauphase von Bauherrnseite zu begleiten.

Mit einem Thermal Response Test (s. Abschn. 4.2.5) erhält man eine in- situ-Aussage über die mittlere Wärmeleitfähigkeit für eine ausgewählte Erdwärmesonde in dem vorgesehenen Sondenfeld. Diese Testergebnisse werden dann auf die anderen Sonden des Sondenfeldes übertragen und erhöhen die Aussagezuverlässigkeit für die Planung. Bei Anlagen mit einer Leistung von größer 30 kW rechtfertigt diese Planungssicherheit die zusätzlichen Kosten für den Test.

5.4.3 Bohranlagen

Für die relativ flachen Bohrungen werden nur kleine Bohranlagen benötigt. Sie sind entweder auf LKW oder auf einem Raupenfahrwerk aufgebaut. Die Leistungsfähigkeit wirkt sich auch auf die Baugröße aus. Zum Ausführen der Bohrung werden eine ausreichende Zufahrt und genügend Platz am Sondenstandort benötigt. Neben der Bohranlage werden Flächen für die Spülungsbehälter mit dem Schlauchsystem, für das Lagern der Rohre und Bohrgestänge und ggfs. für den Kompressor benötigt. Ergänzt wird die Bohrausrüstung häufig durch Transporter und kleine Bagger. Auf dem Bauplatz dürfen sich keine erdverlegten Leitungen und in der Nähe des Bohrmastes keine Freileitungen befinden.

Als Bohranlagen kommen verschiedene Fabrikate zur Anwendung. Zur Beschleunigung der Bohrarbeiten werden Manipulatoren für das Bohrgestänge und Einbauhilfen für die Sondenleitungen eingesetzt, so dass Erdwärmesonden ohne auftretende Komplikationen an zwei Arbeitstagen gefertigt werden können. Ebenso wurden Sonderlösungen

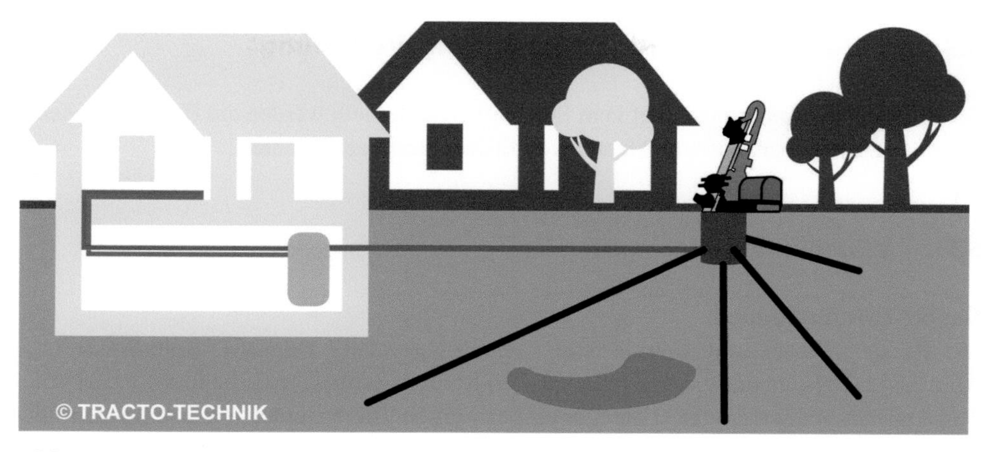

Abb. 5.8 Prinzipskizze für strahlenförmig angeordnete Erdwärmesonden. (Tracto-Technik GmbH & Co KG)

Abb. 5.9 Schrägbohranlage beim Abteufen eines strahlenförmigen Fächers von Erdwärmesonden. (Tracto-Technik GmbH & Co KG)

entwickelt, die im oberflächennahen Bereich aus mehreren kürzeren Schrägbohrungen, die strahlenförmig von einem Bohransatzpunkt gebohrt werden, bestehen [9] (Abb. 5.8 und 5.9).

5.5 Sondenkomplettierung, Verrohrung, Verfüllung

Die Sondenkomplettierung hängt vom Sondentyp ab, deshalb werden die Besonderheiten für die verschiedenen Ausbauvarianten von Erdwärmesonden erläutert.

5.5.1 Wasserzirkulationsverfahren

Doppel-U-Rohr-Sonden

Die für das Wasserzirkulationsverfahren zumeist gewählte Doppel-U-Rohr-Sonde (s. Abb. 2.4 (1)) besteht aus vier Polyethylen (PE) Rohren (Schläuchen), die in der Regel mit dem Außendurchmesser von 32 mm ausgeführt werden. Diese werden mit dem Sondenfuß voran in das Bohrloch eingebaut. Zur Verminderung des Auftriebs werden die Rohre mit Wasser gefüllt. Für das Einbringen der Sondenrohre werden Schwerstücke unterhalb des Sondenfußes, Einschubgestänge oder Schubvorrichtungen verwendet, die den Strang auf die gewünschte Teufe bringen. Bei dem Einbringen mit Schwerstück oder Schubvorrichtung ist ein zusätzliches Verfüllrohr, durch das später die Verfüllmasse (Zementsuspension, Bentonit-Zementsuspension) eingebracht wird, mitzuführen. Bei der Verwendung des Einschubgestänges wird neben dem Einbringen auch die Verfüllung über das Gestänge ausgeführt. Die Verfüllleitungen werden nach dem Verfüllen wieder ausgebaut. Der Sondenfuß und die Abstandshalter (zumeist mit 117 mm Durchmesser) stellen die größten Durchmesser dar. Mit einem freien Ringraumabstand des Rohrbündels zur Bohrlochwand von 30 mm (in Sonderfällen von 40 mm) wird der erforderliche Bohrlochdurchmesser bestimmt. In der praktischen Anwendung haben sich Abstandshalter nicht bewährt, da sie die flexiblen Rohre nur im Bereich der Abstandshalter ordnen und dazwischen nicht die gewünschte Trennung zwischen dem Vor- und Rücklauf herstellen können. Die Erwartungen zur Verbesserung der Effizienz wurden nicht erfüllt, außerdem verlängern und erschweren sie den Einbau der Sonden deutlich. Das Risiko für Einschlüsse von Spülungsnestern wird erhöht. Bei der Auslegung der Sonden mit großen Temperaturdifferenzen zwischen Vor- und Rücklauf und bei sehr langen Sonden sollte aber der Nutzen des Abstandshaltereinsatzes geprüft werden. Die alternativen Zentrierhilfen bündeln die Sondenrohre auf den kleinsten Abstand zueinander und schließen damit die Trennung zwischen dem Vor- und Rücklauf konstruktiv aus. In der Praxis sind Bohrlochdurchmesser zwischen 140 und 160 mm üblich.

Auf einfache U-Rohr-Sonden wird hier nicht ausdrücklich eingegangen, da sie mit geringerer Effizienz arbeiten und im praktischen Einsatz keine Verbreitung haben. Ansonsten sind die Einbautechnologien analog der o. g. Doppel-U-Rohr-Sonde.

Koaxialsonden

Koaxialrohr-Sonden (s. Abb. 2.4 (2)) bestehen aus einem Außen- und einem Innenrohr. In der Regel wird für das Außenrohr PE-Rohr der Dimension DN 63 × 5,8 mm und für das Innenrohr DN 32 × 2,9 mm verwendet. Bei dieser Dimensionierung beschränkt der hydraulische Druckverlust die Sondenlänge. Der Gesamtdruckverlust in den Rohren sollte nicht größer als 0,1 bar bis 0,3 bar (1–3 m Druckhöhe) betragen. Es existieren verschiedenste Varianten und Sonderformen dieses Sondentypes. Im Ringraum zirkuliert das Wärmeträgermedium nach unten und wird im Innenrohr nach oben geleitet. Für die Dimensionierung des Bohrlochdurchmessers muss noch die Verfüllleitung mit beachtet werden. Bei einem Abstand des Rohres zur Bohrlochwand von 30 mm sind Bohrungen mit einem Durchmesser von 125 mm ausreichend. Empfehlungen in einzelnen deutschen Bundeländern fordern teilweise einen Abstand von 40 mm (s. Abschn. 6.2.3). Der Einbau erfolgt in analoger Weise wie bei der Doppel-U-Rohr-Sonde mit Hilfe eines Schwerstückes oder mit Einschubhilfen. Die thermische Trennung zwischen Vor- und Rücklauf erfolgt über die Rohrwand des Innenrohres. Bei mitteltiefen Erdwärmesonden wurden für die Koaxialsonde besonders druckstabile Rohre entwickelt, die die Belastungen beim Einbau, der Verfüllung und im Betrieb standhalten [13]. Bei tiefen Erdwärmesonden empfiehlt sich eine zusätzliche Isolation, um den Kurzschluß-Wärmetausch zwischen Vor- und Rücklauf zu reduzieren. Mit großvolumigenen Außenrohren wird bei den Koaxialsonden ein vorteilhafter Speichereffekt erreicht.

Ringrohrsonden

Mit einer Ringrohrsonde (s. Abb. 2.4 (3)) [18] wird der technologische Verfüllvorgang als Bestandteil für die geometrischen Anordnungen der Sondenrohre ausgenutzt. Die Ringrohrsonde besteht aus einem Zentralrohr und mehreren kleinkalibrigen Außenrohren, die in einem schwach durchlässigen Gewebesack eingehüllt und gemeinsam mit diesem als vorkonfektioniertes Rohrbündel komplett mit Gewebesack von einer Haspel abgewickelt wird. Als Einbauhilfe werden Schwerstücke und eine Vorfüllung der Sonde mit Wasser genutzt. Der Gewebesack dient als Auffangbehälter für das Verfüllmaterial und bewegt dabei die mit dem Gewebesack verbundenen Außenrohre gleichmäßig verteilt nahe an die Bohrlochwand. Die hydraulische Verbindung der äußeren Ringrohre mit dem Zentralrohr erfolgt über ein Fußstück in ähnlicher Bauart wie bei den U-Rohr-Sonden, das die abwärts strömende Sole von den Außenrohren in das Zentralrohr umlenkt. Der thermische Kurzschluss zwischen den Ringrohren und dem zentralen Aufstiegsrohr wird weitgehend verhindert. Der Sondenfuß hat einen maximalen Außendurchmesser von 90 mm und kann in Bohrungen mit einem Durchmesser von ca. 150 mm sicher eingebaut werden. Am Kopf der Ringrohrsonde befindet sich ein Sammler zum Einbinden der 12 Ringrohre.

Einbau von gewickelten Rohren

Der große Vorteil von Kunststoffrohren (zumeist PE) liegt darin, dass sie in der Gesamtlänge von z. B. 100 m, auf radialen Transportpaletten oder auf Schlauchanhängern gewickelt, angeliefert werden können. Sie können dann direkt von Haspeln abgewickelt und in das Bohrloch eingeführt werden. Die sogenannten Ringbundmaße stellen die minimalen Innen- und maximalen Außen- Wickeldurchmesser dar. Je größer die Rohrabmessungen gewählt werden, um so größer wird auch der Wickeldurchmesser für das Rohrmaterial bei der Anlieferung sein müssen. Die minimalen Biegeradien von PE sind sehr temperaturab-

Tab. 5.1 Ringbundmaße verschiedener PE 100 – Rohre (100 m Länge) [1]

Rohrdurchmesser (mm)	Ringbundmaß innen (mm)	Ringbundmaß außen (mm)
25	900	1130
32	900	1190
40	800	1160
63	1600	2100
140	2400	3410

(PE100 ist ein Qualitätsstandard für Polyethylen, dabei führt ein modifiziertes Polymerisationsverfahren zu einer erhöhten Dichte und zu verbesserten mechanischen Eigenschaften wie Steifigkeit und Härte gegenüber PE oder PE 80)

hängig. Bei 20 °C betragen sie etwa das 20-fache des Durchmessers. Bei 0 °C ist schon der 50-fache Durchmesser vorgegeben. Das erschwert natürlich den Sondenbau in der kalten Jahreszeit. Auch die Transportlogistik ist dabei zu beachten. Ringbunde aus PE 100 von 100 m Länge haben die Abmaße nach Tab. 5.1.

Die verbesserte, hochdruckvernetzte Polyethylen-Sorte PE-X lässt Biegeradien von weniger als der Hälfte der Maße für PE 100 zu [12].

Die Wickeltechnologie besitzt aber nicht nur Vorteile bei Transport und Einbau, sondern auch den großen Vorteil, dass die Rohre im Werk bereits auf der gesamten Länge auf Dichtheit geprüft werden.

Bei großen Rohrdurchmessern, z. B. für die Dimension DN 140 × 12,7 mm, wird aufgrund der erforderlichen großen Ringbundmaße eine Bauform aus 7 m Einzellängen mit in das Rohr integrierter Elektroschweißverbindung angeboten, die den Transport und die Handhabung auf der Baustelle erleichtert [6]. Die GeoKOAX-Sonde wird in größeren Rohrlängen im Schweißspiegelverfahren verbunden und vorrangig in flacheren Bohrungen eingebaut. Beide Systeme besitzen dadurch jedoch keine werkseitig auf Dichtheit geprüften Eigenschaften. Die Schweißverbindungen sind durch ausgebildete Fachleute mit einer gültigen Prüfbescheinigung und nach einem anerkannten Verfahren mit geprüfter Technik herzustellen. Für diese Sonden wird ein Bohrdurchmesser von 210 mm benötigt. Die Verfüllleitung wird nachträglich eingebaut.

Die Konstruktion und Anordnung der Sondenrohre bestimmen wesentlich die Effizienz der Erdwärmesonden. Die Bemühungen, mit Abstandshaltern einen günstigeren Wärmeentzug (geringerer Wärmekurzschluss, geringer Abstand der Rohre von der Bohrlochwand) zu erreichen, haben sich in der Praxis nicht durchgesetzt.

5.5.2 DVD-Sonden, Phasenwechselsonden

Phasenwechselsonden für den Heizbetrieb (s. Abb. 2.7) benötigen nur ein einziges Rohr (Verdampferrohr) zur Wärmegewinnung. Für den Heiz- und Kühlbetrieb ist ein gesondertes Rohrsystem für den Wasserkreislauf zur Kältegewinnung notwendig (s. Abb. 2.8). Dieses Kreislaufsystem wird durch den Ringraum zwischen Verdampfer- und Außenrohr und einem PE-Rohr gebildet. Das PE-Rohr kann entweder im Ringraum hängen oder mit der Verfüllung fest zwischen Außenrohr und Bohrlochwand einzementiert werden.

Als Arbeitsmittel werden Kohlendioxid (CO_2), Propan (C_3H_8) oder Ammoniak (NH_3) eingesetzt. Sie benötigen keine Zirkulationspumpe für das Arbeitsmittel, da es als Kondensat durch die Schwerkraft an der Rohrinnenwand nach unten fließt, durch die Erdwärme verdampft wird und der Dampf ohne Temperaturverlust nach oben transportiert wird (s. auch Abschn. 2.3 und [15]). Als Ausbaurohre werden metallische Rohre aus Stahl oder Kupfer verwendet, in der Regel werden heute Wellrohre aus Edelstahl benutzt. Der Einbau erfolgt in vorgefertigten und auf Dichtheit geprüften Rohrlängen oder in Einzellängen, die dann relativ aufwendig beim Einbau verbunden und anschließend einer Dichtheitsprüfung unterzogen werden müssen. Für das Einbringen sind in Abhängigkeit vom Auftrieb Schwerstücke und eine Verfüllleitung erforderlich. Die Verfüllung verläuft in analoger Weise wie bei den Zirkulationssonden. Durch die aufwendigeren Arbeiten und die Bindung an Sonderwärmepumpen haben sie sich im Routinebetrieb trotz ihrer Effizienz nur wenig durchgesetzt.

5.5.3 Verfüllung von Erdwärmesonden

Die sachgerechte Verfüllung der Erdwärmebohrungen dient in erster Linie dem Schutz des Bodens und des Grundwassers vor Verunreinigung und der Erhaltung der natürlichen Bedingungen im Erdreich. Lücken in der Verfüllung oder eine qualitativ schlechte Verfüllung können zu sehr ernsten Umwelt- und Gebäudeschäden führen (s. Abschn. 5.1). Deshalb ist die Verfüllung ein wichtiger Bestandteil des Sondenbaus und muss folgende Hauptaufgaben erfüllen:

- Schutz des Bodens und des Grundwassers vor Verunreinigung durch hydraulische Trennung der verschiedenen Erdschichten untereinander (Abdichtung der Bohrlochwand),
- Verhinderung von Hinterrohrzirkulation,
- sichere Abdichtung des oberen Abschnittes der Sonde, um den Eintritt von Oberflächenwasser über die Bohrung in das Erdreich zu vermeiden,
- gute thermische Anbindung der Wärmequelle „Erdreich“ an die Sondenrohre,
- thermische Trennung der Vor- und Rücklaufleitung (bei Doppel-U- und Ringrohrsonden).

Erdwärmesonden befinden sich in der Regel in den Bodenschichten, in denen sich auch die Grundwasservorräte befinden. Insbesondere in den Bohrungsabschnitten mit grundwasserstauenden Schichten (Ton, Mergel o. ä.) ist eine sichere Abdichtung wichtig, um eine Vermischung des Grundwassers aus unterschiedlichen Schichten zu verhindern. In einem Großteil der europäischen Länder sind die oberen Grundwasserleiter infolge der intensiven landwirtschaftlichen Nutzung (Düngung), der Bebauung und der industriellen

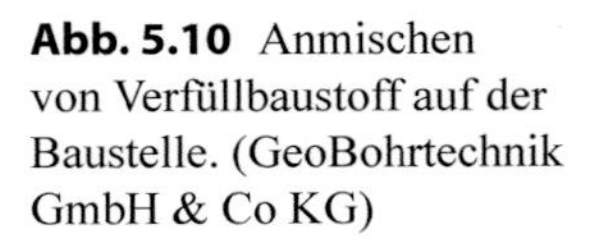

Abb. 5.10 Anmischen von Verfüllbaustoff auf der Baustelle. (GeoBohrtechnik GmbH & Co KG)

Nutzung bereits so stark kontaminiert, dass sie für die Trinkwassergewinnung ausscheiden. Die tieferen Grundwasserleiter müssen deshalb auf Dauer sicher von den oberen Schichten hydraulisch getrennt bleiben.

Ebenso sind die Erdwärmesonden in der Überdeckung bis zur Geländeoberkante vollständig zu verfüllen und dauerhaft abzudichten, um schädliche Einträge von der Oberfläche zu verhindern. Der Verfüllbaustoff muss deshalb nicht nur eine gute Wärmeleitfähigkeit, sondern auch eine geringe Durchlässigkeit sicherstellen. Hierzu gehört auch die Frost-Tau-Wechselbeständigkeit, um nicht durch oftmalige Frosteinwirkung eine gewisse Durchlässigkeit des Verfüllbaustoffes hervorzurufen. Um die Dichtheit hinreichend zu gewährleisten, sind spezielle Fertigprodukte vorzuziehen. Für die Fertigprodukte liegen Herstellerangaben vor, die die Eigenschaften des Verfüllbaustoffes bezüglich Durchlässigkeit und Wärmeleitfähigkeit bei vorgeschriebener und erprobter Verarbeitungsweise gewährleisten. Sie sind gegenüber auf der Baustelle angemischter Suspension vorzuziehen. Die Labordurchlässigkeiten des ausgehärteten Verfüllbaustoffes geben alleine keine umfassende Aussage zur dauerhaften Abdichtung der verschiedenen Grundwasserleiter untereinander. Aus diesem Grund wird die Bewertung einer Systemdurchlässigkeit, d. h. der Wasserwegsamkeiten unter Einschluss aller Einbauten der Erdwärmesonde bevorzugt. Vergleichende Ermittlungen zwischen Material- und Systemdurchlässigkeit haben Unterschiede von ein bis mehr als zwei Zehnerpotenzen zur größeren Systemdurchlässigkeit ergeben [2]. Für die Systemdurchlässigkeiten liegen keine Grenzwerte vor, so dass sie nur als Information für die Abdichtfunktion der Erdwärmesonden bei ordnungsgemäßer Verfüllung dienen können. Aus den Messergebnissen im Technikumsmaßstab sind Systemdurchlässigkeitsbeiwerte von $1*10^{-7}$ m/s erreichbar, die für eine ausreichende Abdichtung sorgen (Abb. 5.10).

Das vorschriftsmäßig angemischte Verfüllmaterial wird über auf Endteufe eingebaute Leitungen von unten nach oben eingebracht (Contractor-Verfahren). Dabei wird der Verfüllvorgang solange fortgesetzt, bis die Dichte der Suspension – am Austritt (Überlauf) der Sonde gemessen – der der eingebrachten Suspension entspricht. Mit diesem Nachweis kann sichergestellt werden, dass keine Beeinträchtigung durch eine Vermischung mit der Bohrspülung vorliegt. Die eingebrachte Menge gibt zusätzlich Informationen, ob der Verfüllbaustoff in das Gebirge abgewandert ist. Für solche Vorkommnisse sind besondere Verfüllbaustoffe als Pellets mit verbesserter Wärmeleitfähigkeit entwickelt worden, die bei massiven Verlusten eingesetzt werden können. Bei bekannten Verlustabschnitten im Bohrloch kann man prophylaktisch Erdwärmesondenpacker installieren, um eine ordnungsgemäße und vollständige Verfüllung auszuführen. Bei Ringrohrsonden mit Gewebesack sind Verluste nicht zu erwarten.

5.6 Qualitätssicherung

Die Qualitätssicherung hat nach den bereits genannten Schadensfällen (s. Abschn. 5.1) große Aufmerksamkeit erfahren. Mit der Qualitätssicherung sollen folgende Anforderungen an die Erdwärmesonde sichergestellt werden.

- Vermeidung von Grundwasserbeeinträchigungen,
- Sicherung der Integrität der Grundwasserleiter,
- Sicherung der langfristigen Wärmeversorgung aus dem Erdreich,
- Sicherung der langfristigen Betriebsfähigkeit der eingebauten Sonden und
- Sicherung der örtlich begrenzten Wärmegewinnung.

Die Qualitätssicherung beginnt bei der Planung der Erdwärmeanlage. Für die Auslegung werden die Heiz- und Kühllastkurven, die maximalen Vorlauftemperaturen im Heizkreis des Verbrauchers, die Betriebsstunden und regionalgeologische sowie klimatische Informationen benötigt. Es ist sicherzustellen, dass zusätzliche Informationen während des Bauablaufes in der Auslegung Berücksichtigung finden. Zu einer qualitätsgerechten Planung gehören deshalb Prognoserechnungen für die Wärmeleistung und Temperaturverteilung unter Berücksichtigung der spezifischen Bedingungen für einen Zeitraum von mindestens 10 Jahren, die bestätigen, dass sich stabile Bedingungen für den Wärmeentzug einstellen. In diesem Zusammenhang sollten auch Funktionsheizungen, wie beispielsweise das „Trockenheizen“ für den Estrich der Fußbodenheizung, mit beachtet werden. Diese planerische Vorleistung stellt die Grundlage für einen langfristigen wirtschaftlichen Betrieb einer Erdwärmeanlage dar.

Zu Gewährleistung der Funktionsfähigkeit über viele Jahre sind an die Ausführung umfangreiche Qualitätssicherungsmaßnahmen gestellt. Im Folgenden sollen die qualitätssichernden Maßnahmen vom Bau der Erdwärmesonden bis hin zur Anbindung an die Wärmepumpe betrachtet werden. Der Rahmen für diese Vorgaben wird in der VDI-Richtlinie 4640 insbesondere im Blatt 2 [17] ausführlich beschrieben.

Wesentlicher Baustein der Erdwärmesonde ist die Bohrung selbst [14]. Für die Herstellung wird eine kompetente Bohrmannschaft mit einem gut ausgebildeten Bohrgeräteführrer benötigt. Für die Herstellung von Erdwärmesonden existiert keine eigenständige spezifische Berufsausbildung (Gesellen- und Meisterqualifikation). Es empfiehlt sich deshalb, Personal aus dem Brunnenbauhandwerk mit diesen Aufgaben zu betrauen, da Fachkunde und Sensibilität mit den teilweise komplizierten Aufschlussbohrungen im wassergesättigten Deckgebirge ausgebildet wurden und traditionelle Erfahrungen über Generationen vorliegen. Für die vielen Seiteneinsteiger wurden zusätzliche Weiterbildungsmöglichkeiten für „Bohrungen für geothermische Zwecke und Einbau von geschlossenen Wärmeüberträger-Systemen – Erdwärmesonden" und Zertifizierungssysteme geschaffen, die die Wissensdefizite ausgleichen sollen.

Die Bohranlage muss die technischen Voraussetzungen für das sichere Erreichen der geplanten Teufe unter den vorhandenen geologischen Bedingungen erfüllen. Reserven, die durch unvorhersehbare natürliche Gegebenheiten im Baugrund notwendig werden, sind dabei vorzuhalten. Für das Herstellen der Bohrungen sind einige Grundregeln zu beachten. Das Bohrgerät ist exakt an dem festgelegten Standort unter Beachtung der Abstandsvorgaben zum Nachbargrundstück, zu den Nachbarsonden und zu den untertägigen Medienleitungen zu positionieren. In der Regel ist der Mast exakt lotrecht zu justieren. Alle Ereignisse und Bohrparameter, wie Grundwasserspiegel, artesisch gespannte Grundwasserleiter, Spülungsverluste, Hohlräume, Spülungsdichte, Druckniveau beim Hammerbohren, Menge an ausgebrachtem Bohrgut (und Wasser beim Hammerbohren), sind während des Abteufens der Bohrung teufenbezogen zu dokumentieren.

Der Anfangsdurchmesser ist ausreichend groß zu wählen, dass die Sperrrohrtour zur Abdeckung des Lockergesteins bis in die erforderliche Tiefe und die Endteufe mit dem geplanten Sondendurchmesser erreicht werden können. Bei unvorhersehbaren Vorkommnissen, die nicht mit der verfügbaren Technik beherrscht werden, ist die Bohrung abzubrechen und bis zur Geländeoberfläche vollständig zu verfüllen. Der Abbruch, die Ursache und die Verfüllung sind zu dokumentieren.

Für die Bohrungen ist ein normgerechtes Schichtenverzeichnis anzufertigen. Während des Abteufens sind zur Kontrolle Bodenproben in 1–2 m Abstand zu entnehmen und über eine vertretbare Dauer aufzubewahren (Rückstellproben). Häufig können die Feinbestandteile durch die Vermischung mit der Spülung nicht richtig erfasst werden, so dass tonige und Mergelschichten mit zu hohem Sand- und Kiesanteil beurteilt werden. Das spiegelt sich dann auch in einer fehlerhaften Einschätzung der Wärmeleitfähigkeit wider (Abb. 5.11).

Der Einbau der Sondenrohre erfolgt in der Regel über Haspeln von einer Transportpalette. Die abgewickelten Rohre sind ohne Widerstand in das Bohrloch einzulassen und werden in der vorgesehenen Tiefe abgestellt. Die werkseitig auf Dichtheit geprüften Rohre werden nach dem Einbau einer nochmaligen Druckprobe unterzogen. Mit dem Dichtheitsnachweis wird die Gefahr des Austritts des Arbeitsmittels durch Leckagen deutlich verringert. Auch diese Druckprüfungen sind im Rahmen der Qualitätssicherung zu dokumentieren (Abb. 5.12).

Anschließend erfolgt mit der Verfüllung ein Arbeitsschritt, der für die Sicherheit der Grundwasservorkommen und auch für die langlebige Betriebsfähigkeit der Anlage es-

Abb. 5.11 Rückstellproben einer Erdwärmebohrung. (GeoBohrtechnik GmbH & Co KG)

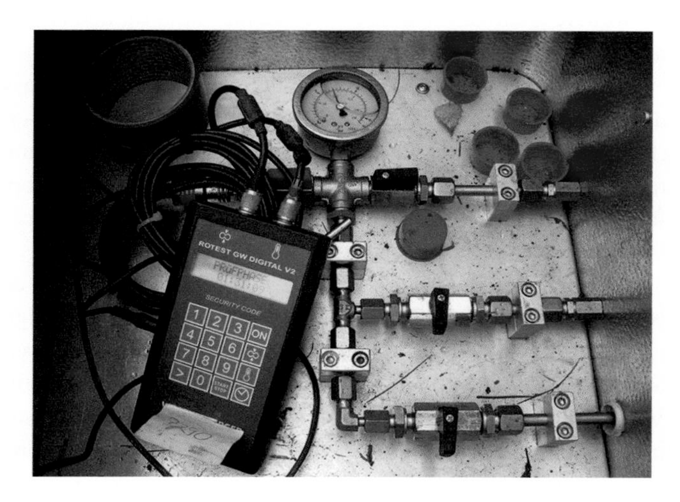

Abb. 5.12 Druckprüfung einer Erdwärmesonde. (GeoBohrtechnik GmbH & CO. KG)

sentiell ist. Diese Sicherung hat immer Vorrang zu haben, so dass der Abdichtung auch bei der Qualitätssicherung große Aufmerksamkeit geschenkt werden muss. Die Qualitätssicherung der Verfüllung beginnt mit der Dokumentation des technologischen Prozesses, vom Anmischen der Suspension mit Erfassung der rheologischen Parameter (Dichte, Viskosität, Wasser-Feststoff-Verhältnis), der Einpumprate und -menge von unten nach oben, der Kontrolle der vollständigen qualitätsgerechten Verfüllung durch die Dichtemessung am Ein- und Austritt der Suspension bis zur geophysikalischen Kontrollmessung des Verfüllungsgrades. Magnetisch dotierte Baustoffe können durch Messung der magnetischen Suszeptibilität in ihrer Lage und Ausbildung nachgewiesen werden. Hierzu stehen Messsonden zur Verfügung, die auch in die kleinen Sondenrohre der Dimension DN 32 eingebaut werden können. Alternativ kann die Verfüllung auch mit einer Kombination verschiedener geophysikalischer Messverfahren überprüft werden. Hier können die Messungen von Temperatur und Gamma-Strahlung (Temperatur- und Gamma-Ray-Log) in den Sondenrohren in Verbindung mit anderen geophysikalischen Messverfahren in der offenen Sondenbohrung aussagefähig interpretiert werden. Für Koaxialsonden kann auf das Repertoire der geophysikalischen Brunnenvermessung zugegriffen werden, so dass aussagefähige Beurteilungen der Verfüllung möglich sind [4].

Aus dem Schichtenprofil und den Bodenproben erhält man Informationen mit einer erheblichen Fehlertoleranz für den wichtigen Auslegungsparameter Wärmeleitfähigkeit. Mit dem Thermal-Response-Test steht ein In-situ-Werkzeug zur Bestimmung der Wärmeleitfähigkeit und des thermischen Bohrlochwiderstandes zur Verfügung, das zur Qualitätssicherung größerer Erdwärmesondenanlagen eingesetzt wird. Zur Sicherung der Qualität dieses Messverfahrens wird die Anordnung, die Ausführung und die Auswertung in einer Richtlinie ([17], Blatt 5) festgelegt. Es werden damit die Akzeptanz und Messgenauigkeit auf eine vergleichbare Basis gebracht, so dass der Test auf dieser Grundlage zur Qualitätssicherung eingesetzt werden sollte.

Weitere Qualitätssicherungsmaßnahmen sind für den Betrieb der gesamten Erdwärmeanlage wichtig.

Als Wärmeträgermedien in Zirkulationssonden dürfen Wasser oder nicht wassergefährdende Stoffe verwendet werden. Oftmals müssen zum Frost- und Korrosionsschutz wässrige Lösungen der Wassergefährdungsklasse 1 (WGK 1), zumeist Mischungen aus Wasser mit Ethylenglykol (Ethandiol) oder Propylenglykol (1,2-Propandiol) und erforderlichenfalls unter Zusatz von Korrosionsinhibitoren eingesetzt werden. Calciumchlorid ($CaCl_2$) hat sich wegen seiner Korrosivität nicht bewährt.

Bei Zirkulationsonden ist für die Leckageprophylaxe in dem Sondenkreis eine Überwachung erforderlich, die bei Verlust von Zirkulationsflüssigkeit ein Störungssignal ausgibt und die Umwälzpumpe bei Druckabfall im System abschaltet. Zur Eingrenzung des Schadens sind sowohl in der Vor- als auch in der Rücklaufleitung der Sonden an den Verteilern Absperrventile einzubauen. Bei Phasenwechselsonden führen Undichtheiten im Sondenkreis infolge des Druckabfalles zum automatischen Ausfall der Anlage. Der Schaden wird durch eine Störanzeige der Wärmepumpe registriert. Um das Einfrieren der Sonde zu verhindern, können Temperatursensoren in der Zirkulationsleitung hilfreiche und rechtzeitige Informationen liefern. Mit einer Abschaltung der Umwälzpumpe wird dann die Regeneration eingeleitet.

Zusammenfassung zu Kap. 5

Der Bau von Erdwärmesonden, bestehend aus der Planung der Gesamtanlage, der geologischen und bohrtechnischen Vorbereitung der Erdwärmesonden, dem Genehmigungsantrag, dem Abteufen der Bohrungen, der Komplettierung der Sonden, der Verfüllung und den Qualitätssicherungsmaßnahmen ist ein komplexer Prozess, der in Kap. 5 nur insoweit behandelt wird, dass ein Bauherr alle notwendigen Schritte kennenlernt und ihre Bedeutung für das Projekt bewerten kann. Die gebäudetechnische Planung muss dem allen vorausgehen und die Eckziele der geothermischen Anlage, wie Standort, Flächenbedarf, Grund- und Spitzenleistungsbedarf, Jahresbetriebsstunden und Temperaturniveau in Vor- und Rücklauf festlegen. Nach Entwicklung eines geologischen Vorprofils und eines Bohrprojektes wird bei den jeweils zuständigen Behörden (Untere Wasserbehörde des Landkreises oder Bergbehörde) eine Anzeige vorgenommen oder ein Genehmigungsantrag gestellt. Das beauftragte Bohrunternehmen schlägt ein für den Standort geeignetes Bohrverfahren (i. d. R. Spül-, Schnecken- oder Hammerbohrtechnik) vor. Der Bauherr sollte den Ausbau der Sonde, das eingesetzte Material und das vorgesehene Zirkulationsfluid im Hinblick auf Langlebigkeit und Reparaturanfälligkeit prüfen. Ganz besonderer Wert sollte auf den Verfüllbaustoff, die Art der Verfüllung und alle Qualitätssicherungsmaßnahmen gelegt werden.

Literatur

1. AGRU-FRANK GmbH (2012) Hausprospekt. http://www.agru-frank.de. Zugriff 02.12.2012
2. Anbergen H (2014) Prüfverfahren zur Bestimmung des Frost-Tau-Wechseleinflusses auf Hinterfüllbaustoffe für Erdwärmesonden. Dissertation, TU Darmstadt. http://tuprints.ulb.tu-darmstadt.de/4335/1/Dissertation_Anbergen_ULB-Version_20150108.pdf. Zugriff 3.3.2015
3. Arnold W (Hsg) (1993) Flachbohrtechnik. Deutscher Verlag für Grundstoffindustrie. Leipzig Stuttgart (957 S.)
4. Baumann K (2012) Koaxialsonden: Alternative für die Erdwärmegewinnung in besonders sensiblen Gebieten. bbr Leitungsbau Brunnenbau Geothermie, H2, S. 66–71
5. Bayer HJ, Reich M (2013) Praxishandbuch HDD-Felsbohrtechnik. Vulkan Verlag Essen.
6. GWE CoAx-Fuse Sondensystem – GWE pumpenboese GmbH – Prospekt 2014. http://www.gwe-gruppe.de/de/products/our_products/Geothermie/index.html. Zugriff 13.09.2014
7. Häfner F, Wagner S (2007) Erdwärme. In: Beck HP, Brandt E, Salander C (Hrsg) Handbuch Energiemanagement. VWEW Energieverlag, Frankfurt/M.
8. Häfner F, Sames D, Voigt HD (1992) Wärme- und Stofftransport. Spinger, Berlin (626 S).
9. Hagedorn A (2010) Einführung in die GDR-Technik. Vortrag Workshop Oberflächennahe Geothermie. http://www.geothermie.de/fileadmin/useruploads/aktuelles/Veranstaltungen/2010-01-28_lennestadt/2010-01-28_Lennestadt.Hagedorn.pdf. Zugriff 05.04.2015
10. http://www.staufenstiftung.de. Zugriff 20.06.2015
11. Krämer E,(2010) Bohrungen für Erdwärmesonden mit Hohlbohrschnecken. bbr- Leitungsbau Brunnenbau Geothermie, H5, S 24–27.
12. RAUGEO Systemtechnik Prospekt Mai 2013. http://www.rehau.com/de-de/bau/erneuerbare-energien/geothermie. Zugriff 20.06.2015
13. Stoschus J, Gottschalk D (2013) Druckstabile Rohre für die mitteltiefe Geothermie. Rehau; Energy 2.0 Kompendium, (156 S.)
14. Tholen M (2007) Qualitätssicherung bei der Errichtung von Erdwärmesonden, Landesbetrieb Landwirtschaft Hessen. http://www.llh.hessen.de/info-center/vortraege.html?start=30. Zugriff 05.04.2008.
15. Verband Beratender Ingenieure (Hrsg) (2008) VBI Leitfaden Oberflächennahe Geothermie. Verband Beratender Ingenieure VBI, Berlin.
16. Verein Deutscher Ingenieure (Hrsg) (1991) VDI Wärmeatlas. 6.erw. Auflage, VDI-Verlag, Düsseldorf

17. Verein Deutscher Ingenieure (Hrsg) (2001) VDI 4640, Blatt 2 Thermische Nutzung des Untergrundes – Erdgekoppelte Wärmepumpenanlagen, Blatt 5: Thermischer Responsetest. VDI-Verlag, Düsseldorf.
18. Wagner RM, Häfner F, Heinemann, D (2013) Ringrohrerdwärmesonde – ein System mit optimiertem Wärmeentzug und sicherer Verfülltechnologie. bbr Leitungsbau Brunnenbau Geothermie, H 12, S. 64–71

6 Überblick über genehmigungsrechtliche Aspekte für Erdwärmebohrungen

Derzeit existiert in Deutschland kein eigenes Gesetz zur Nutzung der geothermischen Energie [1]. Der gesetzliche Rahmen hinsichtlich geothermischer Anlagen, worunter Erdwärmesonden als geschlossene Systeme zugehörig sind [2], ist im Wesentlichen durch folgende Bundesgesetze (siehe Kap. 9.2) sowie Verordnungen beschrieben: Bundesberggesetz BBergG, Lagerstättengesetz LagerStG, Wasserhaushaltsgesetz WHG, Bundesnaturschutzgesetz BNatSchG sowie das Bundesimmisionsschutzgesetz BImSchG und die Bundesimmissionsschutzverordnung BImSchV. Ergänzend existieren in den einzelnen Bundesländern Ländergesetze (Wassergesetze) und zusätzliche Verwaltungsvorschriften (VwVs). Dies sind die rechtsverbindlichen Regelwerke, welche durch die zusätzlich in den meisten Bundesländern vorliegenden Leitfäden zur Erdwärmenutzung, als nicht rechtsverbindliche Regelwerke (siehe Kap. 9.3), ergänzt werden [1]. Diese unterscheiden sich jedoch z. T. wesentlich in ihren Vorgaben und Forderungen. Weiterhin sind die „Empfehlungen der Bund/Länder-Arbeitsgemeinschaft Wasser (LAWA) für wasserwirtschaftliche Anforderungen an Erdwärmesonden und Erdwärmekollektoren" ein wichtiges Arbeitspapier, welches länderübergreifend berät. Der Stand der Technik, auf welchen sich Gesetze, Vorschriften und Leitfäden stützen, wird bezogen auf die Thematik Erdwärme maßgeblich durch die VDI-Richtlinien 4640, Blätter 1 bis 4, beschrieben.

6.1 Rechtsverbindliche Regelwerke (Bundesgesetze)

Das Bundesberggesetz ordnet und fördert das Aufsuchen, Gewinnen und Aufbereiten von Bodenschätzen unter Berücksichtigung ihrer Standortgebundenheit und des Lagerstättenschutzes bei sparsamem und schonendem Umgang mit Grund und Boden laut § 1 BBergG. Es dient der Gewährleistung der Sicherheit der Betriebe und der Beschäftigten des Bergbaus (§ 1 BBergG). Weiterhin ist dessen Zweck, die Vorsorge gegen Gefahren, die sich aus

F. Häfner et al., *Bau und Berechnung von Erdwärmeanlagen*,
DOI 10.1007/978-3-662-48201-8_6

bergbaulicher Tätigkeit für Leben, Gesundheit und Sachgüter Dritter ergeben, zu verstärken und den Ausgleich unvermeidbarer Schäden zu verbessern (§ 1 BBergG). Erdwärme wird als bergfreier Bodenschatz definiert (§ 3 BBergG), d. h. Erdwärme ist nicht dem Grundstückseigentum zugehörig [1]. Für das Aufsuchen der Erdwärme bedarf es nach § 7 BBergG einer Erlaubnis und für die Gewinnung der Erdwärme bedarf es der Bewilligung nach § 8 BBergG. Falls jedoch die Erdwärme innerhalb des Grundstückes, in dem sie freigesetzt wird, zu baulichen Zwecken, z. B. der Gebäudeheizung verwendet wird, bedarf es keiner Aufsuchungserlaubnis und keiner bergrechtlichen Bewilligung. In diesem Fall fällt die Zuständigkeit nach dem Wasserhaushaltsgesetz an die Wasserbehörde.

Darüber hinaus macht das BBergG keine Angaben über technische Vorgaben im Sinne des Grundwasserschutzes, erlaubte Temperaturveränderungen, Überwachungsmechanismen oder der Dokumentation.

Eng im Zusammenhang mit dem BBergG steht das Lagerstättengesetz LagerStG. Innerhalb dessen ist vorgegeben, dass alle Bohrungen für Erdwärmesonden zwei Wochen vor Bohrbeginn bei den Staatlichen Geologischen Diensten (SGD) anzuzeigen (§ 4 LagerStG), auf Verlangen die Bohrungsdokumentationen zur Verfügung zu stellen ist und nach Abschluss der Bauarbeiten die Ergebnisse der Bohrung (Lageplan und Schichtenprofil) diesem zu übermitteln sind (§ 5 LagerStG).

Das Wasserhaushaltsgesetz WHG hat den Zweck (§ 1 WHG), durch eine nachhaltige Gewässerbewirtschaftung die Gewässer als Bestandteil des Naturhaushalts, als Lebensgrundlage des Menschen, als Lebensraum für Tiere und Pflanzen sowie als nutzbares Gut zu schützen. Damit deckt es hinsichtlich der Erdwärmenutzung den Bereich des Grundwasserschutzes ab. Es ist darin festgelegt, ab wann ein Benutzungstatbestand erfüllt ist und folglich eine behördliche Erlaubnis notwendig oder ein Wasserrechtsverfahren durchzuführen ist. Die Errichtung und der Betrieb einer geothermischen Anlage stellt einen solchen Benutzungstatbestand dar und bedarf im Allgemeinen somit einer wasserrechtlichen Erlaubnis durch die zuständigen Behörden. In § 5 WHG ist eine Allgemeine Sorgfaltspflicht verankert. Danach ist jede Person verpflichtet, gegebenfalls erforderliche Sorgfalt in Hinblick auf Maßnahmen walten zu lassen, welche Einwirkungen auf ein Gewässer haben können. Dabei ist eine aufgeführte „nachteilige Veränderung der Gewässereigenschaften", die es zu vermeiden gilt, zwar aufgeführt, jedoch nicht näher bestimmt [1]. Darunter fällt auch die Einwirkung auf die Temperatur im Boden und damit letztlich des Grundwassers. Zudem sind im WHG die wassergefährdenden Stoffe definiert und der Umgang mit ihnen grundsätzlich geregelt. Dabei bilden die § 62 und § 63 WHG die Grundlage der Verwaltungsvorschrift wassergefährdende Stoffe VwVwS, innerhalb welcher diese in Wassergefährdungsklassen (WGK) oder als nicht wassergefährdend eingestuft sind [15]. In den Zonen I und II bzw. A von Wasserschutzgebieten und Heilquellenschutzgebieten sind Erdwärmeanlagen grundsätzlich verboten (§§ 52 und 53 WHG).

Weitere Gesetze, wie das Bundesnaturschutzgesetz BNatSchG, das Bundes-Immissionsschutzgesetz BImSchG sowie das Bundesbodenschutzgesetz BBodSchG haben zum Zweck, unsere Umwelt (Natur, Boden, Wasser, Atmosphäre), die Landschaft und den Lebensraum (Kulter- und Sachgüter) vor nachteiligen Beeinträchtigungen zu schützen, in ihren Funktionalitäten und Leistungen möglichst unbeeinträchtigt zu erhalten und letztlich als Lebensgrundlage für den Menschen langfristig zu sichern. Für den Betrieb einer geothermischen Anlage sind diese zumeist nicht oder nur eingeschränkt von Bedeutung [1]. So kann dass BNatSchG nur für großflächige Erdwärmesondenfelder, installiert auf Freiflächen, Anwendung finden, jedoch nicht für das private Bauvorhaben einer EWS, da es im Innenbereich keine Gültigkeit besitzt [1]. In der 4. BImSchV, welche auf Grundlage des BImSchG vom Bundesumweltministerium erlassen wurde, sind geothermische Anlagen nicht aufgeführt, wodurch sie im Sinne des BImSchG keine genehmigungspflichtigen Anlagen darstellen. Da bisher noch keine rechtliche Festlegung erfolgte, ob eine ursächlich durch die Erdwärmeanlage hervorgerufene thermische Veränderung im Boden eine Beeinträchtigung der Bodenfunktion im Sinne des Gesetzes darstellt, greift das BBodSchG nicht.

6.2 Nicht rechtsverbindliche Regelwerke

6.2.1 Arbeitspapier der Bund/Länder-Arbeitsgemeinschaft Wasser (LAWA-Papier)

Neben den o. g. gesetzlichen Aspekten hat die Bund/Länder-Arbeitsgemeinschaft Wasser (LAWA) ein Arbeitspapier für wasserwirtschaftliche Anforderungen an Erdwärmesonden und Erdwärmekollektoren verfasst [3], welches den Ländern Hilfestellung zur Überarbeitung u. a. ihrer Leitfäden geben soll. Im Gegensatz zur Gesetzgebung ist dieses nicht rechtsverbindlich [1]. Das LAWA-Papier ist auf Anlagen mit einer Leistung kleiner 30 kW ausgerichtet und beinhaltet im Wesentlichen Angaben zu technischen Details wie der Beschaffenheit der Wärmeträgermedien, den Hinterfüllbaustoffen und den Werkstoffen für die Verrohrung. Zudem werden die nötigen Abstände der Erdwärmesonden zu Grundstücksgrenzen benannt und es wird auf eine sinnvolle Dimensionierung hinsichtlich lokal vorherrschender geologischer, hydrogeologischer sowie geothermischer Bedingungen hingewiesen.

6.2.2 VDI-Richtlinie 4640

Das LAWA-Papier unterstützt ausdrücklich die allgemein anerkannten Regeln der Technik für die thermische Nutzung des Untergrundes, repräsentiert durch die VDI-Richtlinien 4640 Blätter 1 bis 4 sowie die darin erwähnten DVGW-Arbeitsblätter und DIN-Normen [13], [14]. Die Richtlinie VDI 4640 bezieht sich dabei auf eine Nutzung bis ca. 400 Meter Tiefe und hat zum Ziel, die korrekte und geeignete Auslegung, Materialauswahl und Ausführung von Bohrungen, Installation und Systemeinbindung von Anlagen dahingehend sicher zu stellen, dass die Anlagen wirtschaftlich wie technisch zufriedenstellend, langfristig störungsfrei und ohne Umweltbeeinträchtigung arbeiten können [13].

Inhalt des Blattes VDI 4640–1 ist im Wesentlichen die Darstellung der Grundlagen, die Aufführung erforderlicher Genehmigungen zu Wasserrecht, Wasserrechtsverfahren sowie grundsätzlichen wasserwirtschaftlichen Zielsetzungen und zum Bergrecht. Inhalte zur Genehmigungspraxis in Österreich und der Schweiz, zu Sicherheitsaspekten der Wärmepumpe, zur Standortbewertung (mögliche weitere Untersuchungen bei größeren Anlagen), zu Umweltaspekten (Einfluss von Wärmepumpen-Arbeitsmitteln), zum Umweltschutz bei den Bohrarbeiten, zur umweltgerechten Materialauswahl für Einbauten im Untergrund sowie zu Wärmeträgermedien in Erdwärmesonden runden das Bild ab [13]. Bezüglich des Grundwasserschutzes wird unter anderem empfohlen, dass Bohrspülungen keine wassergefährdenden Stoffe enthalten dürfen und der Einbau von Erdwärmesonden in ergiebigen Grundwasservorkommen tieferer Grundwasserstockwerke, die sich für die Trinkwassergewinnung eignen, abzulehnen ist. Es wird festgesetzt, dass eine durch die Nutzung des Untergrundes zur thermischen Energiespeicherung nachteilige Veränderung des Grundwassers sowie nachteilige Wirkungen für Andere zu verhüten oder auszugleichen sind. Hinsichtlich der Veränderung der Temperatur im Untergrund ist formuliert, dass eine Temperatur von 20 °C bei Wärmeeinleitung in das Grundwasser in keinem Fall überschritten werden sollte. Um den Einfluss des Speichers auf den umgebenden Untergrund so gering wie möglich zu halten, sollte die Wärmebilanz über dem Jahresverlauf ausgeglichen sein. Für den Fall eines Mittel- oder auch Hochtemperaturspeichers ist zu prüfen, ob die Erwärmung des Untergrundes am Standort keine Gefährdung der Grundwasserqualität zur Folge hat. Hingegen ist erwähnt, dass eine Abkühlung des oft bereits in seiner Temperatur erhöhten Grundwassers bis auf + 5 °C kein Problem darstellt.

In der VDI-Richtlinie 4640–2 wird detailliert auf erdgekoppelte Wärmepumpenanlagen zum Heizen oder auch Heizen und Kühlen eingegangen. Es wird auf im Vorfeld geforderte Untersuchungen bzw. Materialprüfungen von Bauelementen sowie Verfahrensbelange eingegangen. Des Weiteren werden konkrete Angaben bezüglich der Temperaturveränderung gemacht, d. h. eine Temperaturänderung von ± 11 K sowie bei Spitzlast 17 K gegenüber der ungestörten Erdreichtemperatur sollte nicht überschritten werden. Es werden darüber hinaus zulässige Entzugsleistungen für verschiedene Untergründe und Jahresbetriebsstunden sowie spezifische jährliche Entzugsarbeiten aufgeführt, welche einer möglichst genauen Dimensionierung der Erdwärmeanlage eine Basis bieten können.

In den Blättern 3 und 4 der VDI-Richtlinie 4640 wird die Thermische Nutzung des Untergrundes hinsichtlich unterirdischer Thermischer Energiespeicher sowie der direkten Nutzung beschrieben. Ersteres befasst sich im Detail mit Wärmespeichern, dabei werden als Wärmequelle Solarthermie, Abwärme und Umweltwärme betrachtet, sowie Kältespeichern, wobei deren Kältequelle die Umweltkälte ist. Blatt 4 hingegen hat die Kühlung bzw. Heizung mittels Grundwasser sowie Lufterwärmung/-Kühlung im Untergrund zum Inhalt, wobei weder Wärmepumpe noch Kälteaggregat zum Einsatz kommen.

6.2.3 Leitfäden der Bundesländer

Die von den Bundesländern ausgearbeiteten Leitfäden stellen eine Hilfe einerseits für die Verwaltungen, andererseits für die Antragssteller, Planer und Hersteller geothermischer Anlagen dar, um den Verfahrensaufwand sowie die Dauer der Verfahren so gering wie möglich zu halten. Dabei gibt es teilweise größere Unterschiede in den Ausführungen. Dies kann durchaus eine Ursache in den unterschiedlichen geologischen Bedingungen der einzelnen Bundesländer haben, so dass die daraus erworbenen Kenntnisse in die Formulierung der Leitfäden mit hinein wirken.

Hinsichtlich des Grundwasserschutzes, der Temperaturausbreitung im Untergrund sowie der vorgeschriebenen Abmessungen des zu verfüllenden Ringraums sollen einmal die Unterschiede sowie Gemeinsamkeiten der Leitfäden dargestellt werden. Hierbei liegt das Augenmerk im Wesentlichen auf den in der Erdwärmethematik führenden Bundesländern Bayern, Baden-Württemberg, Hessen, Berlin und Sachsen (s. auch Kap. 9.3).

Grundwasserschutz

Durch das WHG § 5 sind alle verpflichtet, Sorgfalt in Hinsicht auf das lebensnotwenige Gut Grundwasser walten zu lassen. Die in den Gesetzen beschriebenen Richtlinien zu Wasserschutz- und Heilquellenzonen sind unbedingt einzuhalten [13]. Das LAWA-Papier sowie die VDI-Richtlinien 4640 geben zudem wieder, dass daneben ausschließlich der Wassergefährdungsklasse 1 (WGK1) zuzuordnende Wärmeträgermittel auf Grundlage von Ethandiol, 1,2-Propandiol, Calciumchlorid oder Ethanol eingesetzt werden dürfen [3], dass Bohrspülungen keine wassergefährdenden Stoffe beinhalten (reines Wasser, Trinkwasser; [8]) bzw. diesen nur definierte Zusätze an z. B. Frostschutz- oder Korrosionsschutzmitteln beigefügt werden dürfen (nach [6]: ca. 1 % Korrosionsinhibitoren erlaubt). Eine Verwendung von voll- oder teilhalogenierten Fluorkohlenwasserstoffen (FKW bzw. HFKW) ist generell unzulässig [3]. Diese Aussagen werden in den meisten Leitfäden aufgegriffen und zum Teil noch näher bestimmt. So gilt dies in Schleswig-Holstein [10] allein für einwandige Anlagen und Anlagenteile im Boden, in Baden-Württemberg (s. Kap. 9.3), beziehen sich die Angaben zur der erlaubten Wärmeträgerflüssigkeit auf ein wässriges Glykol-Gemisch, im Leitfaden vom Bundesland Bayern wird von „vorzugsweise" in WGK1 eingestuften Wärmeträgermittel gesprochen [5]. Hessen schränkt die Verwendung zulässiger wassergefährdender Wärmeträgerflüssigkeiten in hydrogeologisch ungünstigen Gebieten auf einen sicherzustellenden frostfreien Betrieb ein und ergänzt, dass beim Einbau beschädigter Rohre nur Wasser als Wärmeträgermittel eingesetzt werden darf [7]. Im Leitfaden von Hamburg obliegt die Zulässigkeit weiterer Wärmeträgermittel einer Einzelfallentscheidung durch die Wasserbehörde [4].

Weiterhin ist ein wichtiger Aspekt für den Grundwasserschutz die Beachtung des Stockwerkaufbaus bzw. die Lagerung von Grundwasserstauern und Grundwasserleitern. Die VDI-Richtlinie 4640 weist darauf hin, dass ergiebige Grundwasservorkommen tieferer Grundwasserstockwerken, welche für die Nutzung als Trinkwasser dienen können, nicht zur Nutzung durch Erdwärme freigegeben werden sollten. Dieses wird auch so in den Leitfäden unterstützt.

Das Durchteufen der Basis der oberen Grundwasserleiter oder der Deckschicht schützenswerter Grundwasserleiter wird oft ausdrücklich untersagt [5, 7, 11], ebenso das Durchteufen stockwerkstrennender Schichten [5, 7]. Berlin beschränkt ebenfalls die Bohrtiefe zugunsten eines Nichtdurchteufens von Grundwasserstockwerken, wodurch das Durchmischen der Wässer verschiedener Schichten verhindert werden soll [6]. Zusätzlich wird das Auftreten artesischer Grundwässer benannt und Bohrungen an Standorten mit bestätigtem oder vermutetem Auftreten solcher hydrogeologischer Erscheinungen ebenfalls untersagt (u. a. [5, 7, 11]). Die VDI Richtlinie 4640 schließt dieses hingegen nicht generell aus, verweist jedoch darauf, dass es der Einzelfallentscheidung vorbehalten bleibt und erhöhte Anforderungen an die Bohrung (technische Umsetzung) gestellt werden sollten [13]. Generell gilt, Verfüllsuspensionen aus nicht wassergefährdenden Stoffen einzusetzen (u. a. [7]). Zudem müssen diese den chemischen, thermischen (Frost-Tau-Wechsel) sowie physikalischen Einwirkungen am Standort langlebig und in ihrer Abdichtungsfunktion standhalten (u. a.[7, 13]). Eine Leckageüberwachung mit akustischem wie auch visuellem Störsignal, wie in den VDI 4640–2 empfohlen, wird in den Leitfäden aufgegriffen (u. a. [4]). Teilweise wird dies durch die Forderung ergänzt, dass bei einer Leckage der Erdwärmesonden die Umwälzpumpe sofort abgeschaltet werden muss [4, 7].

Die Lage zum Vorfluter hingegen wird nur in sehr wenigen Leitfäden aufgegriffen [7] wie auch die Lage zu Brunnen- oder anderen Wassergewinnungsanlagen (u. a. [6, 10]). Dies ist jedoch zumeist bereits durch das WHG abgedeckt, welches den Betrieb von Erdwärmeanlagen in Grundwasserschutzzonen untersagt. Sachsen [12] räumt bei möglichen Interessenkonflikten dem Grundwasserschutz deutlich die höchste Priorität (§ 39 Abs. 2 SächsWG) ein.

Veränderung im Temperaturverhalten des Bodens

Der Umgang mit der Ausbreitung von Kältefahnen (für den Fall des Heizens mittels EWS) wird in den einzelnen Ländern sehr unterschiedlich gehandhabt. Laut WHG sind Einflüsse, welche eine schädliche Wirkung auf die physikalischen, chemischen und biologischen Eigenschaften des Grundwassers besitzen, zu verhindern. Welche tatsächliche Beeinträchtigung die Veränderung der Temperatur des Grundwassers dabei darstellt, ist noch nicht schlüssig geklärt und folglich unterscheidet sich die Handhabung in den Ländern hierin z. T. deutlich. Die in Hinblick auf den Grundwasserschutz in den VDI-Richtlinien 4640–2 empfohlenen Temperaturdifferenzen wurden bereits erwähnt. Als Grundlage sollte eine fachgerechte Planung durch eine auf dem Gebiet der Geothermie sachkundige Firma dienen, welches allgemeiner Tenor in den Leitfäden ist. Der Leitfaden Sachsen benennt ausdrücklich, dass eine standortkonkrete und anhand der (hydro-)geologischen Gegebenheiten und Platzverhältnissen abzuwägende Entscheidung über Anzahl und Tiefe der Erdwärmesonden im Zusammenhang mit der geforderten Heizlast unabdingbar ist [12]. Um einer Unterdimensionierung vorzubeugen, welche nicht selten eine unerwünschte Vereisung im Untergrund zur Folge hat, und somit auch einen direkten Leistungsabfall bedingt, werden die in der VDI-Richtlinie 4640–2 aufgeführten maximal zulässigen Entzugsleistungen von den Leitfäden der Bundesländer allgemein anerkannt. Zudem empfiehlt der VDI spezifische jährliche Entzugsarbeiten zwischen 100 und 150 kWh/(m a) pro EWS [14].

Die Forderung des LAWA Arbeitspapieres, einen frostfreien Betrieb sicher zu stellen, folgt aus der Tatsache, dass die langzeitliche Integrität und Abdichtwirkung der Verfüllbaustoffe bei vielfachem Frost-Tau-Wechsel ein strittiges Thema ist, das derzeit nur in Labor- und Technikumsversuchen untersucht wird. Von den Ländern wird dieser Aspekt zumeist so umgesetzt, dass sie einen frostfreien Betrieb fordern oder in ihren Leitfäden einen Nachweis der Frostbeständigkeit des Verfüllbaustoffes (u. a. [8]) oder auch die Installation eines Frostwächters bzw. Thermowächters [4, 7] fordern. Das Land Hessen fordert für besondere hydrogeologische Bedingungen im Zusammenhang mit dem Einsatz von Wärmeträgermitteln, welche der WGK1 zuzuordnen sind, bei nicht nachweisbarer Frost-Tau-Beständigkeit des Verfüllbaustoffes einen frostfreien Betrieb [7].

Neben dem Gebot des frostfreien Betriebs erlauben einige Bundesländer bei entsprechender Einhaltung von Vorgaben (hydrogeologische Bedingungen, Thermowächter, Wärmeträgermittel) das Arbeiten im negativen Temperaturbereich. So ist im Leitfaden für das Land Hessen festgehalten, dass im normalen Heizbetrieb das in die Sonde einströmende Wärmeträgermittel eine Temperatur von 0 °C nicht unterschreiten sollte, jedoch bei Spitzenlasten Temperaturen bis minimal −6 °C auftreten dürfen [7]. Ebenso ist dem Leitfaden für Sachsen-Anhalt zu entnehmen, dass die mittlere Temperatur der Wärmeträgerflüssigkeit innerhalb des Normalbetriebes 0 °C, jedoch zu Spitzenlastzeiten −5 °C nicht unterschreiten sollte [8]. Hierbei ist erst für Betriebstemperaturen kleiner als −5 °C die Frost-Tau-Beständigkeit des abgebundenen Verfüllmaterials nachzuweisen [8]. Ferner vermerkt Schleswig Holstein in seinem Leitfaden die Einschränkung, dass während der Spitzenlast Frosttemperaturen innerhalb des Verfüllkörpers nur unterhalb 1,2 m Tiefe (natürliche Frostgrenze) auszuschließen sind [10]. Im Leitfaden der Hansestadt Hamburg ist für die Temperatur festgeschrieben, dass die Differenz zwischen der Vor- und Rücklauf Wärmeträgertemperatur nicht mehr als 11 K betragen darf, unabhängig davon, ob es sich um eine Spitzenlast oder Normalbetrieb handelt [4].

Weiterhin ist ein Abstand einzelner Erdwärmesondenanlagen von mindestens 10 m [3] einzuhalten. Innerhalb der Erdwärmesondenanlagen sollten die Einzelsonden einen Abstand von 5 m (Sondenlänge <50 m) bzw. 6 m (Sondenlänge <100 m) zueinander aufweisen [14], um eine Leistungsminderung durch gegenseitige Beeinträchtigung auszuschließen. Diese Vorgaben finden sich in den Leitfäden wieder.

Geforderte Abmaße des allseitigen Ringraums (Verfüllraum)

Während sich die Aussagen der meisten technischen Vorgaben wie auch der Angaben über die Bauausführung, geforderte Dokumentationen, zu erbringende Nachweise oder Prüfungen in den Leitfäden der einzelnen Ländern im Wesentlichen gleichen bzw. nur im Detail unterscheiden, weichen die Vorgaben über den Abstand des Rohrbündels zur Bohrlochwand voneinander ab. Im Arbeitspapier der LAWA wird ein allseitiger Ringraum zwischen Bohrlochwand und Rohren von mindestens 30 mm empfohlen. Häufig wird in den Leitfäden auf den Ringraum nicht näher eingegangen, sondern die Maßgabe von 30 mm bestätigt (u. a. [7, 8, 12]). Einige Bundesländer erhöhen jedoch die Vorgabe auf 40 mm Abstand zwischen Rohrbündel und Bohrlochwand [4, 9, 10]. Im Leitfaden für

Brandenburg [11] ist diesbezüglich vermerkt, dass der Bohrlochdurchmesser zugunsten einer ordnungsgemäßen Ringraumabdichtung zu wählen ist, wobei dieser zwischen 110 und maximal 200 mm Durchmesser betragen kann.

Zusammenfassung zu Kap. 6

Die gesetzlichen Vorschriften und die weiterführenden behördlichen Empfehlungen und Leitfäden für die Herstellung von Erdwärmeanlagen sind in Deutschland sehr umfangreich und nicht leicht zu überblicken. Die Bundesregierung hat als Gesetzesgrundlage im Wesentlichen das Wasserhaushaltgesetz und das Berggesetz geschaffen. Weiterhin sind die VDI-Empfehlungen 4640 und die Empfehlungen der Bund-Arbeitsgemeinschaft Wasser (LAWA) allgemeingültig. Darüberhinaus hat nahezu jedes Bundesland eigene Leitfäden veröffentlicht, die inhaltlich nicht immer übereinstimmen. In Kap. 6 und den zugehörigen Kap. 9.2 und 9.3 ist eine Übersicht über die behördlichen Vorschriften und Empfehlungen gegeben, bei deren Berücksichtigung anzunehmen ist, dass ein positiver Bescheid des Genehmigungsantrages erteilt werden kann.

Literatur

1. Hähnlein S et al (2011) Oberflächennahe Geothermie – aktuelle rechtliche Situation in Deutschland. Grundwasser 16 (2): 69–75
2. Kaltschmitt M, Huenges E, Wolff H (1999) Energie aus Erdwärme. Geologie, Technik und Energiewirtschaft. DVG, Stuttgart
3. LAWA (2011) Empfehlung der LAWA für wasserwirtschaftliche Anforderungen an Erdwärmesonden und Erdwärmekollektoren. Bund/Länder-Arbeitsgemeinschaft Wasser, Dresden
4. LFHH (2012) Leitfaden zur Erdwärmenutzung in Hamburg. Wärmegewinnung aus Erdwärmesonden und –kollektoren mit einer Heizleitung von max. 30 kW. Ein Leitfaden für Planer, Ingenieure und Bauherren. Behörde für Stadtwentwicklung und Umwelt, Hamburg
5. LFBY (2003) Leitfaden Erwärmesonden in Bayern. Leitfaden für die Erstellung von Erdwärmesonden für Wärmepumpenanlagen in Bayern bis 30 kW Heizleistung. Bundesverband Wärmepumpen, München
6. LFB (2014) Erdwärmenutzung in Berlin. Leitfaden für Erdwärmesonden und Erdwärmekollektoren mit einer Heizleistung bis 30 kW außerhalb von Wasserschutzgebieten. Senatsverwaltung für Stadtentwicklung und Umwelt, Berlin
7. LFH (2011) Erdwärmenutzung in Hessen. Leitfaden für Erdwärmesondenanlagen zum Heizen und Kühlen. Hessisches Landesamt für Umwelt und Geologie, Wiesbaden
8. LFSA (2012) Erdwärmenutzung in Sachsen-Anhalt. Informationsbroschüre zur Nutzung von Erdwärme mit Erdwärmesonden. Landesamt für Geologie und Bergwesen Sachsen-Anhalt, Halle
9. LFMV (2006) Erdwärmesonden in Mecklenburg-Vorpommern. Landesamt für Umwelt, Naturschutz und Geologie, Güstrow
10. LFSH (2006) Geothermie in Schleswig-Holstein. Leitfaden für oberflächennahe Erdwärmeanlangen. Erdwärmekollektoren – Erdwärmesonden. Landesamt für Natur und Umwelt des Landes Schleswig-Holstein, Flintbek

11. LFBB (2009) Nutzung von Erdwärme in Brandenburg. Heizen und Kühlen mit oberflächennaher Geothermie: Ein Leitfaden für Bauherren, Planer und Fachhandwerker. Brandenburgische Energie Technologie Initiative, Potsdam
12. LFSS (2014) Erdwärmesonden. Informationsbroschüre zur Nutzung Oberflächennaher Geothermie. Landesamt für Umwelt, Landwirtschaft und Geologie, Dresden
13. Verein Deutscher Ingenieure (2001): VDI 4640. Blatt 1: Thermische Nutzung des Untergrundes – Grundlagen, Genehmigungen, Umweltaspekte. Verein Deutscher Ingenieure, Düsseldorf
14. Verein Deutscher Ingenieure (2001): VDI 4640. Blatt 2: Thermische Nutzung des Untergrundes – Erdgekoppelte Wärmepumpenanlagen. Verein Deutscher Ingenieure, Düsseldorf
15. www.umweltbundesamt.de/themen/chemikalien/wassergefährndende-stoffe/rechtliche-regelung. Zugriff: März 2015

7 Anlagen zur Energiespeicherung

Jede Erdwärmeanlage speichert während ihres Betriebes Energie: bei der Wärmgewinnung wird die Erdreichtemperatur abgesenkt, d. h. es wird Kälteenergie gespeichert und bei der Kältegewinnung wird die Erdreichtemperatur erhöht, d. h. es wird Wärme eingespeichert. Im Normalfall einer Anlage wird nur Wärme gewonnen, die gespeicherte Kälte ist „Abfallenergie". Anders ist es jedoch, wenn in einer Jahreszeit (z. B. im Winter) Wärme zu gewinnen ist, in einer anderen Jahreszeit (z. B. im Sommer) Klimakälte erforderlich ist. Dann wird aus einem Teil der jeweiligen „Abfallenergie" Nutzenergie, die die Effizienz der Gesamtanlage wesentlich erhöht (s. Abschn. 4.6.2).

Darüber hinaus gibt es jedoch Situationen, in denen große Abwärmemengen im Sommer anfallen und für den Gebrauch im Winter zwischengespeichert werden sollen. Das Verhältnis von ausspeisbarer Energie zur eingespeicherten Energie nennt man dabei Speicherwirkungsgrad. Typisch für diesen Fall sind Blockheizkraftwerke, die stromgeführt betrieben werden müssen (der Betrieb dieser Kraftwerke hängt alleine von der Nachfrage nach Strom ab), so dass im Sommer die Abwärme des Kraftwerkes nur teilweise oder gar nicht zur Gebäudeheizung mittels Fernwärmenetz nutzbar ist. Für die Speicherung sind dann große Wärmespeicher erforderlich, die einige Tausend MWh Speichervermögen erreichen können.

Große Heißwasserspeicher sind eine technische Lösung dafür. Das erforderliche Wasservolumen errechnet sich aus

$$V_W = \frac{W_{Speicher}}{(\rho c)_w \times \Delta T_{Speicher}} \tag{7.1}$$

F. Häfner et al., *Bau und Berechnung von Erdwärmeanlagen*,
DOI 10.1007/978-3-662-48201-8_7

Die Energiedichte ist dabei relativ groß (35 kWh/m^3 bei 30 K Temperaturspreizung). Ein einfaches Rechenexempel nach Gl. 7.1 zeigt jedoch, dass für 5000 MWh Energie ($W_{Speicher} = 5 \times 10^9 \times 3600 = 1{,}8 \times 10^{13}$ J), die bei einer Temperaturspreizung $\Delta T_{Speicher}$ von 30 K zwischen Einspeisung (90 °C) und Ausspeisung (60 °C) gespeichert werden sollen, eine Wassermenge von ca. 143.000 m^3 erforderlich ist – das wäre ein Speicherturm von 50 m Durchmesser und 73 m Höhe. Dieser Behälter muss außerdem hocheffizient thermoisoliert werden und am Fuß einem Innendruck von ca. 8 bar standhalten können. Bei guter Thermoisolation erreicht der Speicherwirkungsgrad Werte von über 90 %. Solche Bauwerke sind technisch möglich, jedoch so kostenintensiv, dass ein wirtschaftlicher Betrieb zumeist fraglich ist.

Das Erdreich ist zwar ein ungeheuer großer Energiespeicher, er hat jedoch den Nachteil, dass er thermodynamisch „offen" ist, so dass ein Teil der gespeicherten Energie nach außen abfließen kann. Mit zunehmender Speicherzeit sinkt die Energiedichte ständig ab, da die Speichertemperatur und damit auch die nutzbare Spreizung abnimmt (die Speichertemperatur nähert sich immer mehr der natürlichen Erdreichtemperatur). Da die zurückgewonnene Energie während der Ausspeisung jedoch eine vorgegebene Zieltemperatur nicht unterschreiten (bei Wärmeausspeisung) bzw. nicht überschreiten darf (bei Kälteausspeisung), beträgt die ausspeisbare Energie nur einen gewissen Bruchteil der eingespeicherten Energie, der Speicherwirkungsgrad erreicht höchstens 70 %.

Wie bereits aus dem Vergleich der Beispiele unter Abschn. 4.6.1 für ein Einfamilienhaus und unter Abschn. 4.6.2 für ein Geschäftshaus zu erkennen ist, bieten einzelne Erdwärmesonden keine effizienten Möglichkeiten zur Speicherung, da der Verlust der gespeicherten Energie an das umgebende Erdreich groß ist. Vorteilhafter sind große Anlagen, die die Energie in ganzen Sondenfeldern speichern. Die Effizienz eines solchen Erdwärmespeichers hängt jedoch ganz wesentlich vom Temperaturniveau der Ein- und Ausspeisung im Verhältnis zur mittleren geothermischen Temperatur des Erdreiches ab.

Aus diesen Überlegungen leiten sich nachfolgende technische Möglichkeiten zur Wärmespeicherung ab:

- Oberflächennahe EWS-Sondenfelder mit Tiefen bis zu 400 m,
- Tiefe Erdwärmesonden mit Tiefen bis zu 2000 m,
- Hydrothermale Sonden mit Wasserinjektion/-produktion mit Tiefen bis zu 2000 m.

Bohrungen mit größerer Tiefe als 2000 m wären zwar thermodynamisch vorteilhaft wegen der hohen Erdreichtemperaturen (s. Abb. 1.1), sie scheiden aber i. d. R. aus Kostengründen aus.

Für die Kältespeicherung sind nur oberflächennahe EWS-Sondenfelder in möglichst geringer Tiefe geeignet, da die mit der Tiefe steigenden Erdreichtemperaturen (s. Abb. 1.1) den Speicherwirkungsgrad stark verringern.

7.1 Oberflächennahe Wärmespeicher im Erdreich

Derartige Wärmespeicher werden typischerweise mit Erdwärmesonden bis zu 200 m Tiefe in einem Gebiet ohne nutzbare Grundwasserleiter in diesem Tiefenbereich geplant. Aus der Konzeptplanung eines Wärmespeichers im Stadtgebiet von Berlin soll folgendes typisches Beispiel entnommen werden.

Ein Biomasse-Blockheizkraftwerk mit einer thermischen Leistung von 4 MW_{th} soll im Sommer den nicht verwertbaren Anteil von ca. 1,6 MW_{th} bei einer Temperatur von maximal 120 °C im Erdreich zwischenspeichern. Bei Ausspeicherung soll die Wärme in das Fernwärmenetz mit mindestens 78 °C wieder eingespeist werden (Vorlauftemperatur des Fernwärmenetzes).

Um eine Vorstellung von Speicherwirkungsgrad und Effizienz der Speicherung zu erhalten, wurde ein Sondenfeld, ähnlich Abb. 4.19, mit Ringrohrsonden von 110 m Tiefe und einem Sondenabstand von 4 m berechnet.

Der Ausspeisebetrieb ist ohne Wärmepumpeneinsatz nicht möglich, weil bei Ausspeicherung das aus den EWS ausströmende Wasser bereits von Anfang an Temperaturen weit unter 78 °C besitzt. Der Speicherwirkungsgrad ist de facto Null. Im Abschn. 7.4 soll dieses Beispiel mit dem dafür geeigneten hydrothermalen Speicherverfahren analysiert werden.

Bei Einsatz von Wärmepumpen zum Hub der Ausspeichertemperatur auf die Fernwärmenetztemperatur kann man folgende Aussagen treffen:

- Die geothermische Temperatur des Erdreiches im Bereich 10–13 °C führt zu erheblichen Temperaturabnahmen der eingebrachten Speicherwärme und erlaubt bei der Ausspeicherung nur ein nutzbares Temperaturniveau von etwa 15 °C für eine ganze Heizperiode. Trotz der hohen Einspeisetemperatur liegt im Speicherinneren die Maximaltemperatur bei nur 48 °C und die Durchschnittstemperatur bei etwa 32 °C.
- Der Einsatz von Wärmepumpen mit einer Spreizung (Hub) von 0/78 °C bis 15/78 °C führt zu unangemessen schlechten Jahresarbeitszahlen im Bereich von 1,8 bis 2,6, die einen hohen Elektroenergiebedarf in der Ausspeicherperiode erfordern. Der nominelle Wärmerückgewinnungs-Wirkungsgrad (Speicherwirkungsgrad) liegt bei 90 %, wobei jedoch ein Großteil der Rückgewinnung durch die Wärmepumpen erzeugt wird und deshalb nicht relevant ist.

Der Einsatz eines Erdwärmesondenfeldes zur Speicherung im Verbund mit einem Fernwärmenetz ist energetisch nicht zu empfehlen, da die Differenz zwischen Speichertemperatur und geothermischer Temperatur sehr hoch ist. Er wäre nur dann erwägenswert, wenn der erforderliche hohe Elektroenergiebedarf für die Wärmepumpen mit einer maximalen Jahresarbeitszahl von 2,6 akzeptiert wird.

7.2 Oberflächennahe Kältespeicherung im Erdreich

Die Kältespeicherung zu Klimatisierungszwecken ist energetisch sehr viel günstiger zu bewerten als die Wärmespeicherung, weil die Differenz zwischen Speichertemperatur (0–10 °C) und geothermischer Temperatur (10–15 °C) sehr viel geringer ist, wodurch die Energieverluste in der Speicherzeit relativ klein sind. Wenn dann die gespeicherte Kälte eigentlich nur die Abfallenergie der Heizperiode ist, ergibt sich eine energetisch und wirtschaftlich ausserordentlich vorteilhafte Kombination. Unter Abschn. 4.6.2 wurde bereits ein solches Projekt vorgestellt, in dem eine Gesamtjahresarbeitszahl von 6,6 (s. Tab. 4.6) erreichbar ist. Neben dem energetischen Vorteil entsteht dabei auch eine für die Genehmigungsfähigkeit der Gesamtanlage günstige Situation, da sowohl während der Winterperiode die Temperaturen im Erdreich nicht so tief abfallen und im Sommer nicht so hoch ansteigen wie im Fall „ohne Speicherung". Die Anlage sollte deshalb in ihrer Grundauslegung so bemessen werden, dass die Energiebilanz des Erdreiches nahezu ausgeglichen ist (ausgespeicherte Energie gleich eingespeicherte Energie), der Speicherwirkungsgrad wird sich dabei der Marke 100 % nähern.

Ein eindrucksvolles Projekt dieser Art ist in einem Wohngebiet in Nürnberg-Langwasser realisiert [2]. Dort wurden drei Sondenfelder mit jeweils ca. 25–30 EWS und 99 m Tiefe angelegt, die mindestens 540 MWh/a Wärme (300 kW Leistung in 1800 Wärme-Jahresbetriebsstunden) und 180 MWh/a Kälte (225 kW Leistung bei 800 Kälte-Jahresbetriebsstunden) liefern.

7.3 Wärmespeicherung mit Tiefen Erdwärmesonden

Tiefe Erdwärmesonden sind, wie schon in Abschn. 2.4 ausgeführt, aus wirtschaftlichen Gründen nur dann in Betracht zu ziehen, wenn das Bohrloch für andere Zwecke abgeteuft wurde, aber dafür nicht mehr gebraucht wird (z. B. erfolglose Erkundungsbohrungen). Falls eine solche Situation vorliegt, kann die Sonde auch zur Wärmespeicherung genutzt werden. Dabei ist der in Abschn. 7.1 herausgestellte Nachteil der großen Differenz zwischen Speichertemperatur und geothermischer Temperatur deutlich geringer. Bisher sind jedoch solche Projekte nicht bekannt.

Die weitaus bessere und bereits mehrfach realisierte Technologie besteht in der Speicherung von heißem Wasser in tiefen wasserführenden geologischen Formationen, der sogenannten Aquifer-Speicherung oder hydrothermalen Speicherung.

7.4 Hydrothermale Wärmespeicherung mit Tiefbohrungen

Das angestrebte Ziel dieses Verfahrens ist es, geologische Schichten am gewünschten Standort zu finden, die eine natürliche geothermische Temperatur besitzen, die nur möglichst gering unterhalb der Zieltemperatur der Ausspeicherung liegt, so dass die Wärmeverluste im Speicherzeitraum gering bleiben. Im Gegensatz zu Tiefen Erdwärmesonden (d. h. Sonden, die keinerlei Verbindung zum natürlich vorhandenen Wasser bzw. Salzwasser der Schichten haben) müssen einige grundsätzliche vor- und nachteilige Eigenschaften genannt werden.

Vorteile

- Die Wärmeleistung bei Ein- und Ausspeicherung ist hydrothermal um mindestens das Zehnfache höher. Eine Tiefe Erwärmesonde von 1000 m Tiefe erreicht maximal eine Leistung in der Größenordnung von 50 kW, eine hydrothermale Sonde kann jedoch Leistungen im Megawatt-Bereich erzielen.
- Die hydrothermale Speicherung kann auf den Einsatz von Wärmepumpen verzichten, da die Ausspeichertemperaturen u. U. hoch genug sind, um eine Direkteinspeisung in das Fernwärmenetz zu ermöglichen. Tiefe Erdwärmesonden dagegen erfordern stets den Einsatz einer Wärmepumpe, da die Ausspeichertemperatur nur sehr kurzzeitig (einige Stunden) die erforderliche Vorlauftemperatur des Wärmenutzers (z. B. 65 °C) übersteigt. Der elektrische Leistungsbedarf der Wärmepumpe „frisst" dabei den energetischen Vorteil der Speicherung i. d. R. vollständig auf.
- Die speicherfähige Wärmearbeit des hydrothermalen Verfahrens übersteigt die der Tiefen EWS nahezu im gleichen Maße wie die Leistungen.
- Die Energieverluste in den Bohrlöchern selbst können im Gegensatz zur Tiefen Erdwärmesonde gering gehalten werden, wenn das Innenrohr thermisch isoliert ist (z. B. Polyamidrohr oder Stahl-Doppelrohrinstallation mit Isolation).
- Die große Tiefe der Speicher und ihre Lage weit unterhalb der nutzbaren Grundwasserhorizonte vermeidet von vornherein eine Gefährdung des Grundwassers durch Temperatur- oder Schadstoffkontamination.

Nachteile

- Hydrothermale Sonden brauchen einen Speicherhorizont, der eine gute Durchlässigkeit (Permeabilität von 100–5000 Millidarcy, entsprechend einem Durchlässigkeitsbeiwert von $7{,}7 \times 10^{-7}$–$3{,}7 \times 10^{-5}$ m/s) und eine möglisch große Mächtigkeit (Schichtdicke von 10 m und mehr) besitzt. Das erfordert eine vorherige geologische Erkundung, wenn keine detaillierten Kenntnisse über den geologischen Bau des tiefen Untergrundes am Standort vorliegen. In Großteilen des Norddeutschen Beckens und in anderen Gebieten, in denen bereits früher nach Erdöl und Erdgas gesucht wurde, ist jedoch zumeist ein guter Kenntnisstand gegeben.
- Das Schichtwasser der Horizonte ist zumeist stark mineralisiert und ausserordentlich korrosiv. Bei der geothermischen Temperatur liegt das Fluid gesättigt vor und erreicht Dichten bis zu 1,2 g/cm^3. Da die Löslichkeit mit sinkender Temperatur abnimmt, fallen bei Abkühlung des geförderten heißen Wassers Minerale (Steinsalz und andere Chloride, aber u. U. auch Schwermetallsalze) aus, die die Wärmetauscher und Rohrleitungen blockieren können. Deshalb muss das Salzwasser bei Ausspeicherung i. d. R. gefiltert

werden und es darf kein Sauerstoff zutreten. Ganz besonders anfällig sind die Tauchpumpen im Bohrloch, mit denen das Wasser bei Ausspeicherung gewonnen wird.
- Je nach Durchlässigkeit des Speicherhorizontes muss damit gerechnet werden, dass sowohl bei Förderung als auch bei Injektion des Wassers elektrische Energie für die Pumpen in der Größenordnung von einigen Hundert kW erforderlich ist.

In Deutschland wurde bereits eine Reihe von hydrothermalen Wärmespeichern sehr erfolgreich gebaut und in Betrieb genommen, so z. B. im Regierungsviertel in Berlin (Reichstag) und für ein Fernwärmenetz in Neubrandenburg [4]. In diesem Buch liegt die schwierige Problematik der hydrothermalen Speicherung am Rande, so dass auf die umfangreichen Publikationen des Unternehmens „GTN Geothermie Neubrandenburg" [3] und der Website des „BINE Informationsdienstes für die Energieforschung" [1] verwiesen wird.

Als ein typisches Beispiel soll das in Abschn. 7.1 bereits erwähnte Problem der Speicherung für ein Fernwärmenetz aufgegriffen werden. Dazu wurden die geologischen Verhältnisse im Raum Berlin genutzt, der Speicherhorizont ist ein Sandstein in ca. 800 m Tiefe, 20 m mächtig, mit einer Permeabilität von 2,3 Darcy, 30 % Porosität und einer geothermischen Temperatur von 34 °C.

Die Simulation des Speicherprozesses erfolgt mit ModGeo3D. Die Sondendublette besteht aus einer Speichersonde und einer Wasserversorgersonde in 330 m Abstand. Die Bohrungen werden von einem Bohrplatz aus als abgelenkte Tiefbohrungen abgeteuft, die in der Zielformation den o. g. Abstand besitzen. Die Wärmeeinspeicherung soll jährlich in zwei Zyklen (Mai/Juni: 1230 MWh, August/September: 1740 MWh, insgesamt 2280 Jahresbetriebsstunden) und die Ausspeisung im Winter (November-März, 3600 Jahresbetriebsstunden) erfolgen.

Für das 10. Betriebsjahr zeigt Abb. 7.1 den Verlauf des Wasservolumenstromes und der Kopftemperaturen der Sonden.

Dazu werden in Abb. 7.2 die Leistungen im 10. Betriebsjahr dargestellt. Der Betrieb ohne Einsatz einer Wärmepumpe (WP) bedeutet, dass bei Ausspeisetemperaturen unterhalb der Vorlauftemperatur des Fernwärmenetzes (78 °C) die Ausspeisung beendet werden muss (Volumestrom = 0). Falls jedoch die Wärmeausspeisung einen hohen Stellenwert besitzt, kann bei Abfall der Ausspeisetemperatur und damit auch der Ausspeiseleistung unter ein vorzugebendes Niveau (in diesem Fall hier 91 °C und 319 kW) eine Wärmepumpe eingesetzt werden, die die Einspeisetemperatur in das Fernwärmenetz (78 °C) und die Wärmeleistung (319 kW) über die restliche Zeit (s. Abb. 7.2, vom 152. Tag bis 280. Tag) absichert.

In Tab. 7.1 werden die Ergebnisse des Speicherbetriebes nur für das 10. Benutzungsjahr aufgeführt, da sich die Daten im Anlaufprozess natürlicherweise ändern.

Der Einsatz der Wärmepumpe in der zweiten Hälfte der Ausspeiseperiode vergrößert zwar die Wärmebereitstellung erheblich. Beachtet man die dazu notwendige Elektroenergie, dann zeigt eine einfache Erlösrechnung (120 €/MWh Wärme, abzüglich Kosten der Elektroenergie 160 €/MWh und Abschreibungen für die Wärmepumpe), dass der Wärmepumpeneinsatz den spezifischen Erlös verringert, wobei jedoch der jährliche Saldo trotzdem positiv bleibt (s.Tab. 7.1).

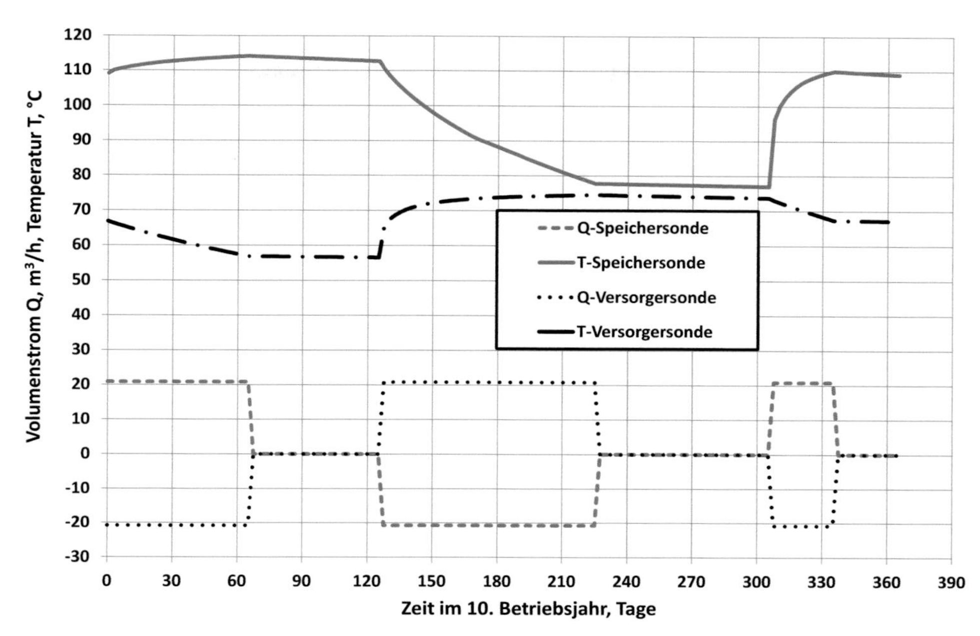

Abb. 7.1 Volumenstrom- und Temperaturverlauf (Sondenkopftemperaturen) im 10. Betriebsjahr des Speichers, ohne Einsatz einer Wärmepumpe (WP)

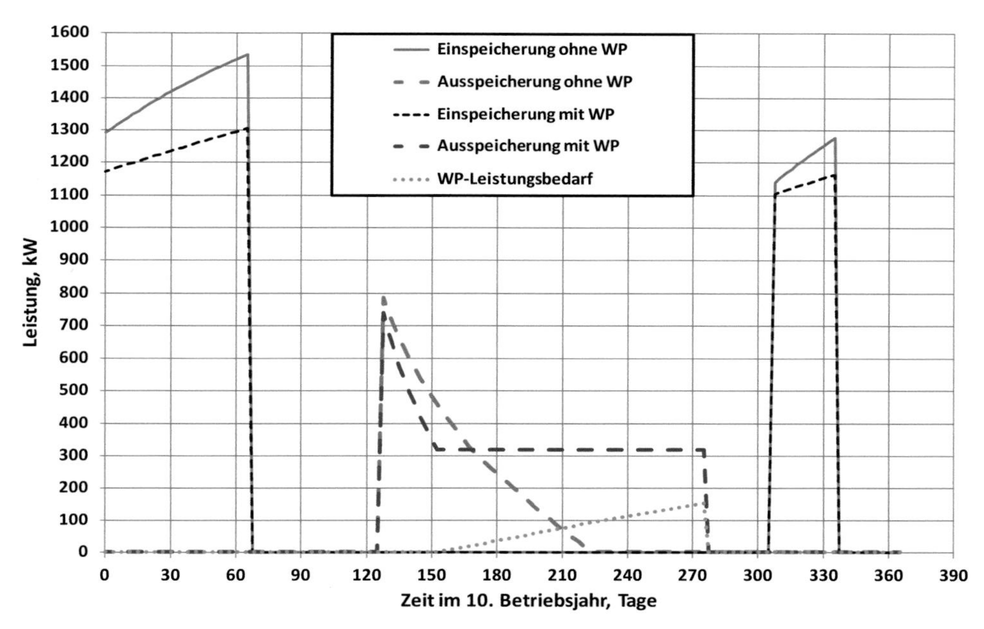

Abb. 7.2 Verlauf der Wärmeleistung im 10. Betriebsjahr bei Ein- und Ausspeicherung ohne/mit Einsatz einer Wärmepumpe (WP) bei Ausspeicherung

Tab. 7.1 Eckdaten der hydrothermalen Speicherung im 10. Betriebsjahr

	Ohne Wärmepumpeneinsatz	Mit Wärmepumpeneinsatz
Einspeichertemperatur,°C	120	120
Zieltemperatur der Ausspeicherung,°C	78	78
Eingespeicherte Wärmearbeit, MWh	3140	2792
Ausgespeicherte Wärmearbeit, MWh	738	1272
Arbeitsbedarf der Wärmepumpe, MWh	0	234,6
Jahresarbeitszahl der Wärmepumpe	–	5,42
Speicherwirkungsgrad, %	23,5	45,5
Spezifischer Erlös, €/MWh ausgespeicherte Wärme	120	82
Gesamterlös für ausgespeicherte Wärme, €/a	88.560	105.050

Zusammenfassung zu Kap. 7

Die Speicherung von Wärme bzw. Kälte im Untergrund ist nicht für alle Bedingungen eine attraktive Lösung. Prinzipiell ist die oberflächennahe Speicherung für große Anlagen, die ein ganzes Feld von EWS benötigen, wesentlich effizienter als für einzelne EWS. Ebenso sollte die Differenz der mittleren geothermischen Temperatur des Speicherbereiches und der Speichertemperatur möglichst gering sein, um die Verluste klein zu halten.

Wirtschaftlich vorteilhaft ist die Klimakältespeichererung im oberflächennahen Bereich in Verbindung mit der Erdwärmeheizung, da in diesem Fall sonst die Kälte nutzlose Abfallenergie wäre.

Wärmespeicherung ist nur in größerer Tiefe wirtschaftlich sinnvoll, wobei hier die hydrothermale Speicherung, d. h. die Speicherung in Form von Heißwasser, zu bevorzugen ist.

Literatur

1. BINE Informationsdienst. www.bine.info, Zugriff 03.04.2015
2. Eber E, Heske A, Kolsch O (2011) Saisonaler geothermischer Energiespeicher zur Wärme- und Kälteversorgung des Foto-Quelle-Areales in Nürnberg-Langwasser. bbr Leitungsbau Brunnenbau Geothermie, H 11, S 26–31.
3. GTN Geothermie Neubrandenburg, http://www.gtn-online.de/Veroffentlichungen, Zugriff 03.06.2015.
4. Kabus F, Seibt P (2015) Best Practice: Aquiferwärmespeicher – Erfahrungen und Nutzung. Vortrag zum Kongress GeoTHERM, 5.-6.März 2015, Offenburg. http://www.geotherm-offenburg.de/de/geotherm_bibliothek. Zugriff 25.05.2015

8 Kostenvergleiche

Kostenvergleiche bleiben in der Regel nur sehr kurzlebig aktuell. In diesem Abschnitt sollen für zwei Beispielanlagen, die in den vorangegangenen Abschnitten energetisch und technisch bewertet wurden, Kostenvergleiche für die Endprodukte Wärme oder Wärme + Kälte nach der Annuitätsmethode beispielhaft berechnet werden, wobei die Preise für Anlagenteile, Bohrmeter und Energie (Gas, Strom) dem Niveau des Jahres 2015 in Deutschland entsprechen bzw. mit geschätzten zukünftigen Steigerungsraten versehen werden.

Die Standzeit (Benutzungszeitraum) der technischen Anlagen wird hier mit 15 Jahren angesetzt, ausgenommen die Bohrlöcher und die Abgasführung (Schornstein), deren Standzeit vorsichtig mit nur 30 Jahren angenommen wird. Der Kapital-Zinssatz (Zinsfuß) soll 4 % betragen.

Die im gesamten Benutzungszeitraum anfallenden Kapitalkosten K_{gesamt} berechnen sich mit den Beschaffungskosten K_0 aus

$$K_{gesamt} = K_0 \times \left[1 + \frac{Zinsfu\beta\% / 100 \times (Standzeit + 1)}{2} \right]. \quad (8.1)$$

Für langlebige Anlagen, wie Bohrungen und Abgasanlagen mit einer Standzeit von 30 Jahren werden die Kosten, die in den ersten 15 Jahren anfallen, aus

$$K_{gesamt} = K_0 \times \left[1 + \frac{Zinsfu\beta\% / 100 \times (3 \times Standzeit + 1)}{4} \right] \quad (8.2)$$

berechnet.

Die Energiekosten (Strom, Gas) sollen einen Basispreis E_0 (Niveau 2015) besitzen, der pro Jahr um einen geschätzten, inflationsbereinigten prozentualen Betrag (z. B. 2 %

F. Häfner et al., *Bau und Berechnung von Erdwärmeanlagen*,
DOI 10.1007/978-3-662-48201-8_8

pro Jahr) steigt, woraus sich die Gesamtenergiekosten E_{gesamt} im Benutzungszeitraum berechnen lassen nach

$$E_{gesamt} = E_0 \times \frac{(1+\frac{Anstiegs\%}{100})^{Standzeit} - 1}{\ln(1+\frac{Anstiegs\%}{100})} (für\ Anstiegs\% > 0) \quad (8.3)$$

Die mittleren jährlichen Kosten (Jahresannuität) ergeben sich dann aus den Gesamtkosten, dividiert durch die Benutzungszeit in Jahren.

Für private Bauherren, z. B. bei einem Einfamilienhaus, werden die Bruttokosten (d. h. einschließlich der gesetzlichen Umsatzsteuer) berücksichtigt, für das Beispiel eines Geschäftshauses jedoch nur die Nettokosten, die das Unternehmen tatsächlich belasten.

8.1 Kosten für die in Abschn. 4.6.1 beschriebene Einfamilienhaus-Heizungsanlage

Die in Abschn. 4.6.1 beschriebene Heizungsanlage wurde nach der Annuitätsmethode kostenmäßig bewertet. Unter www.blz-geotechnik.de/software kann das zugehörige Excel-Sheet (Kosten-Erdwärmeanlagen.xlsx) heruntergeladen werden. Tab. 8.1 stellt die Gestehungskosten für verschiedene Anlagentypen zusammen, wobei der Leistunsanteil im Wesentlichen Kapital- und Wartungskosten und der Arbeitsanteil die Energiekosten für Strom/Gas enthält. Der Umwelt-Vorteil der Erdwärmenutzung schlägt sich nicht (oder noch nicht) in den Kosten nieder. Das Erneuerbare-Energien-Wärme-Gesetz (EEWärmeG) hat jedoch im Jahr 2015 neue Förderquoten festgelegt, die Erdwärmeanlagen auch wirtschaftlich vorteilhafter gestalten als konventionelle Heizungsanlagen. Da bei den konventionellen Anlagen der Arbeitsanteil (Gaskosten) etwa 50 % der Gestehungskosten ausmacht, ist bei einem zukünftig stärkeren Anstieg der Energiekosten als 2 % pro Jahr ein höherer Wert als in Tab. 8.1 ausgewiesen zu erwarten. Bereits ein jährlicher An-

Tab. 8.1 Zusammenstellung der Kosten für eine Einfamilienhaus-Heizung mit verschiedenen Anlagentypen von 100 m Tiefe (Werte in Klammern gelten unter Berücksichtigung der Förderung nach EEWärmeG/KfW-Marktanreizprogramm 2015)

	Leistungsanteil €cent/kWh	Arbeitsanteil €cent/kWh	Gestehungskosten €cent/kWh
Brennwert-Gaskessel	10,8	8,1	18,9
EWS, Doppel-U (120 m Tiefe)	14,8 (11, 5)	5,2	20,0 (16, 7)
EWS, Ringrohr	14,5 (11, 2)	5,1	19,6 (16, 3)
EWS, Ringrohr, mit Solareinspeisung	17,2 (12, 5)	4,8	22,0 (17, 3)

Tab. 8.2 Zusammenstellung der Kosten für die Heizung und Klimatisierung eines Geschäftshauses mit Erdwärme- bzw. konventioneller Anlage

	Leistungsanteil €cent/kWh	Arbeitsanteil €cent/kWh	Gestehungskosten €cent/kWh
Konventionell: Gasbrennwertkessel + Kälteaggregat	2,8	6,0	8,8
Erdwärmeanlage mit 45 EWS (60 m tief)	5,0	2,4	7,4

stieg des Gaspreises um 4 % würde die Gestehungskosten auf 20,3 €cent/kWh gegenüber 18,9 €cent/kWh (bei 2 % Preisanstieg) steigen lassen.

Allerdings muss auch daraufhingewiesen werden, dass die Erdwärmeheizung im Hausinneren höhere Kosten verursacht, da sie im Gegensatz zur Gasheizung unbedingt Flächenheizkörper (Fußboden-, Wandheizung) mit geringer Vorlauftemperatur verlangt. Da diese Heizungsart jedoch auch den Komfort des Hauses erhöht, werden diese zusätzlichen Aufwendungen nicht der Heizanlage zugerechnet.

8.2 Kosten für die in Abschn. 4.6.2 beschriebene Geschäftshaus-Anlage

Das moderne Geschäftshaus mit viel Glasfassade soll – wie im Zeitalter des Klimawandels sinnvoll und notwendig – mit einer Klimaanlage ausgerüstet werden, die auch in heißen Sommern eine erträgliche Zimmertemperatur sichert. In Abschn. 4.6.2 wurden die verschiedenen geologischen und technischen Aspekte der Anlagenkonfiguration betrachtet. Tab. 8.2 stellt die Netto-Kosten je kWh Wärme/Kälte zusammen. Der wirtschaftliche Vorteil der Erdwärmenutzung, hier besonders durch die Speicherung der „Abfallenergie" des winterlichen Heizbetriebes und der Nutzung als Klimakälte im Sommer, wird deutlich. Dieser Vorteil wird sich bei einer mehr als zwei prozentigen Steigerung der Energiepreise in Zukunft noch deutlicher ausprägen, da Dreiviertel der Kosten einer konventionellen Anlage Energiekosten sind.

Unter www.blz-geotechnik.de/software kann das zu Tab. 8.2 zugehörige Excel-Sheet (Kosten-Erdwärmeanlagen.xlsx) heruntergeladen werden.

Zusammenfassung zu Kap. 8

Die hier angestellten Kostenvergleiche können naturgemäß nicht die Detailliertheit und Aktualität einer Kostenrechnung für ein reales Projekt aufweisen. Insbesondere sind die Kostenschätzungen für technische Anlagenteile nur grobe Richtwerte. Wesentlich ist jedoch der wirtschaftliche Vergleich verschiedener Anlagentypen, um sowohl die vorteilhafte Anwendung von regenerativen Anlagen herauszukristallisieren als auch überzogene Vorstellungen über Kosteneinsparungen gegenüber konventionellen Anlagen gerade zu rücken.

Bei vielen Anlagen, insbesondere im privaten Bereich, wird man neben den wirtschaftlichen Aspekten immer auch ein großes **grünes Herz** in die Waagschale werfen müssen, um sie bauen zu können.

Ergänzende Informationen

9

9.1 Input-Datei ModTherm für das Beispiel Einfamilienhaus

(nur die fettgedruckten Daten sind im Dialog einzugeben, groß geschriebene Dialogantworten sind Default=Standardwerte)

***** Im Dialog gespeicherte - Daten für ModTherm - U-Rohr/Koaxial/Direktverdampfer *****
Name+Antriebsart der Wärmepumpe (0=Elektro,1=Gas/Diesel), Sondenanzahl, Temperaturverlust ?
Einfamilienhaus , **0 1 3.000E+00**
2, 0.000E+00 Nummer der Sonde in 3D-Modellierung, Einzugsradius (m)

Anlagentyp DIREKT - VERDAMPFUNG und/oder WASSER-ZIRKULATION :
- Gebäude-Heizung (H) - Dampf- oder Wasserzirkulation (H ist default, mit ENTER zu erledigen)
- Klimatisierung (k) - Dampf- und/oder Wasserzirkulation
- Oberflächen-, Weichen-, Bahnsteigheizung (o) - ohne Wasserzirkulation

+ Belastungsstunden/Jahr (Default bei "h/k": 2550, bei "o": 637.) ?
h, 2.550E+03

Zirkulations-Medium: - Propan (P) und Gesamtfüllmasse (Zahlenwert in kg) oder
- Ethan (e) und Gesamtfüllmasse (Zahlenwert in kg) oder
- Co2 (c) und Gesamtfüllmasse (Zahlenwert in kg) oder
- Ammoniak (a) und Gesamtfüllmasse (Zahlenwert in kg) oder
- Wasser (w) und Prozentanteil Ethanol/Glykol im Wasser ?

w 0.000E+00

Zirkulation in Ringraum + Zentralrohr (Z/z) (für Dampf und Wasser) oder
+ eingebettetes Rohr im Ringraum (R/r) (nur für Dampf) oder
+ eingebettetes Rohr im Zement/Gestein (G/g), (für Dampf und Wasser) oder
im U-Rohr (u) (für Dampf und Wasser, innerhalb der Verdampfer-Rohrtour oder Bohrloch ?
(z/r/g/ = Injektion in Ringraum, z-inject, Z/R/G = Förderung aus Ringraum !)
(u = Einfach-U-Rohr, U = Doppel-U-Rohr, Injektion immer in "inneres" Wasserrohr) ?
U, 0.000E+00

F. Häfner et al., *Bau und Berechnung von Erdwärmeanlagen*,
DOI 10.1007/978-3-662-48201-8_9

***** Input folgender Werte (durch Komma oder Leerzeichen getrennt):
WÄRMEleistung der Anlage (kW, >=0), min. Verdampfungs-/Injektionstemperatur (°C) und
WÄRMEleistung bei Kältebetrieb (kW, >=0), maximale Verdampfungstemperatur (°C) und
Max. Temperatur (16°C) Klimaanlage, Abwärme-Einkopplung, kW (default=0)
Zirkulationsrate des Wasserkreislaufes (l/s) und
Heizungsvorlauf MAX (default:45°C) und Heizungsvorlauf bei Kältegewinn(default:35°C) ?
5.00E+01 0.00E+00
0.00E+00 0.00E+00
0.00E+00 0.00E+00
3.000E-01
4.50E+01 3.50E+01

Betriebsbeginn bei Tag(1...31), Monat(1...12), Jahr (2014...) ?
1 9 2014

Monatliche Stressperioden und Belastung nach Diagramm (M) oder Vorgabe aller Werte (v/t)
ITSY (=1 für Systemtemp., =0 für Systemdruck)
ANTSTEU=L (Steuerung nach Leistung, ANTSTEU=T (nach Kopftemp.), Betriebsstunden/Tag
m 1 L -1.00000000000000
0 **1.82500E+03** n 0

dominante Kälte von-bis, nächtliche Wärme von-bis, immer Wärme von-bis ?
0, 0, 0, 0, 0, 0

Input folgender Werte (durch Komma oder Leerzeichen getrennt):
Verdampferlänge (Tiefe) der Sonde (m) ?
Erdtemperatur in ca. 2 m Tiefe = Erdoberfläche, °C (default=10)
Erdtemperatur am Ende des Verdampferrohres=Endteufe, °C (default=0.03*Tiefe)

100.000000000000 10.0000000000000 13.0000000000000
100.000000000000
Gitterdimension: ima, kmab, kma
51 50 70

Input folgender Werte (durch Komma oder Leerzeichen getrennt):
Bohrlochdurchmesser (mm)
Aussendurchmesser Zementiertes Rohr/Verdampferrohr (mm)
Wanddicke (mm) ? (bei U-Rohr-Wasserzirkulation: Verdampfer=0.
120.000000000000 120.000000000000 0.000000000000000E+000

Input folgender Werte (durch Komma oder Leerzeichen getrennt):
Aussendurchmesser des "inneren" Wasserrohres und Wanddicke (mm)
Aussendurchmesser des "äusseren" Wasserrohres und Wanddicke (mm) ?
32.0000000000000 2.60000000000000 32.0000000000000
2.60000000000000

Input folgender Werte (durch Komma oder Leerzeichen getrennt):
Wassergesättigte (totale) Porosität des Gesteins, % (default=20)
Dichte des wassergesättigten Gesteins, kg/m3, (default=2600)
spez.Wärmekapazität des trockenen Gesteins, J/kg/K (default=850)
Wärmeleitfähigkeit des wassergesättigten Gesteins, W/m/K (default=2.1) ?
20.0000000000000 2600.00000000000 850.000000000000
2.10000000000000

```
Input für gefrorenes Gestein (durch Komma oder Leerzeichen getrennt):
  Dichte des wassergesättigten Gesteins, kg/m3, (default=ungefroren)
  spez.Wärmekapazität des trockenen Gesteins, J/kg/K (default=ungefroren)
  Wärmeleitfähigkeit des wassergesättigten Gesteins, W/m/K (default=ungefroren*1.3) ?
  2600.00000000000      850.000000000000      2.72999989986420

        2 = Anzahl Observationspunkte (Nr. / Radius(m), z-Koord.(m)
 1  1.000E-01  -1.000E+00
 2  1.000E+00  -5.000E+01

--- Verwendete Materialarten der Rohre/Verfüllung -----------------
Raum Nr.  Dichte(kg/m3)  sp.Waerme(J/kgK) W.-Leitf.(W/mK)  Name      Verwendung
 1    2   9.600E+02     1.800E+03        4.200E-01      PE-glatt   Zentralrohr oder  U-Schenkel
 2    2   9.600E+02     1.800E+03        4.200E-01      PE-glatt   Andere Rohre
 3    9   1.600E+03     6.600E+02        2.000E+00      Zement     Verfüllung
```

9.2 Zusammenfassung der gesetzlichen Grundlagen, Richtlinien und Vorschriften

Geltende Gesetze, Richtlinie, Vorschriften	Inhalte
Bundesberggesetz BBergG	Nach § 3 Abs. 3 Satz 2 Nr. 2b BBergG gilt Erdwärme als bergfreier Bodenschatz, ohne Angabe von Tiefen
	Für die Erdwärmegewinnung bedarf es der Bewilligung nach § 8 BBergG oder des Bergwerkseigentums nach §§ 9 bzw. 149 BBergG, und zwar unabhängig von der Tiefe des Nutzhorizontes
	Innerhalb der Frist entscheidet die Bergbehörde, ob für die Bohrung, aus Rücksicht auf den Schutz Beschäftigter oder Dritter oder wegen der Bedeutung der Bohrung, ein Betriebsplan nach § 51 ff. BBergG erforderlich ist
	Ist im Einzelfall ein Betriebsplan erforderlich, werden im Zulassungsverfahren nach § 55 ff. BBergG auch andere betroffene Behörden von der Bergbehörde beteiligt
	Stellt eine der im Betriebsplan beschriebenen Tätigkeiten (z. B. Bohrungen im Grundwasser, vorübergehende Grundwasserentnahme, Pumpversuche) einen Benutzungstatbestand im Sinne des Wasserhaushaltsgesetzes (WHG) dar, entscheidet die Bergbehörde im Einvernehmen mit der Wasserbehörde auch über die dafür erforderliche wasserrechtliche Erlaubnis
	Die Erdwärmenutzung kann einer Bewilligung nach § 8 BBergG nicht bedürfen, wenn das Freisetzen der Erdwärme innerhalb des Grundstückes geschieht (z. B. 5 m Abstand von Grundstücksgrenze, Anlagen <= 30 kW)
	Bohrungen < 100 m bedürfen der Bauherrnaufsicht
	Bohrungen > 100 m bedürfen i. d. R. der Bergaufsicht

Geltende Gesetze, Richtlinie, Vorschriften	Inhalte
Lagerstättengesetz LagerStG	Gemäß dem Lagerstättengesetz vom 4. 12. 1934 (RGBl. I S. 1223; BGBl. Tl. I, Nr. 22 in der jeweils gültigen Fassung) sind alle Bohrungen für die Erdwärmesonden bei den staatlichen geologischen Diensten (SGD) anzuzeigen und auf Verlangen die Bohrungsdokumentationen zur Verfügung zu stellen
	Die Ergebnisse der Bohrung (Lageplan und Schichtenprofil) sind zudem (spätestens vier Wochen) nach Abschluss der Bauarbeiten dem jeweils zuständigen staatlichen geologischen Diensten zu übermitteln (gemäß Lagerstättengesetz, Artikel 189, Bundesgesetzblatt 22 vom 9.3.1974)
Wasserhaushaltsgesetz WHG	Der Bau einer Erdwärmeanlage (Anlagen in Privathaushalten) unterliegt der allgemeinen Sorgfaltspflicht gemäß § 5 WHG.
	Soweit ein wasserrechtlicher Benutzungstatbestand nach § 9 WHG vorliegt (Betrieb von Energiespeicheranlagen), ist hierfür eine behördliche Erlaubnis erforderlich (§ 8 WHG)
	Anlage mit einer Leistung >30 KW oder einer Bohrlochtiefe >100 m bedürfen einer wasserrechtlichen Erlaubnis, deren Antrag auf Erteilung nicht separat an die Wasserbehörde gestellt werden muss, sondern in der Anzeige des Bohrvorhabens an die Bergbehörde (zuständig für Bohrungen tiefer 100 m) enthalten und intern unter den Behörden abgesprochen sein
	Sind die geplanten Maßnahmen geeignet, dauernd oder in einem nicht unerheblichen Ausmaß schädliche Veränderungen der physikalischen (Temperatur), chemischen oder biologischen Beschaffenheit des Wassers herbeizuführen so gilt dies als Tatbestand und ein wasserrechtliches Erlaubnisverfahren nach § 8 WHG ist einzuleiten (Erlaubnisbedürftige Tatbestände können vor allem während des Bohrvorgangs, z. B. bei Verwendung von Spülungszusätzen und insbesondere bei der Durchteufung verschiedener Grundwasserstockwerke sein)
	Geringfügige Temperaturveränderungen beim Betrieb von Einzelanlagen in Ein- und Zweifamilienhäusern stellt in der Regel keinen Benutzungstatbestand nach WHG dar
	Erdwärmesonden, die so tief in den Boden eindringen, dass sie sich unmittelbar oder mittelbar auf die Bewegung, die Höhe oder die Beschaffenheit des Grundwassers auswirken können, sind der zuständigen Behörde einen Monat vor Beginn der Arbeiten anzuzeigen (§ 49 WHG)
	Auch wenn in der vorgesehenen Einbautiefe der Erdwärmesonde Grundwasser ansteht, kann dem Einbau zugestimmt werden, insofern ein freier (kein gespannter oder artesischer) Wasserspiegel vorliegt
	Nach §§ 52 und 53 WHG sind EWS in Wasserschutzgebieten und Heilquellenschutzgebieten der Zonen I und II bzw. A verboten

Geltende Gesetze, Richtlinie, Vorschriften	Inhalte
	Anlagen zum Verwenden wassergefährdender Stoffe im Bereich der gewerblichen Wirtschaft und im Bereich öffentlicher Einrichtungen (§ 62 Abs. 1 WHG) unterliegen der Verordnung über Anlagen im Umgang mit wassergefährdenden Stoffen (VAwS) der einzelnen Länder
Empfehlung der Bund/-Länder Arbeitsgemeinschaft Wasser (LAWA 2011)	*Inhalt* Wasserwirtschaftliche Anforderungen an Erdwärmesonden für Anlagen mit einer Leistung kleiner 30 kW
	Das LAWA-Papier unterstützt die geltenden Anforderungen der einschlägigen allgemein anerkannten Regeln der Technik (DIN 8901, VDI 4640, *DVGW-Arbeitsblätter)*
	Allgemein Ein Mindestabstand der EWS-Anlagen zueinander von 10 m und ein Abstand der EWS zur Grundstücksgrenze von 5 m (unter Absprache mit der Nachbarschaft ist auch ein geringerer Abstand von 1 m zulässig) ist empfohlen
	Vorfelduntersuchungen/Dimensionierung Die Dimensionierung von Erdwärmesonden muss auf die lokalen geologischen, hydrogeologischen und geothermischen Bedingungen abgestimmt sein
	Grundwasserschutz Als Wärmeträgermedien dürfen Wasser oder nicht wassergefährdende Stoffe verwendet werden
	Wässrige Lösungen der Wassergefährdungsklasse (WGK) 1 auf Grundlage der Stoffe Ethylenglykol (Ethandiol) oder Propylenglykol (1,2-Propandiol) erforderlichenfalls unter Zusatz von Korrosionsinhibitoren können eingesetzt werden, soweit dies nicht den Anforderungen an Wasser- und Heilquellenschutzgebiete und sonstige schützenswerte Grundwasservorkommen entgegensteht
	Eine Verwendung voll- oder teilhalogenierter Fluorkohlenwasserstoffe (FKW bzw. HFKW) ist nicht zulässig
	Temperatur/Leistung Ein frostfreier Betrieb ist sicherzustellen
	Technische Anforderungen Bei Verwendung wassergefährdender Stoffe sind PE-HD-Werkstoffe mit nachweislich höherer Spannungsrissbeständigkeit und Punktlastbeständigkeit (z. B. PE-X oder PE 100-RC) zu verwenden
	Für den Kühlbetrieb oder die Einleitung von Wärme (z. B. von Sonnenkollektoren) sind PE-HD-Werkstoffe mit nachweislich höherer Temperaturbeständigkeit (z. B. PE-X) zu verwenden
	Ein allseitiger Ringraum zwischen Bohrlochwand und Sonde von mindestens 30 mm ist erforderlich

Geltende Gesetze, Richtlinie, Vorschriften	Inhalte
	Es sind ausschließlich auf Bentonit-Zement- oder Bentonit-Zement-Sand-Gemischen basierende Hinterfüllmaterialien zu verwenden (vom Hersteller für diesen Einsatzbereich vorgesehen)
	Hinterfüllmaterialien müssen folgende Anforderungen erfüllen: dauerhaft dicht, widerstandsfähig gegen Frost-Tauwechselerschütterungsresistent, beständig gegenüber dem anstehenden Grundwasser, erosionsstabil
VDI-Richtlinie 4640-1 (VDI 4640-1 2000)	*Inhalt* Die Richtlinie VDI 4640 bezieht sich auf die thermische Nutzung des Untergrundes bis etwa 400 m Tiefe
	Grundlagendarstellung
	Aufführung erforderlicher Genehmigungen zu Wasserrecht, Wasserrechtsverfahren sowie grundsätzlichen wasserwirtschaftlichen Zielsetzungen und zum Bergrecht
	Inhalte zur Genehmigungspraxis in Österreich und der Schweiz
	Sicherheitsaspekte der Wärmepumpe
	Standortbewertung (Mögliche weitere Untersuchungen bei größeren Anlagen)
	Umweltaspekte (Einfluss von Wärmepumpen-Arbeitsmitteln)
	Umweltschutz bei Bohrarbeiten
	Umweltgerechte Materialauswahl für Einbauten im Untergrund
	Wärmeträgermedien in Erdwärmesonden
	Grundwasserschutz Die Wärmeträgerflüssigkeit muss ihren Inhaltsstoffen nach maximal der Wassergefährdungsklasse (WGK) 1 zugeordnet sein
	Bohrspülungen dürfen keine wassergefährdenden Stoffe enthalten; es ist möglichst nur reines Wasser zu verwenden
	Der Einbau von Erdwärmesonden in ergiebige Grundwasservorkommen tieferer Grundwasserstockwerken, die sich für die Trinkwassergewinnung eignen, ist abzulehnen
	Bei einer Nutzung des Untergrundes zur thermischen Energiespeicherung ist eine nachteilige Veränderungen des Grundwassers sowie nachteilige Wirkungen für andere zu verhüten oder auszugleichen
	Die Richtlinien für Trinkwasser- und Heilquellenschutzgebiete sind einzuhalten
	Temperatur In den meisten Regionen ist eine Abkühlung des Grundwassers erwünscht (bis auf ca. 5 °C)
	Eine Temperatur von 20 °C sollte bei Wärmeeinleitung in das Grundwasser in keinem Fall überschritten werden

Geltende Gesetze, Richtlinie, Vorschriften	Inhalte
	Der Einfluss von Wärme- bzw. Kältespeichern auf den Untergrund bleibt in der Regel dann gering, wenn die Wärmebilanz im Untergrund im Jahresverlauf ausgeglichen ist und die Speichertemperatur auf nicht mehr als 20 °C erhöht wird
	Bei Mittel- und Hochtemperatur-Wärmespeichern (20 bis 90 °C Speichertemperatur) ist im Einzelfall zu prüfen, ob die durch die Wärmeverluste des Speichers entstehende Erwärmung des Untergrundes am jeweiligen Standort ohne Gefährdung der Grundwasserqualität hingenommen werden kann
	Technische Anforderungen Geeignet für Erdwärmesonden und Rohrleitungen sind vor allem reine Kohlenwasserstoff-Polymere wie Polyethylen (PE), Polypropylen (PP) oder Polybutylen (PB) in ausreichender Dichte (z. B. nach DIN 8074/8075)
	Sollten für Erdwärmesonden in Ausnahmefällen Stahlrohre verwendet werden, so ist auf ausreichende Wanddicke, Stahlqualität und Korrosionsschutz zu achten und die chemische Zusammensetzung des Grundwassers zu berücksichtigen (niedriger pH-Wert, Chlorid-Ionen und freier Sauerstoff sind besonders kritisch)
	Wärmeträgermedien sind so auszuwählen, dass im Fall einer Leckage eine Grundwasser- und Bodenverschmutzung vermieden oder möglichst gering gehalten wird, welches durch möglichst ungiftig und (bei organischen Stoffen) biologisch gut abbaubar Substanzen gewährleistet werden kann
	Als Wärmeträgermedium wird ein Gemisch aus Wasser und einem Frostschutzmittel eingesetzt, wobei ausschließlich Stoffe eingesetzt werden dürfen, welche in der Verwaltungsvorschrift wassergefährdender Stoffe (VwVwS) vom 17.5.1999 in WGK1 eingeordnet und mit Fußnote 14 gekennzeichnet sind (Ethandiol, 1,2-Propandiol, Calciumchlorid, Ethanol)
	Für Wärmepumpen geeignete fertigkonfektionierte Frostschutzmittel enthalten Korrosionsinhibitoren mit Konzentration bis ca. 1 %, welche in ihren Eigenschaften und Konzentration so gewählt sein müssen, dass die fertig gemischte Wärmeträgerflüssigkeit in keine höhere Wassergefährdungsklasse einzuordnen ist als das Gemisch ohne Korrosionsinhibitor
	Bauausführung/Überwachung Bohrunternehmen für Arbeiten im Rahmen der oberflächennahen Geothermie (bis ca. 400 m Tiefe) sollten als Fachfirma nach DVGW W120 (Verfahren für die Erteilung der DVGW-Bescheinigung für Bohr- und Brunnenbauunternehmen) zugelassen sein
	Von Bohrgerät, Bohrgestänge und Zubehör darf kein Schadstoffeintrag in den Untergrund erfolgen

Geltende Gesetze, Richtlinie, Vorschriften	Inhalte
	Es sind entsprechende Vorsichtsmaßnahmen zur Verhinderung von Kontaminationen, bakteriologische Verunreinigungen u. ä. zu ergreifen
	Das Spülungsanmischwasser muss Trinkwasserqualität haben
	Die Verwendung von Bohrspülungsmitteln mit Unbedenklichkeitszeugnissen kann nach entsprechenden Auflagen der zuständigen Behörden erfolgen
	Zur Durchführung der Bohrarbeiten sind nur Spülungszusätze (DIN 4021) zu verwenden, die keine chemisch/biologische Veränderungen im Untergrund bewirken (DVGW W116: Verwendung von Spülungszusätzen in Bohrspülungen bei Bohrarbeiten im Grundwasser)
VDI-Richtlinie 4640-2 (VDI 4640-1 2001)	*Inhalt* Folgende Anwendungsfälle werden u. a. behandelt
	: Erdgekoppelte Wärmepumpenanlagen zum Heizen und Wärmepumpenanlagen zum Heizen und Kühlen
	Voruntersuchungen Die Ausführung von Pilotbohrungen bei Anlagen > 30 kW Wärmepumpen-Heizleistung in einer unklaren geologisch-hydrogeologischen Situation ist zu empfehlen. Diese Bohrung ist gegebenenfalls geophysikalisch zu vermessen
	Ein endgültiges Schichtenprofil ist entsprechend den Ergebnissen der Feldaufnahme zu erarbeiten.
	Druck- und Durchflussprüfung unter Beachtung von DIN 4279-7 für den fertig gestellte Sondenfuß einschließlich seiner Verbindungen
	Verfahren Ein Durchführungsplan seitens des Bohrunternehmens bei Anlagen mit mehr als drei Erdwärmesonden ist nach Übergabe aller Unterlagen ist dem Auftraggeber vor Beginn der Bohrarbeiten zur Bestätigung Vorzulegen
	Die Anlagen sind in der Regel nach Wasserrecht genehmigungspflichtig
	Temperatur/Leistung Die Temperatur des Wärmeträgermediums sollte im Dauerbetrieb (Wochenmittel) den Grenzbereich von ± 11 K Temperaturänderung sowie bei Spitzlast 17 K Temperaturänderung gegenüber der ungestörten Erdreichtemperatur nicht überschreiten
	Nur Entzugsleistungen (d. h. Wärmepumpen-Verdampferleistungen) entsprechend VDI 4640-2, Tab. 2 sind zulässig
	Die spezifische jährliche Entzugsarbeit ist zu berücksichtigen und sollte zwischen 100 und 150 kWh/(m · a) liegen

Geltende Gesetze, Richtlinie, Vorschriften	Inhalte
	Bei einer größeren Anzahl von Einzelanlagen, bei Anlagen mit mehr als 2400 projektierten Jahresbetriebsstunden, bei Anlagen mit zusätzlichen Wärmequellen/-senken (z. B. Kühlung) und bei Anlagen mit einer Wärmepumpen-Gesamtheizleistung > 30 kW muss die korrekte Anlagenauslegung durch Berechnungen nachgewiesen werden
	Wärmetransport durch das Grundwasser wird in der Berechnung nicht berücksichtigt
	Bei Anlagengrößen bis 100 kW lässt sich der Einfluss des Grundwasserflusses durch das Zugrunde legen der Temperaturentwicklung im 2. Betriebsjahr abschätzen
	Technische Anforderungen Mindestabstand zu bestehenden Gebäuden: 2 m
	Abstand von mindestens 70 cm kalter Anlagenteile im Untergrund zu Ver- und Entsorgungsleitungen sind einzuhalten
	Sondenlängen < 50 m: Mindestabstand zur benachbarten EWS 5 m
	Sondenlängen < 100 m: Mindestabstand zur benachbarten EWS 6 m
	Wegen der Tauwasserbildung müssen alle Bauteile der Erdwärmenutzungsanlage sowie die Wärmeübertragerrohre (Kunststoffrohre, z. B. PE-MRS 8 nach DIN 8074 und DIN 8075) korrosionssicher sein
	Der Sondenfuß und seine Anschlüsse an die Sondenrohre sind werkseitig herzustellen, wobei für die Verbindungsverfahren, insbesondere Schweißverfahren, die Richtlinien des DVS, Deutscher Verband für Schweißtechnik, Schweißen von thermoplastischen Kunststoffen, verbindlich zu beachten (z. B. DVS Richtlinie 2207 und 2208) sind
	Der Sondenfuss muss einen ausreichend niedrigen Durchflusswiderstand (< 10 mbar bei 1 m/s) aufweisen
	UV-Beständigkeit freiliegender Rohrleitungen und Geräte ist maßgeblich sicherzustellen
	Bei der Materialauswahl ist eine spätere Stilllegung sowie Entsorgung zu berücksichtigen
	Die Rohre müssen für den geplanten Temperaturbereich geeignet sein
	Herstellung einer einwandfreien Hinterfüllung als Anschluss der Wärmeübertragerrohre an den Untergrund
	Das Verpressen erfolgt vom Sondenfuß aus nach oben
	Die Verfüllsuspension muss für die jeweilige Einsatztemperatur geeignet sein (Frostsicherheit bei reinem Wärmeentzug)
	Bewährte Suspensionen sind: Bentonit (ein natürliches Tonmineral)/HOZ (Hochofenzement)/Wasser- oder Bentonit/HOZ/Sand/Wasser-Suspensionen

Geltende Gesetze, Richtlinie, Vorschriften	Inhalte
	Die Zementzugabe ermöglicht den Einsatz bei Temperaturen im Bereich bis etwa −15 °C
	Die Zugabe von Quarzsand oder Quarzmehl erhöht die Wärmeleitfähigkeit (über 0,8 W/(m K) bei 10 °C)
	Bei Bentonit/HOZ/Sand/Wasser-Suspensionen sollte der prozentuale Anteil an Bentonit und Zement jeweils etwa 10 Gew.-% betragen, der von Sand etwa 30 Gew.-%
	Der maximalen Betriebsdruck sollte 3 bar bei Anlagen mit einer Absicherung als „geschlossenes System" betragen
	Das Mischungsverhältnis des Wärmeträgermediums aus Wasser und Frostschutzmittel sollte auf mindestens 7 K unter der minimalen Verdampfungstemperatur eingestellt werden (−18 °C)
	Bauausführung/Überwachung Für die Verbindungsverfahren (Schweißverfahren) gelten die Richtlinien des DVS, Deutscher Verband für Schweißtechnik, Schweißen von thermoplastischen Kunststoffen (z. B. DVS Richtlinie 2207 und 2208)
	Die Druckprüfung ist mit dem 1,5fachen Nenndruck des eingesetzten Rohrmaterials durchzuführen (Prüfprotokoll)
	Die Durchflussprüfung muss einen maximalen Widerstand von 10 mbar bei einer Strömungsgeschwindigkeit von 1 m/s nachweisen (Prüfprotokoll)
	Druck- und Durchflussprüfung der mit Wasser gefüllten Sonde ist vor dem Verfüllen des Ringraumes und nach dem Einsetzen der Erdwärmesonde empfohlen
	Eine Funktionsendprüfung der mit Wasser gefüllten Erdwärmesonde (Prüfdruck: mindestens 6 bar; Vorbelastung: 30 min; Prüfdauer: 60 min; tolerierter Druckabfall: 0,2 bar) ist durchzuführen
	Die Hinterfüllung muss nach Aushärtung eine dichte und dauerhafte, physikalisch und chemisch stabile Einbindung der Erdwärmesonde in das umgebende Gestein gewährleisten
	Zu hohe Zementzugaben sind ebenso wie das Verpressen mit reiner Zementmilch oder feinem Mörtel zu vermeiden
	Zur Drucküberwachung ist ein Manometer mit Min.-und Max.-Druckkennzeichnung vorzusehen
	Eine Leckagenüberwachung mit akustischen und gegebenenfalls auch optischen Signalausgängen ist zu empfehlen, um gegebenenfalls durch aktive Maßnahmen das Austreten von Flüssigkeit zu verhindern
	Die Erdwärmesonden sind einzeln bis zur totalen Luftfreiheit über ein offenes Gefäß zu spülen
	Vor der Inbetriebnahme ist das Gesamtsystem einer Druckprobe mit dem 1,5fachen Betriebsdruck zu unterziehen (die Prüfbescheinigung ist dem Betreiber auszuhändigen)

9.3 Zusammenfassung der wichtigsten Leitfäden der Deutschen Bundesländer

Bundesland	Inhalte
Baden-Württemberg (LFBW 2005)	*Voruntersuchungen*
	Die Untergrundverhältnisse sind auf ihre Eignung für den Bau und Betrieb von Erdwärmesonden zu prüfen
	Unmittelbar standörtlichen Verhältnisse sind insbesondere auf folgende Gegebenheiten zu prüfen: Altlastverdächtige Flächen, Altlasten und schädliche Bodenveränderungen, Rutschungsgebiete, Zonen starker tektonischer Auflockerung, Gasführung im Untergrund, stockwerksübergreifend gespanntes und artesisch gespanntes Grundwasser, Anbohren leicht wasserlöslicher oder quellender Gesteine (Steinsalz, Anhydrit), geringer Abstand zu bedeutenden Quellaustritten (insbesondere zu Schichtquellen aus schwebendem Schichtgrundwasser), geringer Abstand zu sensiblen Grundwassernutzungen und -vorkommen
	Verfahren Die Untere Verwaltungsbehörde entscheidet, ob ein wasserrechtliches Erlaubnisverfahren eingeleitet wird
	Erfolgt innerhalb eines Monats keine weitere Äußerung der Unteren Verwaltungsbehörde, kann der Einsender/Antragsteller davon ausgehen, dass für die Bohrung keine Erlaubnispflicht besteht
	Ist für die Anlage eine Erlaubnis erforderlich, wird die Anzeige als Antrag auf Durchführung eines vereinfachten Erlaubnisverfahrens (§ 108 Abs. 4 Satz 1 Nr. 2 WG) gewertet
	Die Erlaubnis (§ 108 Abs. 4 Satz 2 WG) gilt als erteilt, wenn die Untere Verwaltungsbehörde nicht innerhalb eines Monats nach Eingang der Anzeige ein förmliches Erlaubnisverfahren nach § 108 Abs. 3 WG eingeleitet hat
	Die Erlaubnis wird i. d. R. befristet
	Der Bohrbeginn ist dem RP Freiburg und der Unteren Verwaltungsbehörde mindestens 2 Wochen im Voraus anzuzeigen
	Die ordnungsgemäße Stilllegung ist der Unteren Verwaltungsbehörde unter Nachweis der Verfüllung mitzuteilen
	Die Fertigstellung ist der Unteren Verwaltungsbehörde bzw. dem RP Freiburg mit folgenden Informationen und Daten vor Inbetriebnahme mitzuteilen: Bestätigung der planmäßigen Ausführung (z. B. Anzahl und Tiefe der Bohrungen, Lage der Bohrpunkte, Wärmeträgerflüssigkeit), etwaige Abweichungen vom Plan sind darzustellen; Nachweis der Dichtheit der Sonde durch Vorlage der Protokolle der vor und nach Sondeneinbau durchgeführten Druckprüfungen, Ergebnisse der Bohrung, Lageplan, Gauß-Krüger-Koordinaten und Höhe des Bohransatzpunktes in m NN mit einer Mindestgenauigkeit von 1 m, Protokoll des Bohrmeisters, Wasserstandsmessungen, Spülungsverluste, Schichtenverzeichnis und geologische Gliederung, Ausbauplan, Logs und sonstige Untersuchungsergebnisse, einschließlich schriftlicher und zeichnerischer Auswertung durch Darstellung nach DIN 4022 und DIN 4023

Bundesland	Inhalte
	Der Anlagenbetreiber haftet für den ordnungsgemäßen Bau und Betrieb der Anlage und alle daraus resultierenden Schäden
	Ein Wechsel des Anlagenbetreibers ist der Unteren Verwaltungsbehörde mitzuteilen
	Grundwasserschutz Erdwärmesonden sind in Trinkwasserschutzgebieten, in Heilquellenschutzgebieten und im engeren Zustromgebiet von Mineralwassernutzungen nicht zulässig (in Einzelfällen sind Schutzvorkehrungen zu treffen)
	In Zone I bis III/IIIA von Wasserschutzgebieten ist der Bau und Betrieb von Erdwärmesonden i. d. R. verboten, jedoch sind Ausnahmen in den Zonen III/IIIA im Einzelfall möglich (EWS innerhalb eines Geringleiters bzw. außerhalb des genutzten Grundwasserleiters)
	Im engeren Zustrombereich sensibler Grundwassernutzungen und –vorkommen ohne Schutzgebiet sind in einem Abstand entsprechend 50 Tagen Fließzeit des Grundwassers zur Fassungsanlage im genutzten Grundwasserleiter der Bau und Betrieb von Erdwärmesonden nicht zu erlauben oder nur im Rahmen eines Erlaubnisverfahrens nach fachlicher Prüfung gegebenenfalls mit besonderen Auflagen zuzulassen
	Es erfolgt eine Einteilung in Kategorien (hydrogeologisch günstig, bis zu einer bestimmten Tiefe hydrogeologisch günstige Untergrundverhältnisse, die Untergrundverhältnisse sind nur eingeschränkt günstig bis problematisch, Gebiete mit ungeklärten und räumlich eng wechselnden Untergrundverhältnissen) und die darauf basierende Entscheidung, ob Erlaubnispflicht vorherrscht, diese nur teilweise oder unter Auflagen erteilt werden kann (Einzelfallprüfung) oder der Bau einer EWS nicht statthaft ist
	Temperatur/Leistung Die Erdwärmesonde ist ohne Gefahr einer Vereisung des Untergrundes zu betreiben
	Technische Angaben Für Erdwärmesonden ist ausschließlich Wasser als Wärmeträgerflüssigkeit einzusetzen
	Außerhalb von Wasserschutzgebieten wird der Einsatz von Wärmeträgerflüssigkeiten der WGK1 (Glykol in einer wässrigen Lösung bis zu einem Anteil von 25 %) als vertretbar eingestuft
	Bauausführung/Überwachung/Dokumentation Die Erdwärmesonden sind materialschonend einzubauen (z. B. mittels Haspel)
	In Gebirgen mit starker Klüftung oder Verkarstung sind Bohrverfahren mit Luftspülung oder das Bohren mit dem Doppelrotorkopf am besten geeignet
	Bei der Gefahr der Beeinträchtigung von Grundwasserfassungen oder Quellen durch Trübungen, Kontaminationen und mikrobiologischen Verunreinigungen durch Spülungsverluste sowie durch verloren gegangene Zementsuspension darf nur mit Luft und/oder Wasser in Trinkwasserqualität gebohrt werden

Bundesland	Inhalte
	Der Bohrdurchmesser ist so zu wählen, dass nach Einbau der Sonde die Querschnittsfläche der Ringraumverfüllung durch Zementsuspension mehr als 65 % der Bohrquerschnittsfläche beträgt
	Bei vollständigem Spülungsverlust (Verlustrate >2 l/s) sowie beim Anbohren von Hohlräumen >2 m Tiefe ist die Bohrung abzubrechen und nach Absprache mit der Unteren Verwaltungsbehörde weiter zu verfahren (ggf. Verschließung des Bohrlochs)
	Das zur Verfüllung des Hohlraums eingebrachte Material muss hygienisch unbedenklich und chemisch grundwasserneutral sein
	Dokumentation der angetroffene Schichtenfolge (DIN 4022, DIN 4023, Bohrprofil) sowie der Probenahme (DIN 4021, Probenahme mind. alle 2 m)
	Bei nicht eindeutige Klärung der geologischen Verhältnisse (hydrogeologischem Stockwerksbau) anhand der Bohrproben, ist ein Gamma-Ray-Log (GRL) zu fahren
	Das Bohrgut ist für eine Aufnahme durch das LGRB bis einen Monat nach Versand des Schichtenverzeichnisses und des Protokolls zum Bau der Erdwärmesonde an die Behörden aufzubewahren
	Protokollieren der Wasserstände, Spülungsverluste, evtl. ausgeblasene Wassermengen, Klüftigkeit, Hohlräume etc. beim Abteufen
	Auffälligkeiten, wie z. B. sprunghaft fallende oder steigende Wasserstände, artesische Ausflüsse, größere Hohlräume, die nicht mit Zementsuspension verfüllt werden können, und Spülungsverluste >2 l/s sind der Unteren Verwaltungsbehörde unverzüglich mitzuteilen und das weitere Vorgehen ist abzustimmen
	Vor der Verpressung ist die Erdwärmesonde mit Wasser zu füllen und dicht zu verschließen
	Die Daten der Zementation sind zu protokollieren
	Von der aus dem Bohrloch austretenden Zementsuspension ist eine Rückstellprobe zu entnehmen und mindestens bis 1 Monat nach Versand des Protokolls zum Bau der Erdwärmesonde aufzubewahren
	Die Zementationsmengen sind zu erfassen und mit dem Sollwert (Ringraumvolumen des Bohrlochs) zu vergleichen: bei erheblichen Verlusten, bzw. über 200 % Suspensionsverbrauch, ist die Zementation zu unterbrechen, und die weitere Verfüllung mit der Unteren Verwaltungsbehörde abzustimmen
	Bei erheblichen, aber nicht vollständigen Spülungsverlusten und bei mit Luftspülung ausgetragenen Wassermengen von über 2 l/s ist die Untere Verwaltungsbehörde unverzüglich zu informieren
	Bei erwartetem Erbohren artesisch gespannten Grundwassers oder wo eine (schwache) Gasführung nicht ausgeschlossen werden kann, ist ein einzementiertes Sperrrohr vorzusehen
	Beim Anfahren eines unbekannten Artesers ist die Tiefenlage des Zutritts, falls sie nicht bereits beim Bohren sicher erkannt wurde, bohrlochgeophysikalisch zu ermitteln (Abstimmung mit der Unteren Verwaltungsbehörde, ggf. mit dem RP Freiburg über den Fortgang der Bohrung)

Bundesland	Inhalte
	Werden Gasaustritte oder „Ausbläser“ angefahren, so muss eine Gasanalyse durchgeführt werden (Sicherheitsvorkehrungen sind zu beachten und sind der Unteren Verwaltungsbehörde, ggf. dem RP Freiburg, zu melden und über den Fortgang der Bohrung ist abzustimmen
	In Gebieten, in denen eine schwache Gasführung auch nach Sondeneinbau und Ringraumzementation nicht ausgeschlossen werden kann, soll über dem Sondenkopf ein zugänglich verbleibender Kontrollschacht gebaut werden
	In Gips- bzw. Anhydritgestein und stark betonaggressivem Grundwasser ist für die Suspensionsherstellung sulfatbeständiger Zement zu verwenden (DIN 4030)
	Bei einer Überbauung, insbesondere im Bereich des offenen Karstes, sind zur Aussperrung eventueller Verunreinigungen einzementierte Sperrrohre von i. d. R. mindestens 5 m Länge vorzusehen
	Monatliche Kontrolle der Funktionsfähigkeit des Druck-Strömungswächters bzw. die Dichtheit des Sondenkreislaufs und der Dichtheit des Wärmepumpenkreislaufs
	Bei Undichtigkeit ist ein eventuell vorhandenes Glykolgemisch aus dem Sondenkreislauf auszuspülen und ordnungsgemäß zu entsorgen sowie das weitere Vorgehen ist mit der Unteren Verwaltungsbehörde abzustimmen
Bayern (LFBY 2003)	*Voruntersuchungen* In Gebieten mit nicht bekannten hydrogeologischen Verhältnissen muss vorab eine Aufschlussbohrung durchgeführt werden
	Verfahren Das Vorhaben ist in allen Fällen der Kreisverwaltungsbehörde gemäß Art. 34 BayWG (Sonden bis 100 m Tiefe) bzw. § 127 BBergG (Sonden über 100 m Tiefe) anzuzeigen, ggf. ist die Anzeige an hydrogeologisch günstigen Standorten (z. B. bei einem oberflächennahen, ungespannten Grundwasserstockwerk) für die weitere Sachbehandlung i. d. R. ausreichend
	Mit der Erstellung der Sonde darf erst nach ausdrücklicher Zustimmung der Kreisverwaltungsbehörde bzw. wenn die in Art. 34 Abs. 3 BayWG festgesetzte Frist von 1 Monat nach Anzeige abgelaufen ist, begonnen werden
	Bereits im Rahmen der Anzeige des Vorhabens sind die zu erwartende Schichtenfolge und die Grundwasserverhältnisse vorzulegen
	Im Antrag sind die hydrogeologischen Verhältnisse von einem geeigneten hydrogeologischen Fachbüro plausibel und nachvollziehbar darzustellen
	Die auf Basis der erwartenden Schichtenfolge sowie Grundwasserverhältnissen festgelegten Tiefe und Anzahl der Sonden sind der Kreisverwaltungsbehörde mit den anderen Unterlagen zur Prüfung vorzulegen (Bohr- und Nutzungsanzeige)

Bundesland	Inhalte
	Das Fertigstellen der Sonden ist der Kreisverwaltungsbehörde mit folgenden Unterlagen mitzuteilen sowie den Bauherrn zu übermitteln: Lageplan, Ausbauzeichnung mit erbohrtem Schichtenprofil nach DIN 4023 sowie Protokoll der Druckprüfungen.
	Die Bohrgutproben sind für eine Aufnahme durch das Geologische Landesamt bzw. die zuständige Kreisverwaltungsbehörde/Wasserwirtschaftsamt mindestens einen Monat lang aufzubewahren.
	Die Fertigstellung ist der Kreisverwaltungsbehörde spätestens 4 Wochen nach Abschluss der Arbeiten mitzuteilen und die Dichtheit der Anlage durch Vorlage des Protokolls der Druckprüfung entsprechend VDI 4640, Blatt 2, zu dokumentieren
	Die Ergebnisse der Bohrung (Lageplan mit Gauß-Krüger-Koordinaten, Geländehöhe des Bohransatzpunktes, Protokoll des Bohrmeisters, Schichtenverzeichnis, Ausbauplan, sonstige Untersuchungsergebnisse) werden der Kreisverwaltungsbehörde und dem Geologischen Landesamt übersandt
	Änderungen an der Wärmequellenanlage sind vom Betreiber der Kreisverwaltungsbehörden rechtzeitig vorab anzuzeigen
	Die ordnungsgemäße Stilllegung ist der Kreisverwaltungsbehörde vorab anzuzeigen (s. a. VDI-Richtlinie 4640, Blatt 2, Ziff. 10.2.3)
	Grundwasserschutz Im gesamten Wasserschutzgebiet sind Erdwärmesonden grundsätzlich nicht zulässig (Einzelfallprüfung: die Zulässigkeit in Zone III B ist über eine Ausnahmegenehmigung von der Schutzgebietsverordnung zu prüfen)
	In Gebieten, die für den Schutz von Wassergewinnung der öffentlichen Wasserversorgung oder privater Betreiber (Hausbrunnen zur Trinkwassergewinnung, Mineralwasserbrunnen etc.) von Bedeutung sind, ist die Zulässigkeit der Errichtung von Erdwärmesonden im Einzelfall zu prüfen
	Erdwärmesonden sollten grundsätzlich die Basis des obersten Grundwasserleiters nicht durchstoßen
	Stockwerkstrennende Schichten dürfen grundsätzlich nicht durchörtert werden
	Eingriffe in artesisch gespanntes Grundwasser sind nicht zulässig
	Eingriffe in gespanntes oberflächennahes Grundwasser sowie Bohrungen in Kluft- und Karstgrundwasserleiter als auch in Schotterkörper mit hoher Durchlässigkeit sind nur in Ausnahmefällen zulässig und erfordern ein Wasserrechtsverfahren
	Technische Anforderungen Die in den Erdwärmesonden als Wärmeträger verwendeten Stoffe sind höchstens der Wassergefährdungsklasse (WGK) 1 zuzuordnen
	Bei gewerblich genutzten Erdwärmesonden sind die Vorschriften der §§ 19 gff. WHG und der Verordnung über Anlagen zum Umgang mit wassergefährdenden Stoffen (VAwS) unmittelbar zu beachten

Bundesland	Inhalte
	Bauausführung/Dokumentation/Überwachung Wird das zweite Grundwasserstockwerk auf Grund lokaler Inhomogenität im Untergrund bei der Bauausführung unerwarteter Weise dennoch angetroffen, so ist dies der zuständigen Kreisverwaltungsbehörde bzw. dem Wasserwirtschaftsamt unverzüglich anzuzeigen (Prüfung ob Plombierung der Bohrung in diesem Abschnitt notwendig oder Einbau der Sonde mit sorgfältiger Abdichtung möglich ist)
	Die Ausführungsarbeiten dürfen nur durch Bohrunternehmen, die als Fachfirma nach DVGW-Merkblatt W 120 mit den entsprechenden Qualifikationsanforderungen zertifiziert sind oder die entsprechende Qualifikation für die Erstellung von Erdwärmesonden (z. B. „D-A-CH-Gütesiegel für Erdwärmesonden-Bohrfirmen“ der Wärmepumpenverbände aus Deutschland, Österreich und der Schweiz) nachweisen können, beauftragt werden
	Es ist ein verantwortlicher Bauleiter zu benennen, der entsprechende Erfahrung bei der Beurteilung von Bohrgut und der Erstellung von Erdwärmesonden nachweisen kann und als Ansprechpartner für die Koordination mit der Kreisverwaltungsbehörde bzw. für die ordnungsgemäße Ausführung verantwortlich zeichnet (ist die bauausführende Firma und somit deren Bauleitung nicht qualifiziert, muss die Anzeige sowie die Bauleitung von einem hydrogeologisch arbeitenden Fachbüro gestellt werden)
	Für die Bohrarbeiten ist ein Brunnenbauermeister oder zumindest ein/e erfahrene/r fachlich ausgebildete/r Brunnenbauer/-in (Geselle) einzusetzen, der durch den Bauleiter für jeden Einzelfall eine sorgfältige Unterweisung erhält
	Dem Bauherrn obliegt die Pflicht, die ordnungsgemäße Erstellung und den ordnungsgemäßen Betrieb der Sondenanlage sicherzustellen
	Verpressvorgang: Die Menge der verpressten Suspension ist zu erfassen. Übersteigt das Verpressvolumen das Zweifache des Bohrlochvolumens, ist der Verpressvorgang zu unterbrechen und unverzüglich die Kreisverwaltungsbehörde zu informieren. Der Verpressvorgang ist solange durchgeführt bis die Suspension nach oben hin austritt (s. a. VDI-Richtlinie 4640, Blatt 2, Ziff. 5.2.3)
	Die bei der Bohrung angetroffene Schichtenfolge ist durch eine geologische Aufnahme nach DIN 4021, DIN 4022, Teil 1 und 2 sowie DIN 4023 zu dokumentieren
	Beim Bohrvorgang sind Grundwasserstände, Spülverluste, eventuell ausgeblasene Wassermengen, Hohlräume, Klüftigkeit etc. zu protokollieren. Bei Anomalien ist das weitere Vorgehen mit der Kreisverwaltungsbehörde/Wasserwirtschaftsamt abzustimmen
	Leckagen im Sondenkreislauf müssen automatisch zum Stillstand der Anlage führen. Die Leckage ist vom Betreiber der Kreisverwaltungsbehörde umgehend mitzuteilen. Das weitere Vorgehen ist mit dieser Behörde abzustimmen
	Bei Außerbetriebnahme der Erdwärmesonde ist die Wärmeträgerflüssigkeit auszuspülen und ordnungsgemäß zu entsorgen. Die Sonde ist vollständig, dicht und permanent zu verpressen

Bundesland	Inhalte
Berlin (LFB 2014)	*Verfahren* Dem Antrag auf wasserbehördliche Erlaubnis sind folgende Unterlagen beizufügen: Übersichtsplan über die Lage des Grundstücks(1: 5.000) und bemaßter Lageplan mit Eintrag der geplanten Standorte der Erdwärmesonden sowie der zugehörigen Leitungen (1: 200), Kartenausschnitt aus dem Umweltatlas über die spezifische Entzugsleistung für die geplante Bohrtiefe bei 1800/2400 Jahresbetriebsstunden (Grundlage zur Vordimensionierung der Anlage), Bauherrenvollmacht mit Angabe des Gebührenschuldners (sofern der Antrag nicht durch diesen selbst gestellt wird), Technische Beschreibung der geplanten Erdwärmeanlage (geplante Bohrtiefe, vorgesehenen Ausbau, Art der Wärmeträgerflüssigkeit, erforderlichen Sondenlänge, Angabe des Sondentyps (Doppel-U-Sonde, Einfach-U-Sonde), Sicherheitsdatenblatt des Wärmeträgermittels), Wärmebedarfsberechnung (DIN EN 12831) und Auslegung der Anlage mit Angaben zu den beabsichtigten thermischen Nutzungen, Benennung der bei den Bohrungen in das Grundwasser einzubringenden Stoffe und geplanter Mengen (u. a. Spülungszusätze und Verpressmaterial), Nachweis über die Beauftragung eines nach DVGW-Arbeitsblatt W 120 zertifizierten Bohrunternehmens, Nachweis des erhöhten Frostwiderstandes des Verfüllmaterials
	Ohne die wasserbehördliche Erlaubnis, darf mit den Bauarbeiten bzw. Bohrarbeiten nicht begonnen werden
	Der Bohrbeginn ist nach Erteilung einer wasserbehördlichen Erlaubnis mindestens zwei Wochen vorher der Wasserbehörde und der Arbeitsgruppe Geologie und Grundwassermanagement anzuzeigen
	Alle Anlagen zur Erdwärmenutzung dürfen erst nach einer Bauabnahme gemäß § 70 des Berliner Wassergesetzes durch die Wasserbehörde in Betrieb genommen werden
	Die beabsichtigte Stilllegung ist der Wasserbehörde anzuzeigen und ein Rückbaukonzept einzureichen
	Grundwasserschutz Nutzung von Erdwärme des Bodens und des Grundwassers ist in den ausgewiesenen Wasserschutzgebieten des Landes Berlin grundsätzlich verboten
	Zu Abwasseranlagen, Fernwärmeleitungen oder Anlagen mit wassergefährdenden Stoffen muss ein Mindestabstand von drei Metern eingehalten werden
	Es muss unbedingt vermieden werden, dass es durch Bohrungen zu einer Verlagerung von Grundwasserverunreinigungen des oberen Grundwasserleiters in den unteren oder umgekehrt kommt
	Die Bohrtiefe für Erdwärmesonden allgemein auf weniger als 100 m zu begrenzen, um die Gefahren einer dadurch möglichen nachteiligen Veränderung des Grundwassers im Interesse des Grundwasserschutzes zur Sicherstellung der öffentlichen Trinkwasserversorgung zu vermeiden (in den Gebieten, in denen der Rupelton als Grenzschicht zwischen dem Süß- und dem Salzwasser weniger als 100 m beträgt, ist die Bohrtiefe bis zum Erreichen dieser Schicht begrenzt)

Bundesland	Inhalte
	Temperatur/Leistung Alleiniger Eintrag von Wärme aus (geothermischer) Gebäudekühlung in den Boden und in das Grundwasser ist nicht zugelassen (kombinierte Anlagen unterliegen Einzelfallprüfung)
	Zur Verhinderung von Störungen des natürlichen bzw. unbeeinflussten Temperaturfeldes im Boden und Grundwasser sind sowohl an die Errichtung als auch den späteren Betrieb der Anlage Anforderungen zu stellen, die in der wasserbehördlichen Erlaubnis näher geregelt werden
	Technische Anforderungen Für die technische Planung, den Bau und Betrieb einer Erdwärme- oder Erdkollektoranlage sind die VDI-Richtlinie 4640 Blatt 1 und Blatt 2 in der jeweils gültigen Fassung und die DIN 8901 maßgebend
	Bohrarbeiten dürfen für derartige Anlagen nur von Betrieben mit qualifiziert ausgebildetem Fachpersonal ausgeführt werden, die über eine gültige Zertifizierung nach W 120 (z. B. durch DVGW – Deutscher Verein des Gas- und Wasserfaches e. V. oder Zertifizierung Bau e. V.) verfügen
	Es dürfen nur werksgemischte, handelsübliche, sedimentationsstabile Zement-Mischsuspensionen zur Abdichtung des Hohlraumes zwischen der Bohrlochwand und den Sonden (Ringraum) verwendet werden
	Die Suspensionen müssen einen erhöhten Frostwiderstand aufweisen
	Wärmeträgerflüssigkeiten dürfen nur nicht wassergefährdende Stoffe oder wässrige Lösungen der WGK1 auf der Grundlage der Stoffe Ethylenglykol (Ethandiol), Prophylenglykol (1,2-Propandiol) oder Calziumchlorid enthalten (die Beimischung von ca. 1% Korrosionsinhibitoren ist erlaubt)
	Der Lieferant des Wärmeträgermittels hat zu bescheinigen, dass das Wärmeträgermittel den Anforderungen entspricht und die Wärmeträgerflüssigkeit trotz möglicher Zusätze in die WGK1 einzustufen ist
	Bauausführung/Überwachung Durch Bohrgeräte, Bohrgestänge und Zubehör dürfen keine Schadstoffe in den Untergrund und damit in das Grundwasser eingetragen werden
	Auf der Baustelle sind Materialien und Geräte für Sofortmaßnahmen im Störfall vorzuhalten
	Das Wasser zum Ansetzen der Spülung muss Trinkwasserqualität haben (DVGW W 116)
	Bei Schichtenwechsel oder mindestens im Abstand von zwei bis drei Metern, sind der Bohrung Gesteinsproben zu entnehmen, eindeutig zu beschriften und für eine Begutachtung durch die Arbeitsgruppe Geologie und Grundwassermanagement der Senatsverwaltung für Stadtentwicklung und Umwelt mindestens sechs Monate vorzuhalten
	Bei Misserfolg einer Bohrung ist das Bohrloch bis zur Geländeoberkante mit einer wassersperrenden Ton-Zementsuspension dauerhaft wasserdicht zu verpressen
	Spülbohrverfahren: es müssen geophysikalische Messungen in diesen Bohrungen durchgeführt und ausgewertet werden (da Schichtenansprache nicht möglich ist)

Bundesland	Inhalte
	Es ist mindestens in einer Bohrung pro Grundstück eine geophysikalische Messung erforderlich
	Bei mehreren Bohrungen ist in der ersten Bohrung die geophysikalische Messung zu veranlassen, damit noch Reaktionsmöglichkeiten auf veränderte Planungsgrundlagen bestehen
	Trockenbohrverfahren: keine geophysikalischen Messungen notwendig
	Es dürfen nur werksgemischte, handelsübliche sedimentationsstabile Zement-Mischsuspensionen verwendet werden
	Die Suspensionen müssen einen erhöhten Frostwiderstand aufweisen und der Hersteller muss den Nachweis des erhöhten Frostwiderstandes durch eine Prüfung des Materials (DIN 52104) über mindestens 10 Frost-Tau-Wechsel erbringen
	Darüber hinaus müssen die Verfüllsuspensionen umweltverträglich sein (Herstellernachweis über Eluatuntersuchungen auf der Grundlage der Bewertungskriterien der Länderarbeitsgemeinschaft Wasser (LAWA) ist vorzulegen)
	Die Erdwärmesonden sind mit im Abstand von 3 Metern montierten Innenzentrierungen in das Bohrloch einzubauen
	Gleichzeitig mit den Sonden muss das Verfüllrohr zentriert im Sondenbündel eingeführt werden
	Während des Hinterfüllvorgangs muss die Suspension laufend überwacht und dokumentiert werden
	Druckprüfungen: werkseitige Druckprüfung der Erdwärmesonden, Druck- und Durchflussmessung der mit Wasser gefüllten Sonden (nach dem Einbau der Sonden, aber noch vor dem Verfüllen des Ringraumes), Funktionsprüfung vor der Inbetriebnahme des Gesamtsystems (nach der Befüllung mit der Wärmeträgerflüssigkeit)
	Die Ergebnisse der Druckprüfung sind in einem Prüfprotokoll zu dokumentieren und die Anlagen dürfen nur bei erfolgreicher Druckprüfung in Betrieb genommen werden
	Während des Betriebes ist der Druck in der Anlage ständig durch Druckwächter zu überwachen
	Erdsonden müssen bei der Verwendung von Wärmeträgermitteln der WGK1 durch selbsttätige Leckageüberwachungseinrichtungen (baumustergeprüfte Druckwächter) so gesichert sein, dass im Fall einer Leckage der Erdwärmesonden die Umwälzpumpe sofort abgeschaltet und ein Störungssignal abgegeben wird
	Der Betreiber der Anlage muss regelmäßig prüfen, ob aus der Anlage Wärmeträgerflüssigkeit austritt
	Bei Austritt von Wärmeträgerflüssigkeit ist die Anlage außer Betrieb zu nehmen und die Wärmeträgerflüssigkeit zu entfernen
	Alle Anschlussleitungen sind frostfrei im Sandbett zu verlegen (bei Nichtgewährleistung sind Vor- und Rücklaufleitungen zur Sicherheit vor Frostschäden zu dämmen; DIN 4124)

Bundesland	Inhalte
	Alle Erdwärmeanlagen sind nach der Inbetriebnahme sowie nach einem Austausch von Anlagenteilen oder der Wärmeträgerflüssigkeit alle 5 Jahre durch einen Fachbetrieb zu kontrollieren
	Im Rahmen z. B. einer Wartung muss mindestens eine visuelle und technische Funktionskontrolle der Sicherheitseinrichtungen (Druckausdehnungsgefäß, Sicherheitsdruckwächter, Manometer, Ventile und Verplombung) durchgeführt werden (Überprüfungsergebnis ist zusammen mit Erlaubnisbescheid aufzubewahren und den zur Prüfung bzw. Überwachung berechtigten Personen nach Aufforderung unverzüglich vorzulegen)
	Sofern der unterirdische Teil der Wärmepumpenanlage nicht mehr genutzt wird, muss die Wärmeträgerflüssigkeit ausgespült und fachgerecht entsorgt werden.
	Sofern die unterirdische Erdwärmeanlage dauerhaft stillgelegt werden soll, muss sie fachgerecht zurückgebaut bzw. die Rohrleitungen vollständig mit einer zugelassenen Ton-/Zement-Suspension verpresst werden
Hessen (LFH 2011)	*Voruntersuchungen* Eine Standortbeurteilung unterscheidet zwischen hydrogeologisch günstigen und ungünstigen Gebieten sowie wasserwirtschaftlich günstigen, ungünstigen und unzulässigen Gebieten
	Vor Beginn der Bohrung sind die möglichen Bohrrisiken (z. B. Antreffen artesisch gespannten Grundwassers) abzuklären, zu bewerten und ggf. durch bauliche Maßnahmen zu minimieren
	Vorhaben zur Erdwärmenutzung in ungünstigen Gebieten mit den schwierigen hydrogeologischen Gegebenheiten sind erst nach einer Einzelfallprüfung und teilweise nur mit weitergehenden Auflagen, z. B. der Beschränkung der Bohrtiefe oder Einbau einer Hilfsverrohrung möglich
	Die Lage zu kontaminierten Bereichen von Altlasten, schädlichen Bodenveränderungen oder Grundwasserverunreinigungen ist zu berücksichtigen
	Die Bohrfirma muss für außergewöhnliche Ereignisse auf der Baustelle über einen aktuellen Informations- und Maßnahmenplan verfügen und nicht vorhandenes Material (z. B. zusätzliche Schutzrohre, zusätzliche Verrohrung und zusätzliches Material zum Abdichten eines Artesers) muss schnellstens beschafft werden
	Verfahren Erlaubnisverfahren sind durch den Erlass „Anforderungen des Gewässerschutzes an Erdwärmesonden" vom 25. August 2011 geregelt
	Anfallendes Bohrspülwasser darf nur mit Genehmigung des Abwasser-Beseitigungspflichtigen (i.d. R. Abwasserverband oder Kommune) und nach Absetzen des Bohrschlamms in die Kanalisation eingeleitet werden
	Grundwasserschutz Die Erdwärmenutzung ist auf den obersten, ungespannten Grundwasserleiter zu beschränken
	Die wasserwirtschaftliche Beurteilung einer geplanten Erdwärmenutzung erfolgt anhand der relativen Lage eines Vorhabenstandortes zu Wassergewinnungsanlagen und deren festgesetzten oder im Festsetzungsverfahren befindlichen Schutzgebieten oder deren Einzugsgebiet

Bundesland	Inhalte
	Bei Entfernungen von weniger als 200 m zum nächstgelegenen Vorfluter (Oberflächengewässer) ist bei der Bohrung ein Standrohr bis mindestens 10 m unterhalb des Vorflutniveaus mitzuführen
	In wasserwirtschaftlich ungünstigen Gebieten und in hydrogeologisch ungünstigen Gebieten, wenn bei letzteren durch Bohrungen die Grundwasserüberdeckung durchbohrt und Grundwasserleiter mit unterschiedlichen Druckniveaus oder unterschiedlicher Beschaffenheit miteinander verbunden werden können, sind Erdwärmesonden nur frostfrei zu betreiben
	Unfälle mit wassergefährdenden Stoffen sind der Wasserbehörde oder Polizeidienststelle unverzüglich anzuzeigen
	Durch das Verpressmaterial darf es nicht zu einem erhöhten Austrag von Chromat ins Grundwasser kommen
	Die Verpressung der Sondenbohrungen darf nur mit nicht wassergefährdenden Suspensionen erfolgen und ein Austausch von Wässern verschiedener wasserführender Schichten muss ausgeschlossen sein
	Temperatur/Leistung Heizfall: Die Temperatur des aus der Wärmepumpe in die Sonde strömenden Wärmeträgermittels sollte im Wochenmittel eine Temperatur von 0 °C nicht unterschreiten
	Einzelwert (bei Spitzenlast): Temperatur des in die Sonde strömenden Wärmeträgermittels darf −6 °C nicht unterschreiten
	Sofern die Frost-Tauwechsel-Beständigkeit des Verfüllmaterials nicht gegeben ist, dürfen die Erdwärmesonden in wasserwirtschaftlich ungünstigen Gebieten sowie in hydrogeologisch ungünstigen Gebieten, in denen Deckschichten durchörtert und Grundwasserleiter mit unterschiedlichen Druckniveaus oder unterschiedlicher Beschaffenheit miteinander verbunden werden, nur frostfrei (Tsole > 0°) betrieben werden
	Technische Anforderungen Durch geeignete Maßnahmen (z. B. Zentrierung der Sonden) ist eine weitgehend vollständige Umhüllung der Sonden durch den Verfüllbaustoff zu gewährleisten
	Grundsätzlich sollen für die Verpressung nur werksseitig hergestellte Fertigbaustoffe eingesetzt werden, bei denen die vorgegebene Rezeptur zwingend einzuhalten ist
	Sollen Eigen- oder sogenannte Baustellenmischungen eingesetzt werden, muss deren Suspension eine Dichte $\geq 1{,}3\ t/m^3$ aufweisen und das Wasser-Feststoff-Verhältnis darf den Wert von 1 nicht überschreiten (Nachweis führen)
	Als Stand der Technik ist für Erdwärmesonden die Materialqualität PE 100, PE 100-RC (MRS 10 nach DIN 8074/8075) oder PE-Xa mit einem SDR-Verhältnis von ≤ 11 anzusehen
	Der Nachweis der Qualität von werkseitig hergestellten Erdwärmesonden kann durch das Herstellerzertifikat oder ein Zertifikat nach der Richtlinie SKZ HR 3.26 erfolgen

Bundesland	Inhalte
	Der Bohrdurchmesser bei Endteufe ist so zu wählen, dass vom Sondenfuß bis zur Erdoberfläche zwischen Sonde bzw. Sondenbündel und Bohrlochwand ein mittlerer Ringraum von mindestens 30 mm verbleibt
	Bauausführung/Überwachung/Dokumentation/Nachweise Das Bohrunternehmen stellt baubegleitend einen fachkundigen Bohrmeister/Bohringenieur, bei größeren Anlagen in unklarer geologisch-hydrogeologischer Situation auch einen Geologen
	Auf der Bohrstelle sind Materialien und Geräte für Sofortmaßnahmen im Störfall vorzuhalten
	Ist das Vorkommen von artesisch gespanntem Grundwasser nicht auszuschließen, muss zu Beginn der Bohrarbeiten auf der Baustelle ausreichend Material zur Beschwerung der Bohrspülung und zur Abdichtung vorhanden sein
	Entsprechend den Ergebnissen der Feldaufnahme (z. B. Untersuchung von Spülgutproben) ist durch den Bohringenieur oder Geologen ein endgültiges Schichtenprofil zu erarbeiten
	Es sind hierzu Gesteinsproben der Bohrung mindestens im 3 m-Abstand oder bei Schichtwechsel entsprechend enger zu entnehmen, eindeutig zu beschriften (Name der Bohrung, Ort, R/H-Wert, Auftraggeber) und für eine Begutachtung durch das HLUG mindestens sechs Monate aufzubewahren
	Bei der Verwendung von zulässigen wassergefährdenden Wärmeträgerflüssigkeiten (WGK1) muss in wasserwirtschaftlich ungünstigen Gebieten und hydrogeologisch ungünstigen Gebieten der frostfreie Betrieb der Erdwärmesonde(n) durch einen nicht manipulierbaren „Frostwächter" (zugänglich, in Funktion überprüfbar) nachweislich sichergestellt werden
	Bei Verwendung von wassergefährdenden Stoffen ist durch den Lieferant des Wärmeträgermittels der Nachweis zu erbringen, dass das Wärmeträgermittel einschließlich möglicher Zusätze den Anforderungen entspricht
	Bei der Verwendung von wassergefährdenden Flüssigkeiten in ungünstigen Gebieten ist die private oder gewerbliche Erdwärmesondenanlage vor Inbetriebnahme, nach einer wesentlichen Änderung, wiederkehrend alle 5 Jahre und bei Stilllegung durch eine nach § 22 VAwS anerkannte sachverständige Stelle zu prüfen
	Die Verfüllung der Bohrlöcher muss unmittelbar nach Einbau der Erdwärmesonden und ohne Unterbrechung vom Bohrlochtiefsten bis zum Bohransatzpunkt vollständig erfolgen
	Erfassung und Dokumentation der Menge und Dichte des eingepressten Materials
	Der Verpressvorgang ist abgeschlossen, wenn die Dichte der am Bohransatzpunkt aus dem Bohrloch austretenden Suspension mit der zuvor angemischten Suspension übereinstimmt
	Bei stark gespannten oder artesischen Druckverhältnissen sowie bei Gasaufstiegen ist eine gezielte Auswahl des Verfüllbaustoffes notwendig
	Für den Verfüllbaustoff (Fertig- oder Baustellenmischung) ist der Nachweis über die wasserhygienische Unbedenklichkeit über ein Hygienezeugnis zu führen

Bundesland	Inhalte
	Für den ausgehärteten Verfüllbaustoff muss der Nachweis erfolgen, dass er dauerhaft chemisch stabil (z. B. gegen betonaggressive Grundwässer) und physikalisch stabil (z. B. gegen Frost-Tau-Wechsel) ist und die Abdichtungsfunktion des ausgehärteten Verfüllbaustoffs (kf-Wert $<10^{-8}$ m/s) dauerhaft erhalten bleibt (für Fertigprodukte erfolgt dies durch den Herstellernachweis)
	Übersteigt der Bedarf an Verpressmaterial das Zweifache des Ringraumvolumens, ist der Verpressvorgang zunächst zu beenden und die genehmigende Behörde zu informieren
	24 h nach der Verpressung ist zu prüfen, ob es zu einer Setzung der Verpresssuspension gekommen ist, ggf. ist eine Nachverpressung erforderlich (bei Setzung > 2,5 m ab Geländeoberfläche; Kontraktorverfahren)
	Es ist eine Dokumentation von Spülungsverlusten, Wasserständen, ausgeblasenen Wassermengen bei Luftspülungsbohrungen, Hohlräumen, Klüftigkeit sowie eine geologische Aufnahme der Schichtenfolge anzufertigen, die einschließlich der aufgezeichneten Verpressmengen und -dichten sowie eines Bohrmeisterprotokolls, eines Lageplans mit Gauß-Krüger-Koordinaten (Rechts-/Hochwerte) und Geländehöhe der Bohransatzpunkte, eines Ausbauplans sowie sonstiger Untersuchungsergebnisse an das HLUG und die verfahrensleitende Behörde zu liefern
	Betragen Spülungsverluste im Bohrloch mehr als 1 l/s, ist sofort die Genehmigungsbehörde zu informieren
	Bei Austritt von artesisch gespanntes Wasser ist die Bohrtätigkeit einzustellen und das Bohrloch vor Einbau einer Erdwärmesonde soweit rück zu verfüllen, bis der artesische Überlauf gestoppt ist
	Bei außergewöhnlichen Ereignissen sind die zuständige Wasser- und ggf. Genehmigungsbehörde sowie gegebenenfalls Betreiber der Abwasseranlagen, Versicherungen und sonstige Betroffene unverzüglich zu informieren
	Erdwärmesonden müssen nachweislich gegen die Belastungen, Temperaturen (Heiz- und ggf. Kühlbetrieb) und die verwendeten Wärmeträgermittel beständig sein
	Eine Beschädigung der Sondenrohre beim Einbau ist zu vermeiden (Einbau von EWS mittels hängender Haspel)
	Beschädigte Rohre (z. B. durch Einkerbungen) dürfen nur mit Wasser als Wärmeträgerflüssigkeit betrieben werden
	Die Errichtung, Instandhaltung und Instandsetzung von EWS-Anlagen darf nur durch Betriebe erfolgen, die aufgrund ihrer fachlichen Ausbildung und Erfahrung die erforderliche Sachkunde besitzen
	Bei Misserfolg einer Bohrung vor Einbau der Sonde ist das Bohrloch von unten nach oben mit wasserdichtem, dauerhaft beständigem Material zu verpressen
	Bei nicht mehr betriebenen Erdwärmesonden sind wassergefährdende Wärmeträgermittel zu entfernen und schadlos zu entsorgen wenn diese nicht mit einfachen betrieblichen Mitteln beseitigt werden können

Bundesland	Inhalte
Hamburg (LFHH 2012)	*Allgemein* Die VDI-Richtlinie 4640 und die DIN 8901 sind zu beachten
	Erdwärmesonden sind grundsätzlich unzulässig innerhalb der Schutzzonen I und II von Wasserschutzgebieten, wenn Abstände zu den Brunnen der öffentlichen Trinkwasserversorgung sowie zu Trinkwassernotbrunnen zu gering sind, in den tiefen Grundwasserleitern, im Bereich von Altlastflächen und bekannten Untergrundverunreinigungen, wenn die Entzugsleistung über den in der VDI 4640 genannten Werte liegen, wenn die Abstände zu Nachbargrundstücken nicht eingehalten werden
	In Bereichen mit einem Hinweis oder Verdacht auf Bodenbelastungen (Altlastenhinweiskataster), dürfen Erdwärmeanlagen nur nach Prüfung des Einzelfalls errichtet werden (besondere Anforderungen an die Art und die Überwachung der Bohrarbeiten, externe Bauaufsicht)!
	Darüber hinaus kann ein Grundstück als Verdachtsfläche im Sinne der Kampfmittelverordnung (KampfmittelVO) gelten. Ist die Fläche noch nicht ausgewertet, kann eine kostenpflichtige Anfrage (Anschreiben und Katasterauszug) an den Kampfmittelräumdienst gestellt werden. Ohne Anfrage beim Kampfmittelräumdienst ist es immer erforderlich, eine Kampfmittelfirma mit der punktuellen Freigabe der Bohrstelle zu beauftragen
	Genehmigungsverfahren Das Geologische Landesamt Hamburg (GLA) ist gemäß Lagerstättengesetz mindestens zwei Wochen vor Beginn der Bohrarbeiten zu benachrichtigen
	Die Wasserbehörde ist zur Überwachung der Bohrarbeiten über den Bohrbeginn zu informieren
	Antrag auf wasserrechtliche Erlaubnis beinhaltet folgendes: Antragsformular, Auszug aus der Flurkarte, Übersichtslageplan z. B. M 1:500 mit Eintragung der voraussichtlichen Lage der Bohrungen, Schriftliche Stellungnahme des Geologischen Landesamtes zum Untergrundaufbau, Prinzipskizze über den geplanten Ausbau mit Angabe des Bohrverfahrens, der Ringraumabdichtung und des Bohrdurchmessers, Sicherheitsdatenblatt des Wärmeträgermittels, Sicherheitsdatenblatt des Kältemittels (in Wasserschutzgebieten), Zertifikat des Bohrunternehmens nach dem DVGW Arbeitsblatt W 120, Einverständniserklärung der benachbarten Grundeigentümer/Grundeigentümerinnen zur Errichtung und zum Betrieb der geplanten Erdwärmesondenanlage, wenn der Mindestabstand von 5 m zur Grundstücksgrenze nicht eingehalten wird
	Der zuständigen Behörde bleibt es vorbehalten, insbesondere bei größeren Bauvorhaben, zusätzliche Unterlagen zu fordern

Bundesland	Inhalte
	Der Genehmigungsbehörde sind spätestens 1 Monat nach Erstellen der Erdwärmesonden einzureichen: Bodenschichtenverzeichnisse mit Prüfungsvermerk des Geologischen Landesamtes, Formblätter über die Ringraumabdichtung „Bau und Überwachung", Zeichnungen über die tatsächliche Ausführung der Erdwärmeanlage, Lageplan M 1:500 oder größer mit dem Standort der Erdwärmeanlagen, sowie der horizontalen Leitungen, Protokoll der Dichtheitsprüfungen entsprechend DIN V 4279-7, Fotodokumentation und Protokolle der externen Überwachung, sofern sie in der wasserrechtlichen Erlaubnis gefordert werden (im Einzelfall kann die Wasserbehörde den Umfang der notwendigen Baudokumentation erweitern)
	Der Wasserbehörde ist Folgendes mitzuteilen: alle Betriebsstörungen, sonstige Auffälligkeiten, die erwarten lassen, dass wassergefährdende Stoffe in das Grundwasser oder den Boden gelangt sein können, jede Änderung bzw. jeder Wechsel der Wärmeträgerflüssigkeit
	Die beabsichtigte Stilllegung ist der Wasserbehörde rechtzeitig vorher anzuzeigen
	Temperatur Die Temperatur der in den EWS zirkulierenden Wärmeträgerflüssigkeit darf gemäß VDI im Vergleich zwischen Vor- und Rücklauf um nicht mehr als 11 K betragen
	Grundwasserschutz EWS sind unzulässig innerhalb der Schutzzonen I und II von Wasserschutzgebieten, im Umkreis von 100 m um die Brunnen der öffentlichen Trinkwasserversorgung und um Trinkwassernotbrunnen, in einer Entfernung zwischen 100 und 1000 m zu den Brunnen der öffentlichen Trinkwasserversorgung, wenn Erdwärme in dem zur Trinkwassergewinnung genutzten Grundwasserleiter gewonnen werden soll, in einer Entfernung zwischen 100 und 500 m zu Trinkwassernotbrunnen, wenn Erdwärme in dem zur Trinkwassergewinnung genutzten Grundwasserleiter gewonnen werden soll
	Zulässig sind EWS in Wasserschutz- und Wassergewinnungsgebieten, wenn sie in einer Entfernung von 100 bis 1000 m von Brunnen der öffentlichen Wasserversorgung bzw. in einer Entfernung von 100 bis 500 m von Trinkwassernotbrunnen liegen und der in Frage stehende Wasserleiter durch schützende Deckschichten vom zur Trinkwassergewinnung genutzten Wasserleiter getrennt ist und sie in einer Entfernung von 1000 bis 2000 m von Brunnen der öffentlichen Wasserversorgung bzw. in einer Entfernung von 500 bis 1000 m von Trinkwassernotbrunnen, jedoch die Erdwärme zwar in dem zur Trinkwassergewinnung genutzten Grundwasserleiter genutzt jedoch unter Verwendung nicht wassergefährdende Stoffe (z. B. Wasser oder ein Wasser-Glykol-Gemisch mit einem Glykolanteil unter 3 %) oder Kaliumcarbonat erbracht wird und die Bohrarbeiten entsprechend den besonderen Anforderungen der BSU überwacht werden

Bundesland	Inhalte
	Böden, die mit Schadstoffen belastet sind, eignen sich nur dann für die Errichtung von Erdwärmeanlagen, wenn von den Schadstoffen keine Gefährdung der Anlage und des Personals ausgeht und wenn keine Ausbreitung vorhandener Untergrund- und Grundwasserkontaminationen zu befürchten ist
	Die Errichtung von Erdwärmeanlagen im Einzugsgebiet laufender oder geplanter Grundwassersanierungen ist unzulässig
	Zum Schutz und Erhalt der öffentlichen Trinkwasserversorgung dürfen Erdwärmesonden nicht in den tiefen Grundwasserleitern (L5 und L6) eingebaut werden. Gleiches gilt für die Rinnenwasserkörper L4.2, da diese im Kontakt mit den tiefen Grundwasserleitern stehen
	Wegen der potenziellen Grundwasser- und Bodengefährdung dürfen Wärmeträgermittel nur nicht wassergefährdende Stoffe oder wässrige Lösungen der Wassergefährdungsklasse 1 (WGK1) auf der Grundlage der Stoffe Ethylenglykol (Ethandiol), Propylenglykol (1,2-Propandiol) oder Kaliumcarbonat enthalten. Über die Zulässigkeit anderer Stoffe entscheidet die Wasserbehörde im Einzelfall
	Zusätzlich darf das Wärmeträgermedium nur geringe Anteile (max. 5 %) an Zusätzen, wie z. B. Korrosionsschutzmitteln enthalten. Der Hersteller des Wärmeträgermittels hat die Einhaltung dieser Anforderungen zu bescheinigen (Sicherheitsdatenblatt nach RL91/155/EWG)
	Die beschrifteten Bodenproben (Entnahmetiefe und Lage des Grundstücks) mit den vollständig ausgefüllten Schichtenverzeichnissen sowie einem Lageplan sind bis spätestens 2 Wochen nach Abschluss der Bohrarbeiten beim Geologischen Landesamt einzureichen
	Technische Anforderungen Für Ein- und Zweifamilienhäuser (Anlagen < 30 kW) sind u. a. folgende Abstände einzuhalten: zwischen EWS und Grundstücksgrenze 5 m (mit ausdrücklicher schriftlicher Zustimmung des benachbarten Grundstückseigentümers sind Abweichungen möglich), zu Fernwärmeleitungen 3 m, zu Anlagen zur Lagerung wassergefährdender Stoffe 3 m
	Zwischen EWS und öffentlichen Verkehrswegen sind keine Mindestabstände einzuhalten
	Bei Verwendung von Stahlrohren bei gerammten Erdwärmesonden ist auf ausreichende Wandstärke und Stahlqualität zu achten und die chemische Zusammensetzung des Grundwassers zu berücksichtigen, ggf. ein kathodischer Korrosionsschutz vorzusehen
	Zur Sicherstellung einer durchgängigen Verpressung sämtlicher Hohlräume ist der Bohrdurchmesser so zu wählen, dass er größer als der Durchmesser des Sondenbündels + 80 mm ist
	Bauausführung/Überwachung/Dokumentation Bohr- und Ausbauarbeiten für Erdwärmesonden dürfen nur von Fachfirmen mit einer gültigen Zertifizierung nach DVGW-Arbeitsblatt W 120 (G1 und/oder G2) ausgeführt werden

Bundesland	Inhalte
	Der Bohrgeräteführer muss nach DIN EN ISO 22475 qualifiziert sein
	Bei der Planung, dem Bau und dem Betrieb einer Erdwärmeanlage sind die VDI-Richtlinie 4640 und die DIN 8901 zu beachten
	Von Bohrgeräten, Bohrspülungen und Zubehör dürfen keine Schadstoffe in den Untergrund und damit in das Grundwasser eingetragen werden
	Während der Bohrung sind Gesteinsproben im Abstand von max. 5 m und außerdem bei Schichtwechsel zu entnehmen und beim GLA unter Beifügung eines Lageplans und vollständig ausgefüllter Schichtenverzeichnisse gemäß DIN EN ISO 14688 Teil 1 einzureichen
	Zwischen den einzelnen Sondensträngen sind daher in ausreichenden Abständen (siehe Herstellerangaben) Innenzentrierungen einzubauen
	Bei einer Bohrlochtiefe bis 60 m ist bereits beim Einsetzen ein Rohr bis Endteufe einzubauen, durch das die Verfüllsuspension eingepresst werden kann (entsprechend dem Fortschritt beim Verfüllen wird dieses dann gezogen)
	Bei Bohrlochtiefe >60 m sollten zwei Rohre für die Verpressung eingesetzt werden, wobei das erste Rohr wird bis zur Endteufe geführt wird (verbleibt im Bohrloch) und das zweite Rohr wird bis etwa zur halben Endteufe eingebaut (wird beim Verfüllen gezogen)
	Bei Misserfolg einer Bohrung ist das Bohrloch bis zur Geländeoberkante ebenfalls mit einer oben beschriebenen Suspension zu verpressen
	Zur Dokumentation der Verpressung sind Formblätter auszufüllen und an die Wasserbehörde zu senden
	Zur Überprüfung der Dichtheit der Anlage sind Druckprüfungen in Anlehnung an DIN 4279-7 durchzuführen
	Folgende Bauteile sind zu prüfen: der werkseitig hergestellte Sondenfuß einschließlich seiner Verbindungen (Druckprüfung mit dem 1,5fachen Nenndruck des Rohrmaterials; der Nachweis darüber ist von der Herstellerfirma zu erbringen), die einzelnen Erdwärmesonden nach Einbau und Verpressung, die Gesamtanlage vor Inbetriebnahme (Prüfdruck: 1,5facher Betriebsdruck)
	Die Ergebnisse der Druckprüfungen sind in einem Prüfprotokoll zu dokumentieren
	Die Anlage darf nur in Betrieb genommen werden, wenn alle Druckprüfungen erfolgreich waren
	Bei der Verwendung von Wärmeträgerstoffen mit einem Schmelzpunkt von unter 0 °C ist ein Thermowächter im Zulauf der Erdwärmesonden einzubauen
	Bei Verwendung nachweislich frostsicherer Verpresssuspensionen kann auf den Einbau des Thermowächters verzichtet werden
	Erdwärmesonden müssen bei der Verwendung von Wärmeträgermitteln der WGK1 durch selbsttätige Leckageüberwachungseinrichtungen (baumustergeprüfte Druckwächter) so gesichert sein, dass im Fall einer Leckage der Erdwärmesonden die Umwälzpumpe sofort abgeschaltet und ein Störungssignal abgegeben wird

Bundesland	Inhalte
	Die Sonden müssen im Vor- und Rücklauf vom Gesamtsystem absperrbar sein
	Die Erdwärmeanlage darf erst in Betrieb genommen werden, wenn die Verpresssuspension der Erdwärmesonden vollständig ausgehärtet ist. Dies ist in der Regel 28 Tage nach der Verpressung der Fall
	Vor Inbetriebnahme der Erdwärmeanlage ist durch den beauftragten Fachbetrieb: das Gesamtsystem einer Druckprobe zu unterziehen, die Prüfbescheinigung dem Betreiber auszuhändigen, die Funktion aller Bauteile zu überprüfen, der Betreiber der Anlage in die Bedienung, die Wartung und das Verhalten im Störfall einzuweisen
	Sofern der unterirdische Teil der Erdwärmeanlage vorübergehend oder dauerhaft nicht mehr genutzt wird, muss das Wärmeträgermittel von einer Fachfirma ausgespült und fachgerecht entsorgt werden
	Zur dauerhaften Stilllegung der Anlage muss sie fachgerecht zurückgebaut werden oder wenn dieses unmöglich ist, müssen die Rohrleitungen/Sonden vollständig mit einer zugelassenen Tonmehl/Zement-Suspension verpresst werden
	Bei Ringraumverpressung sind für jede Bohrung u. a. die Menge der eingebrachten Suspension zu erfassen und mit dem Sollwert (Ringraumvolumen des Bohrlochs) zu vergleichen, sowie die Suspensionsdichte und der Verpressdruck kontinuierlich zu überprüfen und zu dokumentieren
	Der Betreiber der Anlage ist verpflichtet, ein Betriebstagebuch (beinhaltet alle Wartungsarbeiten insbesondere bei Dichtheitsverlust, Austritt der Wärmeträgerflüssigkeit o. ä.) zu führen und ist auf Anforderung der Wasserbehörde auszuhändigen
Sachsen-Anhalt (LFSA 2012)	*Allgemein* Im Wesentlichen ist die VDI-Richtlinie 4640 empfohlen (u. a. Sondenabstände)
	Vorfelduntersuchungen Für Anlage 30 kW sind Ergebnisse eins Thermal-Response-Test unbedingte Voraussetzung
	Die Simulationen über einen vorgegebenen Prognosezeitraum dürfen keine übermäßige Abkühlung im Erdreich anzeigen und sie sollten eine Regenerierung des Wärmehaushaltes erkennen lassen (Berücksichtigung einer Kühlung im Sommer)
	Temperatur Die mittlere Temperatur der Wärmeträgerflüssigkeit sollte im Dauerbetrieb 0 °C bzw. bei Spitzenlast −5 °C nicht unterschreiten
	Bei Betriebstemperaturen <− 5 °C ist die Frost-Tau-Beständigkeit des abgebundenen Verpressmaterials nachzuweisen
	Grundwasserschutz In Trinkwasserschutzgebieten ist in den Schutzzonen I und II das Niederbringen von Bohrungen für die Erdwärmegewinnung in der Regel nicht erlaubt

Bundesland	Inhalte
	In Trinkwasserschutzzonen III und Heilwasserschutzgebieten Zone B ist die Errichtung von Erdwärmesondenanlagen grundsätzlich verboten, nach Einzelfallprüfung unter Auflagen erlaubnisfähig (zur Prüfung der Erlaubnisfähigkeit ist der Unteren Wasserbehörde durch den Antragsteller ein hydrogeologisches Gutachten vorzulegen)
	Insofern die Wärmeträgerflüssigkeit wassergefährdend im Sinne der VwVwS ist, müssen die Erdwärmesonden (§ 163 Abs. 1 WG LSA) im Bereich der gewerblichen Wirtschaft und im Bereich öffentlicher Einrichtungen (§ 62 Abs. 1 WHG) der zuständigen Wasserbehörde mindestens sechs Wochen vor Baubeginn oder vor der beabsichtigten Handlung angezeigt werden (VAwS vom 28. März 2006). Anlagen in Privathaushalten sowie Anlagen, in denen Wasser oder nicht wassergefährdende Stoffe verwendet werden, bedürfen dieser Anzeige nicht
	Anlagen zum Verwenden wassergefährdender Stoffe (nach § 62 Abs. 1 WHG) sind im Fassungsbereich und in der engeren Zone von Schutzgebieten unzulässig (§ 9 Abs. 1 VAwS)
	Weitere Anforderungen an Wärmepumpen mit Erdsonden enthält die Anlage 2 zu § 4 Abs. 1 VAwS
	Verfahren Mindestens 14 Tage vor Bohrbeginn ist die Anzeige für die Erfüllung des Bergrechts und des Lagerstättengesetzes an das Landesamt für Bergwesen zu richten
	Jedes Vorhaben zur Erdwärmenutzung durch Erdsonden muss der örtlich zuständigen Unteren Wasserbehörde angezeigt werden
	Bei Beantragung sollte Rückfrage beim Landesamt für Geologie und Bergwesen betreffs eventuell vorhandenen Altbergbaus erfolgen
	Für eine sachgerechte Dimensionierung sollte ein geologisches Gutachten eingeholt werden (eventuell vorherrschende ungünstige hydrogeologische und geotechnische Bedingungen, z. B. Artesik, oberflächennahe GW-Stauer, glazigen gestörte Gebiete etc.)
	Übergabe einer Dokumentation an die Fachbehörden vor deren Inbetriebnahme der Anlage (Bestätigung der planmäßigen Durchführung oder Beschreibung etwaiger Abweichungen; Druck-/Dichtheitsprotokolle der Sonden; Schichtenverzeichnisse gem. DIN 4023; Ausbaupläne; Gauß-Krüger-Koordinaten; Höhe der Bohransatzpunkte oder entsprechend detaillierte Karten; Wasserstandsmessungen; Angaben zu Spülungs- und Suspensionsverlusten; Ggf. Logs und Untersuchungsergebnisse (Bohrlochgeophysik, Thermal Response – Tests)
	Technische Anforderungen Das Sondenbündel ist vorgefertigt und in einem Stück in der für das Bohrloch vorgesehenen Länge anzuliefern
	Das Zusammensetzen bzw. Zusammenschweißen einzelner Sondenstücke ist abgesehen vom horizontalen Anschluss des Sondenbündels nicht zulässig

Bundesland	Inhalte
	Der Sondenfuß muss werkseitig hergestellt und werkseitig mit den Rohren verbunden bzw. verschweißt sein
	Die verwendeten Materialien müssen dicht und beständig sein (einem Qualitätssicherungsverfahren unterliegendes Sondenmaterial)
	Für die fachgerechte Verpressung ist bereits mit Sondeneinbau ein zwischen den Sondenrohren positioniertes Verpressrohr (-schlauch) bis Endteufe mitzuführen
	Empfehlung für Doppel-U-Sonden: Verwendung von Innenabstandshalter in regelmäßigem Abstand von ca. 2 m am Sondenbündel
	Das Einschieben der Sonde sollte über eine Haspel, die z. B. in 2 m Höhe über dem Bohrloch am Bohrgerät oder Ladekreuz befestigt ist, erfolgen
	Ein Ringraum um die Sonde (Sondenbündel) von mindestens 30 mm ist gefordert
	Der gesamte Ringraum zwischen den Sonden und der Bohrlochwand muss mit einer grundwasserunschädlichen, nach dem Erhärten dauerhaft dichten Suspension von unten nach oben verpresst werden (Achtung: in Abhängigkeit von den geologischen Gegebenheiten muss die Beständigkeit gegenüber Kohlensäure, Sulfat und Frost gewährleistet sein)
	Bauausführung Nach dem Verpressen sind die Sondenkreisläufe auf Dichtheit zu prüfen
	Während der Bauausführung ist fortwährend zu prüfen, ob die angetroffenen Baugrundverhältnisse den erwarteten entsprechen (ggf. ist der Anlagenentwurf anzupassen)
	Während der Arbeiten sind aussagekräftige Protokolle zu führen
	Über Auffälligkeiten (Spülungsverlusten >2 l/s, erheblichem Mehrverbrauch an Verfüllmaterial, Artesen, Gasaustritt) sind zuständige Stellen (Untere Wasserbehörde, LAGB) zu informieren
Mecklenburg Vorpommern (LFMV 2006)	*Allgemein* Grundsätzlich gilt der Stand der Technik nach DIN-Normen, VDI-Richtlinien und DVGW-Regelwerken
	Voruntersuchungen Für Sondengruppen und Sondenfelder ist eine Berechnung der Wechselwirkung der Sonden untereinander und der thermischen Reichweite nach außen hin unerlässlich
	Sicherstellung einer gleichmäßigen Durchströmung und damit gleichmäßiger Ausschöpfung der potenziellen Wärmeleistung aller Einzelsonden in Sondengruppen und Sondenfeldern durch Abstimmung der Sondenlängen und -durchmesser
	Verfahren Bei einer grundstücksbezogenen Nutzung der Erdwärme kommen die wasserrechtlichen Regelungen des Landes Mecklenburg-Vorpommern zur Anwendung (z. B. für erdgekoppelte Wärmepumpenanlagen > 30 kW, bei einem Mindestabstand von 5 m zur Grundstücksgrenze, auch für Sondenlängen > 100 m)

Bundesland	Inhalte
	Für Sondenlängen > 100 m besteht für die Bohrung als solche zusätzliche Anzeigepflicht bei der zuständigen Bergbehörde
	Nach § 33 Landeswassergesetz Mecklenburg-Vorpommern (LWaG MV; in Verbindung mit § 20 Abs. 2 und 4 LWaG MV) ist jede Errichtung einer Erdwärmesonde der zuständigen unteren Wasserbehörde anzuzeigen (Einreichung des Antrages mindestens 2 Monate vor Baubeginn)
	Liegt nach § 3 Abs. 2 Nr. 2 WHG ein wasserrechtlicher Benutzungstatbestand vor, ist ein Erlaubnisverfahren (§ 7 WHG) im Zusammenhang mit der Errichtung von Erdwärmesonden notwendig
	Eine Erlaubnis kann in begründeten Fällen durch die Wasserbehörde nach § 6 WHG versagt oder nach § 7 WHG mit Auflagen verbunden werden
	Für das Abteufen von Bohrungen besteht gegenüber dem Geologischen Dienst im Landesamt für Umwelt, Naturschutz und Geologie Mecklenburg-Vorpommern (LUNG M-V) eine Anzeigepflicht (mindestens zwei Wochen vor Beginn der Bohrarbeiten)
	Bei nicht verhinderbaren, größeren Spülungsverluste (>= 1 l/s) im Bohrloch sind die Bohrarbeiten sofort einzustellen und die zuständige Wasserbehörde umgehend zu informieren
	Ausnahmen gegenüber der Verwendung nach DIN 4640 erfassten Suspensionen sind von der unteren Wasserbehörde zu genehmigen
	Grundwasserschutz Als Wärmeträgerflüssigkeiten dürfen ausschließlich nur nichtwassergefährdende Stoffe oder Stoffe der Wassergefährdungsklasse 1 (WGK1) verwendet werden, die gemäß Anhang 2 der Verwaltungsvorschrift wassergefährdende Stoffe (VwVwS) des Bundes vom 17. Mai 1999 mit der Fußnote 14 versehen sind (Bescheinigen durch den Lieferanten des Wärmeträgermittels)
	Standorte in Wasserschutzgebieten (§ 19 WHG i.V.m. § 19 LWaG, Trinkwasserschutz- und Trinkwasservorbehaltsgebieten (§ 136 LwaG) oder Heilquellenschutzgebieten (§ 35 LwaG)), im Einzugsgebiet einer öffentlichen Trinkwassergewinnung oder staatlich anerkannten Heilquelle ohne festgesetzte Schutzzonen, in Gebieten von Altlasten und Grundwasserverunreinigungen sowie in Küstenschutz- und Überschwemmungsgebieten sind aus wasserwirtschaftlicher Sicht als ungünstig zu bewerten
	Auf Antrag können im Rahmen des Erlaubnisverfahrens Einzelfallentscheidungen auf der Basis geologisch/hydrogeologischer Standortbeurteilungen getroffen werden, außer in den Schutzzonen I und II von Trinkwasserschutzgebieten, darin ist die Errichtung von Erdwärmesondenanlagen grundsätzlich untersagt
	Technische Anforderungen Mindestabstand zur Grundstückgrenze: 5 m für Einzelsonden, für Sondengruppen oder -felder sind die Abstände zu vergrößern

Bundesland	Inhalte
	Sondenfußanschlüsse an die Sondenrohre sind werkseitig herzustellen und zu komplettieren (Nachweis durch Zertifikat des Herstellers an die untere Wasserbehörde)
	Komplette Sonde ist werkseitig Druck- und Durchflussprüfung zu unterziehen (DIN 4279-7; Nachweis durch Zertifikat des Herstellers an die Untere Wasserbehörde)
	Es muss ein allseitiger Ringraum von mindestens 40 mm verbleiben (+ 80 mm; als minimaler Bohrdurchmesser sind 160 mm zu gewährleisten)
	Bauausführung/Überwachung/Dokumentation Die Schweißarbeiten sind nach den Richtlinien 2207, 2208 des Deutschen Verbandes für Schweißtechnik (DVS) zu erfolgen
	Die Bohrergebnisse sind dem Geologischen Dienst M-V ohne weitere Aufforderung spätestens vier Wochen nach Abschluss der Arbeiten zu übergeben
	Es ist eine regelmäßige Entnahme von Gesteinsproben während der Bohrung vorzunehmen: bei jedem Schichtwechsel oder mindestens im 2,5 m – Abstand (DVGW-Merkblattes W 114)
	Spätestens 4 Wochen nach Abschluss der Bohrarbeiten ist ein gemäß DIN 4022 erstelltes geologisches Schichtenverzeichnis sowie eine Dokumentation der Wasserstände (wenn messbar), Spülungsverluste bei Wasserspülbohrungen, Koordinaten (GK Bessel o.ä.), Geländehöhe des Bohransatzpunktes dem Geologischen Dienst und der zuständigen Unteren Wasserbehörde auszuhändigen
	Die Rohre sind vor dem Einbau mit Wasser zu füllen, um ein Aufschwimmen zu verhindern
	Zur Erhöhung und besseren Verteilung der Eigenlast ist ein ausreichend dimensioniertes Zusatzgewicht am Sondenfuß erforderlich
	Vor der Einführung der Sonde in das Bohrloch ist die darin befindliche Spülung bei Bedarf auszudünnen, um den Auftrieb für die Sonde zu mindern
	In der ersten Phase des Einbaus muss die eindringende Sonde gebremst und bei zunehmender Tiefe leicht nachgeschoben werden (ausreichende Weite und Standsicherheit der offenen Bohrung ist zu beachten; eventuell temporäre Schutzverrohrung notwendig)
	Zur Vermeidung des Eindringens von Fremdkörpern sind die offenen Enden der Sondenrohre mit PE-Endkappen sicher zu verschließen
	Als Verfüllmaterial sind nur grundwasserunschädliche, dauerhaft aushärtende, wasserdichte, eine hohlraumfreie wie volumenbeständige Bohrlochverfüllung zulassende und (frost) beständige Suspensionen einzusetzen

Bundesland	Inhalte
	Verfüllmaterialen können sein: durch Beimengungen von Quarzsand in ihrer Wärmeleitfähigkeit (bis ca. 1,3 W/mK) verbesserte Bentonit-Zement-Mischungen oder speziell für den Einsatz bei Erdwärmesonden entwickelten Produkte (Wärmeleitfähigkeiten von >=2 W/mK)
	Das Verfüllrohr bzw. bei Bedarf (abh. von Bohrtiefe) mehrere Rohre abgestufter Länge sind gleichzeitig mit der Sonde ins Bohrloch zur Gewährleistung einer lückenlosen Verfüllung einzubringen
	Unmittelbar nach Einbringen der Erdwärmesonde ist das Bohrloch ohne Unterbrechung vollständig mit Suspension zu Verpressen
	Eine vollständige Umhüllung der Sonden durch die Suspension ist zu gewährleisten und Hohlräume sind unbedingt zu vermeiden
	Das Anmischen und Verpressen der Suspension hat nur mit solchen Gerätschaften zu erfolgen, die das Herstellen einer homogenen Masse im vorgegebenen Mischungsverhältnis und das Einbringen unter kontrollierten Druckbedingungen erlauben (Menge und Dichte des Materials für die Verfüllung ist kontinuierlich zu erfassen)
	Der Verpressvorgang ist so lange fortzuführen, bis die Dichte der aus dem Bohrloch austretenden Suspension der der eingepressten Suspension entspricht
	Ergebnisse der Funktionsendprüfung ist zu protokollieren und zusammen mit den anderen Unterlagen der verfahrensleitenden Behörde schriftlich mitzuteilen
	Erdwärmesonden sind durch selbsttätige Leckageüberwachungseinrichtungen (baumustergeprüfte Druckwächter) zu sicher
	Bei Vorliegen von wasserrechtlichen Ausnahmegenehmigungen, z. B. in ausgewiesenen Schutzgebieten mit einer möglichen Beeinträchtigung der Trinkwasserqualität, ist ein geeignetes Fachbüro mit der Überwachung der Bohrarbeiten und des Einbaus der Erdwärmesonden zu beauftragen
	Auflagen, die seitens der unteren Wasserbehörde zum Schutz der grundwasserführenden Horizonte (z. B. Versalzungsgefahr) erteilt werden, sind unbedingt einzuhalten und die entsprechenden Maßnahmen zu protokollieren
Schleswig Holstein (LFSH 2006)	*Allgemein* In Schleswig-Holstein ist das Landesamt für Landwirtschaft, Umwelt und ländliche Räume (LLUR) der zuständige Geologische Dienst
	Voruntersuchungen Je größer die Anzahl der Sonden ist bzw. je mehr die Rahmenbedingungen von der Standardauslegung der VDI-Richtlinie 4640 abweichen, umso notwendiger werden eine genaue Ermittlung der Wärmeleitfähigkeiten und eine Simulationsberechnung der Entzugsleistungen bei gegebenen Sonden- und Bohrlochparametern sowie den Bohrlochabständen
	Für mittlere bis große Anlagen wird die Durchführung eines Geothermal Response Tests (GRT) empfohlen
	Aufschlussbohrungen, in denen der Nachweis hydraulisch wirksamer Trennschichten mit mind. 5 m Mächtigkeit nicht erbracht wurde, sind vollständig mit Ton oder Ton-Zement-Suspension wieder zu verfüllen

Bundesland	Inhalte
	Verfahren Durch § 7 LWG wird festgelegt, dass alle Erdarbeiten oder Bohrungen, die tiefer als 10 m in den Boden eindringen, anzuzeigen sind
	Bei der Unteren Wasserbehörde einzureichende Unterlagen EWS betreffend (auch bei Einbauverfahren ohne Bohrung; Einbautiefe i.d. R. >10 m unter Gelände): Übersichtslageplan (1:5000), Detaillageplan (1:500 bis 1:2000, Angaben zur Lage der Bohrpunkte, dem Rohrleitungsverlauf), Zertifizierungsnachweis des Bohr- oder Brunnenbauunternehmens nach DVGW W120, RAL-GZ 969 oder Sachkundenachweis gemäß DIN EN ISO 22475 bzw. DIN 4021, Darstellung des erwarteten Schichtenprofils und der Grundwasserverhältnisse, Produktinformationen zu den eingesetzten Spülungszusätzen und Hinterfüllbaustoffen, Beschreibung der Bohr- und Wiederabdichtungstechnik, geplante Entzugsleistung der Erdwärmeanlage (zur Plausibilitätsabschätzung), Beschreibung der Sondenanlage (Eignungsnachweise, Zertifikate, Produkt, Information des Herstellers, im System verwendete Flüssigkeiten mit den entsprechenden Unbedenklichkeitserklärungen)
	Bei Hinweis oder Verdacht auf Bodenbelastungen dürfen Erdwärmeanlagen nur nach Prüfung des Einzelfalls errichtet werden
	Für die Durchführung und Überwachung der Bohrarbeiten werden von der Unteren Wasserbehörde entsprechende Auflagen festgesetzt
	Der ordnungsgemäße Ausbau der Anlage muss der zuständigen Behörde schriftlich bestätigt werden
	Bei notwendigen Abweichungen vom Bohrprogramm, wesentlichen Abweichungen von den zu erwartenden und im Antrag angegebenen Schichtenfolgen und Grundwasserverhältnissen sowie Problemen bei der Errichtung der Erdwärmeanlage ist die Untere Wasserbehörde unverzüglich zu benachrichtigen
	Vorabanzeige bei der Unteren Wasserbehörde bei absehbarer Stilllegung der Anlage
	Grundwasserschutz Die Errichtung von Erdwärmeanlagen im Einzugsgebiet laufender oder geplanter Grundwassersanierungen ist in der Regel nicht zulässig
	Im Nahbereich (Umkreis von 100 m) von Brunnen der öffentlichen Trinkwasserversorgung sowie in der Wasserschutzgebietszone II ist die Errichtung von Erdwärmegewinnungsanlagen nicht vertretbar
	In einer Entfernung bis zu 1 km im Anstrom der Fassungsanlage ist die Errichtung unter Auflagen der zuständigen Behörde zulässig, wenn die Grundwasserförderung aus tiefen Stockwerken und die Erdwärmenutzung in einem höheren Grundwasserstockwerk oder einem überlagernden Geringleiter erfolgt und eine ausreichende Restmächtigkeit kompakter und flächig verbreiteter, gering wasserleitender Schichten von mind. 5 m über dem Nutzhorizont verbleibt. Die maximale Endteufe sowie evtl. weitergehende Auflagen sind in den wasserbehördlichen Bescheid aufzunehmen

Bundesland	Inhalte
	Ab einer Entfernung von mehr als 1 km im Anstrom einer Fassungsanlage kann die Errichtung auch im Nutzhorizont zulässig sein, wenn dies im Hinblick auf die angestrebte Wärmeleistung zwingend erforderlich ist und alternative Ausbaumöglichkeiten nicht realisierbar sind, insofern die erhöhten Anforderungen an die Überwachung der Bohr- und Ausbauarbeiten entsprechend den Auflagen der zuständigen Behörde umgesetzt werden
	Generelle wasserrechtliche Anforderungen für den Bau und Betrieb von Erdwärmesonden sind zu beachten
	Die Versickerung des Bohrspülwassers ohne Spülungszusätze oder mit Zusätzen nicht wassergefährdender Stoffe ist nur über den bewachsenen Boden und entsprechend der Bestimmungen des BBodSchG (außerhalb von Altlasten, altlastverdächtigen Flächen, Flächen mit schädlicher Bodenveränderung und Verdachtsflächen) zulässig (weitere Bohrspülwässer ist fachgerecht zu entsorgen)
	Bohrgeräte und andere eingesetzte Maschinen sind gegen Tropfverluste von wassergefährdenden Stoffen (Kraftstoffe, Öle) zu sichern
	Eingesetzte Schmierfette müssen umweltverträglich und biologisch abbaubar sein
	Auf der Baustelle ist die Vorhaltung von Beschwerungs-Zusätzen für die Bohrspülung als Sofortmaßnahme bei Auftreten von ggf. vorher nicht abschätzbaren artesischen Grundwasserverhältnissen grundsätzlich erforderlich
	Nicht sicher beherrschbare Arteser sind ohne Zeitverzug der zuständigen Wasserbehörde zu melden
	Die Bohrungen sind generell so abzudichten, dass jegliche Verunreinigungen des Bodens oder des Grundwassers ausgeschlossen sind
	Zusätzliche Anforderungen in Wasserschutz- und Wassergewinnungsgebieten Für die Bohrungen dürfen als Spülungszusätze nur nicht wassergefährdende Stoffe eingesetzt werden. Der Einsatz anderer Stoffe ist nur zulässig, wenn dies aus technischen Gründen unbedingt erforderlich ist
	Über die Ergebnisse der Kontrollen des Sondenkreislaufes und der Druckwächter hat der Betreiber ein Betriebsbuch zu führen und dieses auf Verlangen der Unteren Wasserbehörde vorzulegen
	Für in mehr als 1 km Entfernung von der Gewinnungsanlage im Nutzhorizont liegende EWS ist der sachgemäße Ausbau der Erdwärmesonde von einem unabhängigen Ingenieurbüro/geologischen Büro verantwortlich zu überwachen (das beauftragte Büro ist unter Beifügung entsprechender Referenzen der Wasserbehörde im Voraus mitzuteilen)
	Für in weniger als 1 km Entfernung zur Gewinnungsanlage und oberhalb des Nutzhorizontes liegende EWS gilt, dass der über dem für die Trinkwasserversorgung genutzten Grundwasserstockwerk liegende Stauer nicht durchteuft werden darf

Bundesland	Inhalte
	Für brunnennahe Erdwärmesonden gelten stärkere Restriktionen als für brunnenferne Erdwärmeanlagen (Abstufung bis 100 m bzw. wenn ausgewiesene WSG-Zone II/100 bis 1000 m [nur innerhalb EG]/1000 m bis Grenze EG)
	Außerhalb des Grundwassereinzugsgebietes, dies kann bereits in einer Entfernung ab 100 m im unterstromigen oder stromseitlichen Bereich des EGs der Fall sein – gelten die erhöhten Schutzanforderungen nicht
	Temperatur/Leistung Anlagen sind so zu dimensionieren, dass unterhalb der natürlichen Frostgrenze von etwa 120 cm Temperaturen unter 0 °C im Verpresskörper auch bei Spitzenlasten ausgeschlossen sind
	Bei hohen Beladetemperaturen von über 90 °C und Temperaturen von etwa 65 °C im Speicherkern eines EWS-Speichers müssen entsprechend druck- und temperaturbeständige Sondenmaterialien eingesetzt werden (Erfragung der Erlaubnisfähigkeit dieser Anlagen bei der zuständigen Unteren Wasserbehörde)
	Technische Anforderungen Lösbare Verbindungen im Vertikalstrang (z. B. Steckverfahren) sind nicht zulässig
	Die Rohre müssen vom Hersteller für die Verwendung als EWS vorgesehen und entsprechend gekennzeichnet sein (mindestens werkseitiges Prüfzeugnis und Herstellerdatenblatt)
	Verwendung von Kunststoffrohren aus High Density Polyethylen PE 100 (gemäß DIN 8074 bzw. 8075)
	Ein Mindestabstand zwischen der Bohrlochwand und den äußeren Sondenbauteilen von 40 mm ist vorzusehen sowie Innenabstandshalter anzuwenden
	Die Erdwärmesondenrohre sollten in parallel geschalteten Kreisen zum Verteiler (Durchflussmesser) geführt und der Verteiler sollte an der höchsten Stelle installiert werden
	Eine Entgasungseinrichtung an geeigneter Stelle ist vorzusehen
	Einwandige Anlagen und Anlagenteile im Boden oder Grundwasser dürfen als Wärmeträgermittel nur nicht wassergefährdende oder wassergefährdende Stoffe der WGK1 enthalten
	Jeder Kreis der Sondenanlage ist separat zu füllen
	Bauausführung/Überwachung Herstellung von EWS-Anlagen ist eine Bauleistung und sollten daher grundsätzlich von einem fachkundigen Bohrunternehmen bzw. einem Meisterbetrieb des Brunnenbauerhandwerks mit nachweislichen Qualitätsmerkmalen (Zertifizierung nach DVGW W 120 in den Gruppen G1 und/oder G2, RAL GZ 969 oder gleichwertig) vorgenommen werden
	Die Sachkunde gemäß DIN EN ISO 22475 bzw. DIN 4021 ist sicherzustellen
	Führen von Schichtenverzeichnissen nach DIN EN ISO14688

Bundesland	Inhalte
	Dokumentation und Absprache über weiteres Vorgehen mit der zuständigen Unteren Wasserbehörde bei auftretende Vorkommnisse oder Besonderheiten wie z. B. Spülungsverluste, das Antreffen artesisch gespannter Grundwasserleiter, Probleme bei der Verpressung des Ringraumes, Auftreten von Altlasten usw
	Bohrungen in Gips und Anhydrit führenden Gesteinen sind strikt zu vermeiden
	Empfohlen wird der Einbau der mit Wasser gefüllten, verschlossenen Sonde über eine Haspel, die möglichst am Bohrmast oder an einem Kranausleger hängt
	Die Wasserfüllung und ein zusätzlich angehängtes Gewicht sind notwendig, um bei Spülbohrungen dem Auftrieb im Bohrloch entgegenzuwirken
	Nach Einbringen der Erdwärmesonde ist das Bohrloch unmittelbar vor Beginn weiterer Bohrlocharbeiten vollständig von der Sohle aus nach oben mit einem für den Einsatz im Grundwasser geeigneten Verpressmaterial (Nachweis) hohlraumfrei zu verfüllen, wobei die Mitführung des Verpressrohres sinnvoll ist
	Weicht der Bedarf an Verpressmaterial stark vom errechneten Ringraumvolumen ab, ist unverzüglich die Untere Wasserbehörde zu informieren
	Das Bohrloch ist nach Einbringung des Sondenmaterials abzudichten
	Weitere nachzuweisende Eigenschaften: Ausreichende Suspensionsdichte und Druckfestigkeit bei artesischen Grundwasserverhältnissen, resistentes Quell- und Abbindeverhalten sowie dauerhafte Beständigkeit bei höher mineralisierten Grundwässern (Salzwassereinfluss) insbesondere bei Auftreten von Kohlensäure, Sulfat usw
	Das eingebrachte Produkt, das Volumen, die Dichte und der Verpressdruck sind in einem Verpressprotokoll zu dokumentieren
	Aushärtezeit des Verpressmaterials von i.d.R. 28 Tagen vor der Inbetriebnahme der Anlage sollte eingehalten werden
	Befüllen der Anlage mit dem fertig angemischten Wärmeträgermediums
	Der Lieferant hat zu bescheinigen, dass das Wärmeträgermittel den Anforderungen entspricht und trotz Zusatz derartiger Additive in die Wassergefährdungsklasse (WGK) 1 einzustufen ist
	Der Einsatz des jeweiligen Frostschutzmittels ist nach Art (Datenblatt) und Menge zu dokumentieren
	Die Sonden sind mit sauberem Wasser zu spülen, von Schmutzteilchen zu befreien und anschließend zu entlüften
	Nach Abschluss der Arbeiten sind die Bohrergebnisse (Schichtenverzeichnis) und/oder Ergebnisse von geophysikalischen Untersuchungen (§ 3 (2), § 5 (2)) dem LLUR vorzulegen (zugehörig sind die Ergebnisse von Geothermal Response Tests)
	Übertiefte Bohrungen sind mittels Tonsperren so abzudichten, dass eine mind. 5 m mächtige Anbindung an die durchbohrte Trennschicht gewährleistet ist

Bundesland	Inhalte
	Bei Undichtigkeiten der unterirdischen Anlage ist die Wärmeträgerflüssigkeit unverzüglich auszuspülen und ordnungsgemäß zu entsorgen. Die Leckage ist der Unteren Wasserbehörde anzuzeigen
	Nach Außerbetriebnahme der Anlage ist die Wärmeträgerflüssigkeit aus dem Sondenkreislauf zu entfernen und ordnungsgemäß zu entsorgen
Brandenburg (LFBB 2009)	*Allgemein* Grundsätzlich hat die Nutzung der Erdwärme entsprechend den einschlägigen technischen Vorschriften und Regeln (insbesondere nach VDI-Richtlinie 4640) zu erfolgen
	Verfahren Es werden in der Regel nur Bohrungen > 100 m Teufe (Anzeige-Betriebsplanpflicht) oder einer thermischen Leistung < 200 kW bergrechtlich behandelt
	Im Rahmen des Wasserschutzgesetzes sind kleineren Anlagen meist erlaubnisfrei, soweit keine schädlichen Veränderungen der physikalischen, chemischen oder biologischen Beschaffenheit des Grundwassers zu erwarten sind
	EWS im Bereich der gewerblichen Wirtschaft oder im Bereich öffentlicher Einrichtungen sind nach § 19 g Abs. 1 WHG Anlagen zum Umgang mit wassergefährdenden Stoffen, für die die Anforderungen der Verordnung über Anlagen zum Umgang mit wassergefährdenden Stoffen und über Fachbetriebe (VAwS) gelten, welche der unteren Wasserbehörde gemäß § 20 Abs. 1 BbgWG einen Monat vorher anzuzeigen sind, soweit für das Vorhaben keine Zulassung nach Bau-, Abfall-, Gewerbe-, Immissionsschutz- oder Bergrecht erforderlich ist (§ 20 Abs. 6 BbgWG). Der Anzeige sind die zur Beurteilung der Maßnahme erforderlichen Unterlagen gemäß § 20 Abs. 1 Satz 3 BbgWG i. V. m. § 28 VAwS beizufügen
	Bohrungen >100m: bei Anlagen zur Wärmegewinnung wie zur Kühlung, kann die Erlaubnis erteilt werden, wenn nachgewiesen wird, das die Wärmebilanz ausgeglichen ist. Ist die Wärmebilanz nicht ausgeglichen (Erwärmung des Grundwassers oder dient die Anlage ausschließlich zur Kühlung, ist zu prüfen, ob eine so starke schädliche Veränderung der Beschaffenheit des Grundwassers zu besorgen ist, dass die Erlaubnis nicht im beantragten Umfang erteilt werden kann oder ganz versagt werden muss
	Grundwasserschutz In den Schutzzonen I und II der auf Grundlage des Brandenburger Wassergesetzes festgesetzten Wasserschutzgebiete sind Anlagen zur Gewinnung von Erdwärme verboten
	EWS-Anlagen sind in Gebieten mit artesisch gespanntem Grundwasser unzulässig
	In der gesamten Zone IIIA eines Wasserschutzgebietes oder, wenn diese nicht extra ausgewiesen ist, innerhalb der Zone III bis 1000 m Entfernung von der Wasserfassung (Förderbrunnen) sind Anlagen mit Sonden nur unter Auflagen zulässig (die den genutzten Grundwasserleiter schützende, gering leitende Deckschicht (Ton, Geschiebemergel) darf nicht verletzt werden)

Bundesland	Inhalte
	Ebenfalls nur unter Auflagen sind EWS-Anlagen in Wassergewinnungsgebieten für die öffentliche Wasserversorgung ohne festgesetztes Wasserschutzgebiet oder für die Mineralwassergewinnung bis 1000 m Entfernung von der Wasserfassung, sofern diese Gebiete im Einzugsgebiet liegen, zulässig
	Einer besonders tiefgründigen Prüfung (hydrogelogisches Gutachten) des Vorhabens durch die Unteren Wasserbehörden unter Mitwirkung des Landesumweltamtes und des Landesamtes für Bergbau, Geologie und Rohstoffe bedarf es in folgenden Gebieten: Gebiete mit mehreren Grundwasserstockwerken mit deutlichen Grundwasserdruckunterschieden; Gebiete mit Altlasten, schädlichen Bodenveränderungen oder Grundwasserschäden oder Gebiete mit vermutetem oder nachgewiesenem salinaren (salzhaltigen) Grundwasserzufluss
	Das hydrogeologisches Gutachten hat folgenden Inhalt: erwartete Schichtenfolge bis zur geplanten Endteufe, erwartete Grundwasserstandsverhältnisse (ggf. in den einzelnen Stockwerken), Bewertung flächenhaft vorhandener stockwerkstrennender Schichten (Stauer), erwartete Grundwasserfließrichtung, ggf. die Lage zu Wasserfassungen der öffentlichen Trinkwasserversorgung, zu Wasserschutzgebieten und zu Mineralwasserfassungen, ggf. die Tiefenlage der Grundwasserversalzung, Hinweise auf Altlasten, schädliche Bodenveränderungen oder Grundwasserschäden, Nachweisführung der Gewinnbarkeit der notwendigen Grundwassermenge in den Grundwasserleitern, Anordnung der Förder- und Schluckbrunnen, Nachweis der Temperaturveränderung des Grundwassers im Wirkungsbereich der Brunnen, Einschätzung der hydraulischen und physikalischen Auswirkungen (z. B. Vernässungsschäden, Temperaturerniedrigung des Grundwassers im Bereich der Schluckbrunnen), Größe und Reichweite der Absenkung und der Aufhöhung des Grundwasser
	Erforderlichenfalls ist der sachgemäße Ausbau der Bohrung von einem geeigneten geologischen Fachbüro bezüglich folgender Arbeiten verantwortlich zu überwachen und zu dokumentieren: Bohrarbeiten, Aufstellen des Schichtenverzeichnisses, Feststellung stockwerkstrennender Schichten (Stauer), Einhaltung der maximalen Bohrteufe, Brunnenausbau, Einbau und Druckprüfung der Erdwärmesonden, Verpressung des Bohrlochs
	Technische Anforderungen Mit den Bohrarbeiten sollen nur qualifizierte Bohrfirmen beauftragt werden, die nach dem DVGW-Arbeitsblatt W 120 in den Gruppen G1 oder G2 oder gleichwertig zertifiziert sind und den Sachkundenachweis für Bohrgeräteführer gemäß DIN 4021 vorlegen können
	Für Bohrungen sind die Anforderungen des DVGW-Regelwerkes zu beachten
	Es sind bei der Erstellung der Bohrungen und der Verwendung von Spülungszusätzen die DVGW-Arbeitsblätter W115 und W 116 einzuhalten
	Es sind nur die in VDI-Richtlinie 4640 Blatt 1 genannten Frostschutzmittel zu verwenden

Bundesland	Inhalte
	Bohrlochdurchmesser von ca. 110 bis 200 mm notwendig (bei derzeitigen Sondentypen, vorwiegend Doppel-U-Rohr)
	Der Abstand zu Gebäuden sollte mindestens 1 m betragen, besser 2–3 m, um Baufreiheit zu gewährleisten
	Der Bohrlochdurchmesser ist zugunsten einer ordnungsgemäßen Ringraumabdichtung zu wählen
	Die Sonden sind in der Bohrung zu zentrieren, wobei alle 3 m Abstandshalter (in der Praxis hat sich jedoch 1,5 m bewährt) zur Bohrlochwand einzubauen sind
	Bauausführung/Überwachung Die aufgenommenen Schichtenverzeichnisse müssen dem LBGR unaufgefordert zur Verfügung gestellt werden
	Das Bohrloch ist ohne Unterbrechung nach dem Einbringen der EWS von der Sohle aus nach oben mit einer grundwasserunschädlichen, dauerhaft wasserdichten und (frost-) beständigen Suspension (derzeit i. d. R. Bentonit-Zement-Suspension) nach DVGW-Arbeitsblatt W 121 zu Verpressen (Protokollieren der Menge und Dichte des eingepressten Materials)
	Die Sonde ist vor dem Verpressen mit Wasser zu füllen und zu verschließen
	Es ist eine Sondendichtigkeitsprüfung gemäß VDI-Richtlinie 4640, Blatt 2, Pkt. 5.2.3 bzw. 5.2.7 vorzunehmen und durch ein Protokoll zu dokumentieren
	Empfehlenswert ist das Durchführen einer weiteren Druckprobe vor dem Verpressen
	Bei stockwerksübergreifend gespanntem Grundwasser muss durch die Ringraumverpressung gewährleistet werden, dass ein Grundwasseraustausch zwischen den Stockwerken verhindert wird
	Zeigen sich bei den Bohrarbeiten große Druckunterschiede in den Grundwasserstockwerken oder wurde versehentlich in artesischen Grundwasserverhältnissen gebohrt, ist das Bohrloch bis zur Basis des oberen Grundwasserstockwerks wasserdicht zu zementieren und die Erdwärmenutzung auf das obere Stockwerk zu beschränken
	Bei starken Artesern ist evt. der Einsatz von Schwerspülung oder der Einbau eines Packers oberhalb der Zutrittsstelle nötig, über dem der Rest des Bohrlochs durch Zementation verschlossen wird
	Der Sondenkreislauf muss gegen Flüssigkeitsverluste durch Leckagen gesichert sein, z. B. mit einem Druck-/Strömungswächter auszustatten
	Die angetroffene Schichtenfolge ist durch eine geologische Aufnahme zu dokumentieren und der unteren Wasserbehörde und dem Landesamt für Bergbau, Geologie und Rohstoffe mitzuteilen
	Bei Spülbohrungen ist an der Bohrung eine geophysikalische Bohrlochmessung zur Schichtenaufnahme vorzunehmen

Bundesland	Inhalte
	Bei Misserfolg einer Bohrung vor Einbau der Sonde ist das gesamte Bohrloch bis zur Geländeoberkante dauerhaft wasserdicht zu verpressen
	Die Anlage ist durch Verplomben gegen unbefugtes Befüllen zu sichern. Das Befüllen darf nur von einer fachkundigen Person (z. B. Fachbetrieb) vorgenommen werden und ist von dieser zu protokollieren
	Die Anlage ist nach der Inbetriebnahme alle 5 Jahre zu warten (visuelle und technische Funktionskontrolle der Sicherheitseinrichtungen vorzunehmen und zu dokumentieren). Festgestellte Mängel sind unverzüglich zu beseitigen und bei Verdacht eine Grundwasserverunreinigung ist die Untere Wasserbehörde zu informieren (vgl. § 21 Abs. 2 BbgWG)
	Bei dauerhafter Außerbetriebnahme der Sonde ist die Wärmetauscherflüssigkeit aus der Sonde auszuspülen und ordnungsgemäß zu entsorgen und die Sonde ist vollständig mit dauerhaft dichtem Material zu verpressen
Sachsen (LFSS 2014)	*Voruntersuchung* Die für den benötigten Wärmebedarf bzw. die benötigte Gebäudeheizlast erforderliche Anzahl und Tiefe der Erdwärmesonden ist standortkonkret anhand der (hydro-)geologischen Gegebenheiten und Platzverhältnissen abzuwägen. Dabei sollte immer eine standortbezogene Prüfung dieser Gegebenheiten bei einer fachgerechten Planung von einer auf dem Gebiet der Geothermie sachkundigen Fachfirma erfolgen
	Eine fachgerechte und ausreichende, durch den Planer vorzunehmende Dimensionierung der Erdwärmesondenanlage vermeidet eine Über- oder Unterdimensionierung der gesamten Anlage
	Da in weiten Teilen Sachsens mit Altbergbau gerechnet werden muss, wird allen Bauherren empfohlen, vor Beginn der Bohrarbeiten eine Mitteilung über unterirdische Hohlräume gemäß § 7 Sächsische Hohlraumverordnung bei der Bergbehörde einzuholen
	Mit dem angezeigten Tatbestand ist nicht vor Ablauf einer Frist von einem Monat zu beginnen, sofern die Untere Wasserbehörde nichts anderes zulässt oder anordnet
	Verfahren Eine wasserrechtliche Anzeigepflicht gegenüber der Unteren Wasserbehörde und das damit ggf. verbundene wasserrechtliche Erlaubnisverfahren gelten generell (außer bei bergrechtlichen Betriebsplanverfahren)
	Bei konkurrierenden Interessen ist aus wasserrechtlicher Sicht dem Schutz des Grundwassers zum Zwecke der Trinkwasserversorgung gemäß § 39 Abs. 2 SächsWG Priorität vor allen anderen Nutzungsarten einzuräumen
	Spätestens vier Wochen nach Abschluss der Aufschlussarbeiten sind die für die Gewässeraufsicht bedeutsamen Angaben (z. B. zu Gesteinsschichten, Grundwasserstand) sowie die vollständige Anlagendokumentation der Unteren Wasserbehörde zuzuleiten, wobei die Anlagendokumentation folgende Unterlagen enthalten sollte: Ausbauplan der Erdwärmesondenanlage, eingebrachtes Volumen der Ringraumabdichtung, Leitungsführung, eingebrachtes Volumen des Wärmeträgermittels sowie dessen Mischungsverhältnis, optische Überprüfung der U-Rohr-Schweißverbindungen, Durchflussprüfung und Druckprüfung

Bundesland	Inhalte
	Die Anzeige zur Vorbereitung und Durchführung von Bohrarbeiten, die so genannte Bohranzeige (s. Anlage 3), ist dem Bohrarchiv des LfULG zuzustellen
	Im Ergebnis der wasserrechtlichen Prüfung wird festgestellt, ob die Errichtung einer Erdwärmesonde ohne bzw. mit weiteren Anforderungen zulässig ist
	Der Anlagenbetreiber haftet für den ordnungsgemäßen Bau und Betrieb der Anlage und alle daraus resultierenden Schäden
	Ein Wechsel des Anlagenbetreibers ist der Unteren Wasserbehörde mitzuteilen, wobei alle Rechte und Pflichten auf den neuen Betreiber übergehen
	Grundwasserschutz Es wird in hydrogeologisch günstige, ungünstige Eigenschaften und Standort mit komplizierten Verhältnissen eingeteilt und entsprechende Zulässigkeiten festgelegt
	Technische Vorgaben Der Einsatz ozon- und klimaschädigender Wärmepumpen – Arbeitsmittel (= Kältemittel) wie Fluor-Chlor Kohlenwasserstoffe (FCKW) ist gemäß der Chemikalienozonschichtverordnung (ChemOzonSchichtV) in Neuanlagen untersagt
	Der Ringraum um die Sonde sollte mindestens 30 mm betragen
	Bauausführung/Überwachung/Dokumentation Nach Sondeneinbau und Bohrlochringraum-Verfüllung sowie vor Inbetriebnahme der Erdwärmeanlage sind Druckprüfungen durchzuführen und das entsprechend ausgefüllte Prüfzeugnis (s. a. Anlage 2) der Unteren Wasserbehörde zu übergeben (im Einklang mit § 41 Abs. 4 SächsWG i. V. m. § 101 Abs. 1 WHG)
	Der Bau der Erdwärmeanlage ist bzgl. auftretender Vorkommnisse oder Besonderheiten wie Spülungsverluste, Erbohren artesisch gespannten Grundwassers, Probleme bei der Ringraumverfüllung u. ä. genauestens zu dokumentieren sowie sich erschließende Maßnahmen sind mit der zuständigen Unteren Wasserbehörde abzustimmen
	Eine Dokumentation der angetroffenen Schichten mit detaillierter Schichtbeschreibung, der Wasseranschnitte, des Wasserandrangs sowie speziell im Festgestein festgestellter Kluft- und Störungszonen ist vorzunehmen
	Die Menge und Dichte des Verfüllmaterials sollen teufenabhängig dokumentiert werden
	Der Verfüllvorgang wird solange fortgeführt, bis die Dichte der aus dem Bohrloch austretenden Suspension der eingefüllten Suspension entspricht
	Übersteigt der Bedarf an Verfüllmaterial das Zweifache des Ringraumvolumens, ist der Verfüllvorgang zunächst zu beenden und umgehend die Untere Wasserbehörde zu informieren

Bundesland	Inhalte
	Zudem ist ein Nachweis zu bringen, dass bei einem hydrogeologischen Stockwerksbau eine zuverlässige Abdichtung der Grundwasserleiter gegeneinander erfolgt ist
	Während der Bohrarbeiten aus der Bohrung austretendes Grundwasser ist schadlos abzuleiten, wobei bei geplanter Einleitung in ein Oberflächengewässer diese gleichzeitig mit der Anzeige/dem Antrag auf Erlaubnis zur Errichtung der Erdwärmesonden (s. Anlage 1. 2) bei der Unteren Wasserbehörde zu beantragen (mit Angabe der Lagekoordinaten der Einleitstelle) ist
	Nach Sondeneinbau und Bohrlochringraum-Verfüllung sowie vor Inbetriebnahme der Erdwärmeanlage sind die in der Anlage genannten Nachweise zu führen (z. B. Druckprüfungen an Sonden) und bei den jeweils zuständigen Behörden einzureichen
	Bei Außerbetriebnahme der Erdwärmesondenanlage ist die Wärmeträgerflüssigkeit mit Wasser (Trinkwasserqualität) aus der Sonde zu spülen und ordnungsgemäß zu entsorgen
	Die Sonde ist vollständig, dicht und dauerhaft mit geeigneten Materialien zu verfüllen und die ordnungsgemäße Stilllegung unter Nachweis der Verfüllung der zuständigen Wasserbehörde mitzuteilen

Sachverzeichnis

F. Häfner et al., *Bau und Berechnung von Erdwärmeanlagen*,
DOI 10.1007/978-3-662-48201-8